CM1

Outils
POUR LES
Maths

Isabelle Petit-Jean
Marion Rousseau
Sylvie Carle
Professeurs des écoles

Coordination :
Isabelle Petit-Jean

MAGNARD

Outils

Une situation de recherche pour réfléchir et manipuler ensemble

Le mémento : pour retenir le raisonnement et les procédures mathématiques

Des exercices regroupés par compétences

Des rappels ou des conseils pour t'aider

Soustraire des nombres décimaux

Cherchons

Mouna et Elliot participent au marathor de Paris, d'une longueur de 42,2 km. Mouna est déjà arrivée à la tour Eiffel alors qu'Elliot n'est qu'à Notre-Dame.

→ **Calcule la différence de distance ent les deux amis.**

→ **Comment vas-tu poser l'opération ?**

→ **Que devras-tu rajouter à un nombre**

Pour **poser une soustraction avec des nombres décimaux** :

- on évalue d'abord l'**ordre de grandeur du résultat** : *Ex. :* 357,6 – 24,25, *c'est proche* de 357 – 24 = 333.
- on **aligne les unités** avec les unités, **les dizaines** avec les dizaines, **les centaines** avec les centaines…
- on **aligne aussi les chiffres de la partie décimale** : dixièmes avec dixièmes, centièmes avec centièmes…
- on **complète la partie décimale avec des zéros** pour qu'il y ait le même nombre de chiffres dans chaque nombre.

	Partie entière			Partie décimale	
	3	5	7,	6	1 0
–		2	4,+1	2	5
	3	3	3,	3	5

Soustraire en ligne

1 * **Calcule ces soustractions en ligne.**

a. 6,5 – 2
b. 8,1 – 5
c. 6,6 – 3
d. 9,8 – 8
e. 2,7 – 1,5
f. 8,2 – 1,1
g. 6,5 – 2,2
h. 5,3 – 2,2

2 * **Calcule ces soustractions en ligne.**

Vérifie ton résultat avec l'addition.
Ex. : 1 - 0,6 = 0,4 → 0,6 + 0,4 = 1

a. 1 – 0,5
b. 1 – 0,2
c. 1 – 0,7
d. 1 – 0,8
e. 1 – 0,9
f. 10 – 5,5
g. 10 – 4,5
h. 10 – 3,5
i. 10 – 8,5
j. 10 – 6,5

3 ** **Quelle monnaie me sera rendu je donne :**

a. 2 € pour un paquet de bonbons à 1,30
b. 5 € pour un journal à 1,50 € ?
c. 10 € pour un manga à 7,50 € ?
d. 20 € pour une figurine à 18,50 € ?
e. 50 € pour un jeu vidéo à 45,50 € ?

4 ** **Calcule ce qu'il manque d chaque récipient pour que sa contena soit égale à 1 L.**

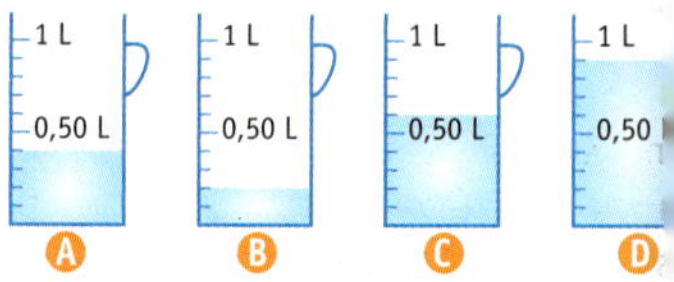

POUR LES Maths

…valuer un résultat

5 * Arrondis ces nombres à l'unité la plus …roche, puis calcule l'ordre de grandeur …es résultats.

…x. : 42 - 8,7 → 42 - 9 = 33

… 6 – 1,8 | **d.** 12 – 5,9
… 9,9 – 5 | **e.** 14,2 – 1
… 60,1 – 8 | **f.** 89 – 21,1

6 ** Évalue les nouveaux prix.

…x. : 499 - 29,99 → 500 - 30 = 470 €

Article	Prix initial	Réduction
Machine à laver	499 €	29,99 €
Grille-pain	36,60 €	5,90 €
Robot ménager	98,40 €	17,99 €
Lot de 60 couverts	40 €	6,99 €

…oser la soustraction

7 * Évalue les résultats des soustrac…ons, puis calcule-les.

$$\begin{array}{r} 332,2 \\ -\ 112,76 \\ \hline \end{array} \qquad \begin{array}{r} 412,96 \\ -\ 72,72 \\ \hline \end{array}$$

$$\begin{array}{r} 183,65 \\ -\ 30,57 \\ \hline \end{array} \qquad \begin{array}{r} 537,44 \\ -\ 144,08 \\ \hline \end{array}$$

8 * Pose ces soustractions et calcule-les.

Vérifie tes résultats à l'aide de ta calculatrice.

… 709,5 – 126,9 | **d.** 453,12 – 48,56
… 420,4 – 15,68 | **e.** 769,4 – 45,23
… 615,8 – 125,36 | **f.** 8 510 – 2 456,23

9 * En 1960, un Français jetait en …oyenne 0,2 tonne de déchets par an. En …010, il en jetait 0,460 tonne. De combien … quantité de déchets jetée par personne …-t-elle augmenté ?

10 ** Le dragon de Komodo est le plus …and lézard du monde : il mesure 2,50 m ! …on cousin, le *Sphaerodactylus ariasae*, ne …esure que 1,6 cm. Quelle est la différence de taille entre les deux lézards ? Convertis la taille du 2nd lézard avant de faire ton calcul.

Dragon de Komodo.

11 ** Observe ce tableau.

Œuf de poule	Œuf d'autruche
4,25 cm	17,5 cm
0,150 kg	1,8 kg

a. Calcule la différence de poids en kilogramme entre l'œuf de poule et l'œuf d'autruche.
b. Calcule la différence de taille entre l'œuf de poule et l'œuf d'autruche.

12 *** Voici le tableau de croissance d'Achille depuis sa naissance.

	Poids en kg	Taille en cm
1er mois	4,210	52,5
2e mois	4,650	58
3e mois	5,6	60,5
4e mois	6,2	65
5e mois	7,250	68,5
6e mois	8,8	69

a. Combien de kilogrammes a-t-il pris entre le 1er mois et le 6e mois ?
b. De combien de centimètres a-t-il grandi entre le 1er et le 6e mois ?
c. Au cours de quel mois a-t-il pris le plus de poids ?
d. Au cours de quel mois a-t-il grandi le plus ?

Défi Qui suis-je ?
Si on m'ajoute 0,1 je deviens 2.
Si on me retire 0,3 je deviens 4.
Si on me retire 0,2 je deviens 6.
Si on m'ajoute 0,5 je deviens 8.

Calcul

Le niveau de difficulté de l'exercice (1, 2 ou 3 *)

Un défi, un jeu ou une énigme mathématique pour t'entraîner à chercher… et à trouver !

De nombreux exercices te donnent de vraies informations dans d'autres disciplines

Sommaire

Calcul mental

Nombres

Calcul

Géométrie

Grandeurs et mesures

Organisation et gestion de données

Proposition de programmation

	Calcul mental	Nombres	Calcul
Période 1	• Connaître les nombres entiers • Additionner des nombres entiers • Soustraire des nombres entiers	• Distinguer chiffre et nombre • Connaître les nombres de 0 à 9 999 • Lire, écrire et décomposer les nombres de 0 à 999 999 • Comparer, ranger et encadrer les nombres de 0 à 999 999	• Utiliser la calculatrice • Additionner des nombres entiers • Soustraire des nombres entiers
Période 2	• Multiplier des nombres entiers	• Lire, écrire et décomposer les nombres de 0 à 999 999 999 • Comparer, ranger et encadrer les nombres de 0 à 999 999 999	• Multiplier par un nombre à un chiffre • Multiplier par 10, 100,... 20, 300... • Multiplier par un nombre à plusieurs chiffres • Connaître les multiples d'un nombre
Période 3	• Diviser un nombre entier	• Lire, écrire et représenter des fractions simples • Utiliser des fractions pour coder des mesures de longueurs • Placer des fractions sur une droite graduée • Utiliser des fractions dans des situations de partage et de mesure	• Diviser : partages et groupements • Diviser par un nombre à un chiffre • Diviser par un nombre à deux chiffres
Période 4	• Connaître les nombres décimaux	• Connaître les fractions décimales • Passer de l'écriture fractionnaire aux nombres décimaux • Lire et écrire les nombres décimaux	• Additionner des nombres décimaux • Soustraire des nombres décimaux
Période 5	• Additionner, soustraire et multiplier des nombres décimaux	• Comparer, ranger et encadrer des nombres décimaux	• Multiplier un nombre entier par un nombre décimal • Multiplier un nombre décimal par 10, 100, 1 000 • Calculer un quotient décimal

Géométrie	Grandeurs et mesures	Organisation et gestion de données
• Connaître le vocabulaire et les instruments de la géométrie • Identifier et tracer des droites perpendiculaires • Identifier et tracer des droites parallèles	• Connaître les instruments de mesure • Connaître les unités de mesure de longueurs • Calculer le périmètre d'un polygone	• Trier l'information • Choisir la bonne opération
• Identifier et tracer des axes de symétrie • Compléter une figure par symétrie • Décrire et reproduire des figures • Identifier et construire des polygones	• Connaître les unités de mesure de masses • Connaître les unités de mesure de contenances	• Résoudre des problèmes à plusieurs étapes • Lire les coordonnées d'un point et placer un point sur un quadrillage
• Identifier et construire des quadrilatères • Identifier et construire des triangles	• Mesurer et comparer des aires • Comparer des mesures d'angles	• Lire et construire un tableau
• Construire des cercles • Tracer une figure selon un programme de construction	• Lire l'heure • Connaître les unités de mesure de durées • Calculer des durées	• Lire un graphique • Construire un graphique
• Identifier des solides • Identifier et compléter des patrons de solides	• Mesurer en utilisant les nombres décimaux	• Aborder la proportionnalité

Connaître les nombres entiers

Identifier le chiffre des dizaines, des centaines, des milliers

1 Quel est le chiffre des dizaines ?
a. 43 – 45 – 78 – 12 – 103 – 183 – 421
b. 652 – 8 369 – 40 – 830 – 1 523 – 4 880

2 Quel est le chiffre des centaines ?
a. 402 – 130 – 750 – 802 – 1 300 – 2 500
b. 203 – 5 100 – 428 – 8 630 – 402 – 9 450

3 Quel est le chiffre des milliers ?
a. 6 536 – 7 602 – 5 060 – 6 389 – 8 646
b. 48 000 – 44 000 – 65 000 – 43 000

Identifier le nombre de dizaines, de centaines

4 Quel est le nombre de dizaines ?
a. 67 – 34 – 696 – 100 – 230 – 380 – 450
b. 630 – 2 000 – 5 600 – 169 – 236 – 9 098

5 Quel est le nombre de centaines ?
a. 865 – 230 – 7 250 – 4 000 – 613 – 7 032
b. 2 400 – 6 900 – 7 500 – 72 500 – 29 300

6 Combien de sacs de 10 billes faut-il pour avoir 100 billes ? 120 billes ? 300 billes ? 500 billes ? 1 400 billes ?

7 Une caissière a compté qu'elle avait 1 900 € en billets de 100 €. Combien a-t-elle de billets de 100 € ?

Distinguer chiffre et nombre

8 Quel est le chiffre des centaines ? le nombre de centaines ?
a. 750 – 940 – 1 175 – 5 230 – 634 – 2 000
b. 7 100 – 1 200 – 9 600 – 14 000 – 5 090

9 Quel est le chiffre des milliers ? le nombre de milliers ?
a. 8 630 – 7 450 – 2 369 – 10 000 – 11 000
b. 4 300 – 230 000 – 72 000 – 960 000

Écrire un nombre à partir d'une décomposition

10 Trouve le nombre qui correspond à chaque décomposition.
a. 3 milliers et 5 centaines
b. 7 centaines et 45 unités
c. 3 centaines et 6 unités
d. 6 milliers et 9 centaines

11 Trouve le nombre qui correspond à chaque décomposition.
a. 2 milliers, 6 dizaines et 7 unités
b. 3 milliers, 8 centaines et 23 unités
c. 6 milliers, 1 centaine et 12 unités

12 Trouve le nombre qui correspond à chaque décomposition.
a. 5 000 + 300 + 40 + 8
b. 800 + 3 + 9 000 + 60
c. 7 000 + 100 + 2 + 40

13 Un restaurateur a commandé 2 palettes de 1 000 canettes de soda et 4 palettes de 100 bouteilles de jus de fruits. Combien de boissons a-t-il commandées en tout ?

Décomposer un nombre

14 Décompose comme dans l'exemple.
Ex. : 8 631 = 8 milliers et 631 unités
a. 1 600 – 4 200 – 7 500 – 6 400 – 5 700
b. 5 230 – 2 360 – 6 209 – 6 702 – 8 704

15 Décompose comme dans l'exemple.
Ex. : 3 560 = 3 000 + 500 + 60
a. 560 – 750 – 430 – 234 – 129 – 789
b. 2 600 – 5 900 – 1 500 – 5 620 – 1 860

Comparer deux nombres

16 **Trouve le plus grand nombre entre :**
a. 236 et 326 ; 458 et 548 ; 795 et 715
b. 5 300 et 5 030 ; 4 002 et 4 020

Trouver le nombre qui suit, le nombre qui précède

17 **Trouve le nombre qui suit.**
a. 99 – 299 – 699 – 89 – 789 – 549
b. 699 – 749 – 869 – 788 – 999

18 **Trouve le nombre qui précède.**
a. 50 – 300 – 900 – 1 000 – 800 – 600
b. 310 – 520 – 780 – 890 – 1 060 – 4 800

19 **Trouve le nombre qui suit et le nombre qui précède.**
a. 89 – 74 – 90 – 100 – 101 – 220 – 390
b. 999 – 1 000 – 1 800 – 2 600 – 5 009
c. 4 099 – 3 000 – 5 019 – 6 999 – 9 000

Encadrer un nombre

20 **Encadre à la dizaine près.**
Ex. : 120 < 126 < 130
a. 45 – 97 – 62 – 86 – 125 – 456 – 489
b. 203 – 756 – 859 – 429 – 369 – 1 056
c. 6 550 – 4 459 – 7 101 – 9 583 – 9 653

21 **Encadre à la centaine près.**
Ex. : 200 < 217 < 300
a. 780 – 890 – 145 – 658 – 236 – 125 – 556
b. 5 203 – 1 500 – 4 599 – 7 101– 9 589

22 **Encadre au millier près.**
Ex. : 5 000 < 5 489 < 6 000
a. 1 230 – 1 899 – 2 569 – 4 236 – 4 005
b. 6 980 – 7 500 – 5 604 – 1 989 – 4 991
c. 12 480 – 63 909 – 36 123 – 39 082

23 La hauteur du mont Blanc est de 4 808 m. Encadre-la au millier près.

24 Trois enfants jouent à un jeu de société. Qui a gagné entre 2 340 et 2 350 points ? Lise avec 2 386 points ? Paul avec 3 231 points ? ou Marco avec 2 349 points ?

Ajouter une dizaine, une centaine, un millier

25 **Ajoute une dizaine.**
a. 560 – 856 – 748 – 523 – 486 – 1 586
b. 1 299 – 899 – 499 – 419 – 493 – 799

26 **Ajoute une centaine.**
a. 599 – 233 – 758 – 102 – 963 – 902
b. 5 630 – 1 589 – 5 623 – 9 623 – 7 962

27 **Ajoute un millier.**
a. 186 – 4 236 – 2 063 – 6 630 – 1 896
b. 1 500 – 7 789 – 4 806 – 726 – 3 869
c. 8 563 – 12 600 – 14 500 – 16 800

28 Un nageur professionnel parcourt tous les jours 7 500 m à la nage. Son entraîneur lui demande de parcourir 1 100 m de plus. Combien de mètres devra-t-il parcourir à la nage tous les jours ?

Soustraire une dizaine, une centaine, un millier

29 **Soustrais une dizaine.**
a. 89 – 75 – 46 – 106 – 102 – 126 – 148
b. 789 – 450 – 600 – 400 – 700 – 860

30 **Soustrais une centaine.**
a. 869 – 596 – 130 – 102 – 610 – 750 – 489
b. 8 560 – 4 300 – 5 800 – 5 760 – 5 420

31 **Soustrais un millier.**
a. 2 000 – 8 000 – 9 000 – 10 000 – 8 600
b. 1 560 – 4 500 – 7 899 – 3 458 – 4 560

32 Sandra avait 820 € sur son compte : ce mois-ci, elle a dépensé 110 €. Combien d'euros lui reste-t-il ?

Additionner des nombres entiers

Ajouter un multiple de 10 à un nombre

1 Ajoute 20 à ces nombres.

a. 5 – 25 – 46 – 84 – 79 – 126 – 426 – 751

b. 520 – 860 – 490 – 620 – 678 – 492

2 Ajoute 50 à ces nombres.

a. 5 – 12 – 32 – 15 – 28 – 46 – 13 – 48

b. 120 – 140 – 130 – 150 – 1 820 – 5 130

3 Ajoute 300 à ces nombres.

a. 45 – 456 – 789 – 256 – 258 – 523 – 486

b. 1 900 – 4 900 – 4 690 – 7 923 – 8 960

4 Ajoute 2 000 à ces nombres.

a. 3 000 – 2 000 – 5 000 – 6 000 – 9 000

b. 1 400 – 2 300 – 4 830 – 7 500 – 4 800

5 Une grand-mère offre 60 € à chacun de ses petits-enfants. Charly avait déjà 123 €, Joey 47 € et Romane 139 €. Quel est le montant de leur tirelire maintenant ?

Additionner des multiples de 10

6 Calcule.

a. 500 + 30	50 + 600	300 + 400
b. 50 + 420	320 + 50	20 + 130
c. 560 + 120	830 + 120	5 110 + 780

7 La bibliothécaire a commandé 400 romans, 30 bandes dessinées et 50 documentaires. Combien de livres va-t-elle recevoir au total ?

8 Un maître de CM1 a besoin de 200 cahiers d'écriture et de 150 cahiers de travaux pratiques. Combien de cahiers devra-t-il commander ?

9 Un jardinier a planté 160 tulipes et 320 jacinthes. Combien de fleurs a-t-il plantées ?

10 M. et Mme Sac s'offrent un voyage : le prix du vol est de 400 €, les frais d'hôtel de 250 €, et les taxes de 20 €. Combien d'euros vont-ils dépenser ?

Additionner plusieurs nombres dont des multiples de 10

11 Calcule.

a. 13 + 20 + 1	1 + 3 + 40
b. 50 + 3 + 5	40 + 5 + 2
c. 3 + 60 + 1	20 + 5 + 1
d. 100 + 50 + 30	400 + 30 + 4
e. 5 + 300 + 1	400 + 6 + 20
f. 800 + 40 + 6	700 + 50 + 1
g. 1 500 + 30 + 4	1 300 + 70 + 6
h. 2 000 + 540 + 3	4 200 + 30 + 1

Additionner deux nombres sans retenue

12 Calcule.

a. 35 + 4	51 + 6	123 + 4
b. 45 + 21	74 + 23	53 + 14
c. 63 + 15	42 + 13	48 + 11
d. 123 + 25	153 + 21	412 + 63

13 Clara a 52 disques de rock et 34 disques de rap. Combien de disques a-t-elle en tout ?

14 Marie pèse 12 kg de plus que son frère qui pèse 37 kg. Quel est le poids de Marie ?

15 Léo collectionne les figurines : il a 213 figurines de *La Guerre des étoiles* et 45 figurines du *Seigneur des anneaux*. Combien de figurines a-t-il en tout ?

Additionner deux nombres avec retenue

16 Calcule.

a. 9 + 7	8 + 5	7 + 4
b. 13 + 7	15 + 6	18 + 5
c. 26 + 5	84 + 6	9 + 14
d. 45 + 8	7 + 26	55 + 6

17 Leïla mesure 8 cm de plus que son petit frère Hugues qui mesure 128 cm. Quelle est la taille de Leïla ?

18 Marin s'est acheté une BD à 27 € et un agenda à 8 €. Combien d'euros a-t-il dépensés ?

Regrouper des termes pour calculer plus vite

19 Calcule comme dans l'exemple.

Ex. : 26 + 30 + 4 = (26 + 4) + 30 = 60

a. 3 + 8 + 7	8 + 6 + 2
b. 7 + 8 + 2	3 + 4 + 7
c. 50 + 17 + 3	65 + 4 + 5
d. 25 + 10 + 25	45 + 30 + 5
e. 350 + 21 + 50	650 + 150 + 32

Ajouter 9, ajouter 19

20 Ajoute 9 à ces nombres.

5 – 19 – 84 – 76 – 57 – 38 – 25 – 23 – 29

21 Ajoute 19 à ces nombres.

14 – 89 – 54 – 49 – 32 – 96 – 51 – 25 – 59

22 Maxime a 9 ans de plus que sa petite sœur qui a 17 ans. Quel est l'âge de Maxime ?

23 Une plante a grandi de 19 cm en 2 mois. Au mois de janvier, elle mesurait 28 cm. Quelle taille fait-elle au mois de mars ?

Compléter des suites de nombres

24 **a.** Compte de 5 en 5 jusqu'à 100.
b. Compte de 3 en 3 jusqu'à 51.
c. Compte de 10 en 10 jusqu'à 110.
d. Compte de 25 en 25 jusqu'à 300.
e. Compte de 50 en 50 jusqu'à 600.

25 Continue chaque suite.

a. 62 – 72 – 82 – … (jusqu'à 162)
b. 753 – 763 – 773 – … (jusqu'à 863)
c. 2 056 – 2 156 – 2 256 – … (jusqu'à 3 156)

Faire le calcul approché d'une somme

26 Évalue un ordre de grandeur du résultat à la dizaine près.

Ex. : 83 + 49 → 80 + 50 = 130

a. 13 + 18	27 + 39	48 + 17
b. 22 + 89	71 + 98	21 + 521
c. 119 + 42	512 + 69	602 + 97

27 Évalue un ordre de grandeur du résultat à la centaine près.

Ex. : 4 560 + 574 → 4 600 + 600 = 5 200

a. 390 + 89	799 + 108
b. 7 153 + 778	8 256 + 189

28 Manon a lu 17 pages de son livre lundi et 18 pages mardi. Combien de pages a-t-elle lues environ ?

Calculer des compléments

29 Complète pour obtenir 100.

a. 50 – 30 – 40 – 80 – 90 – 70 – 20 – 10
b. 65 – 85 – 95 – 75 – 35 – 45 – 15 – 5

30 Complète pour obtenir 1 000.

a. 200 – 600 – 400 – 500 – 100 – 300
b. 150 – 650 – 850 – 450 – 750 – 250

31 Que va-t-on me rendre sur 20 €, si j'achète un livre à 12 € ? un vase à 17 € ? un foulard à 14 € ? une calculatrice à 9 € ?

Soustraire des nombres entiers

Soustraire un multiple de 10 à un nombre

1 Soustrais 20 à ces nombres.
a. 56 – 48 – 79 – 23 – 58 – 42 – 51 – 96
b. 560 – 230 – 720 – 358 – 654 – 400

2 Soustrais 30 à ces nombres.
a. 86 – 47 – 36 – 90 – 48 – 54 – 83 – 79
b. 150 – 160 – 180 – 253 – 645 – 300

3 Soustrais 200 à ces nombres.
a. 323 – 456 – 810 – 453 – 860 – 954
b. 1 620 –1 480 – 4 760 – 3 000 – 4 000

4 Soustrais 500 à ces nombres.
a. 600 – 800 – 900 – 750 – 640 – 870 – 930
b. 892 – 954 – 663 – 780 – 861 – 794 – 988

5 Voici les sommes que possèdent trois amis.

Lisa : 152 € Rémy : 370 € Jeanne : 94 €

Ils se sont tous acheté un appareil photo à 50 €. Combien d'euros leur reste-t-il à chacun ?

Soustraire deux multiples de 10

6 Calcule.

a. 70 – 50	60 – 30	90 – 40
b. 240 – 30	560 – 40	790 – 80
c. 2 000 – 700	6 000 – 500	8 000 – 400

7 Soustrais 2 000 à ces nombres.
a. 5 600 – 4 300 – 3 600 – 5 500 – 7 300
b. 12 600 – 45 300 – 75 800 – 64 100

8 Soustrais 4 000 à ces nombres.
a. 5 600 – 9 300 – 6 600 – 5 700 – 6 300
b. 16 600 – 15 300 – 76 00 – 66 000

9 Anne a acheté un ruban de 300 cm de longueur : combien de centimètres va-t-il lui rester si elle en utilise 20 cm ? 50 cm ? 80 cm ? 150 cm ? 250 cm ?

10 Combien de crayons reste-t-il dans la réserve de l'école sachant qu'il y en avait 250 à la rentrée et que 150 ont déjà été utilisés ?

11 Sur les 600 places de la salle de spectacle, 450 sont occupées. Combien de places libres reste-t-il ?

12 Un routier doit faire un trajet de 2 500 km. Il lui reste encore 1 200 km à parcourir. Combien de kilomètres a-t-il déjà parcourus ?

Soustraire deux nombres sans retenue

13 Calcule.

a. 56 – 45	75 – 23	86 – 42
b. 569 – 31	786 – 42	658 – 102

14 Soustrais 15 à ces nombres.
a. 65 – 85 – 95 – 115 – 145 – 175 – 135
b. 45 – 335 – 745 – 235 – 245 – 915 – 725

15 Yvan a perdu 14 minibilles sur les 54 qu'il possédait. Combien de minibilles lui reste-t-il ?

16 Lia pèse 14 kg de moins que son frère qui pèse 68 kg. Combien de kilogrammes pèse-t-elle ?

17 M. Duvolant a encore 130 km à parcourir sur les 457 km de son trajet. Combien de kilomètres a-t-il parcourus ?

18 Cinq classes se sont offert un abonnement à un magazine, d'un montant de 45 €. Calcule l'argent qu'il reste dans la coopérative de chaque classe :

CP : 247 € CE1 : 356 € CE2 : 289 €
CM1 : 379 € CM2 : 386 €

Soustraire un nombre à un multiple de 10 avec retenue

19 Calcule.

a. 60 – 8 | 30 – 5 | 90 – 4
50 – 7 | 60 – 7 | 90 – 8
b. 300 – 4 | 600 – 7 | 300 – 8
c. 120 – 30 | 530 – 40 | 520 – 70

20 Soustrais 25 à ces nombres.

a. 40 – 80 – 60 – 70 – 30 – 90 – 50 – 100
b. 650 – 380 – 630 – 270 – 450 – 760
c. 500 – 600 – 200 – 300 – 400 – 700

21 M. et Mme Tropbien ont fait un voyage de 16 jours en Inde. Ils sont revenus le 30 janvier. À quelle date a débuté leur voyage ?

22 Quelle monnaie va-t-on rendre sur 50 € si on achète :
– un livre à 45 € ?
– un CD à 25 € ?
– un réveil à 15 € ?
– un dictionnaire à 35 € ?

Compléter des suites de nombres

23 Continue chaque suite.

a. 156 – 146 – 136 – ... (jusqu'à 6)
b. 8 450 – 7 450 – 6 450 – ... (jusqu'à 450)

24 a. Décompte de 5 en 5 jusqu'à 0.
125 – 120 – ...
b. Décompte de 10 en 10 jusqu'à 0.
340 – 330 – ...
c. Décompte de 50 en 50 jusqu'à 0.
800 – 750 – ...
d. Décompte de 25 en 25 jusqu'à 0.
225 – 200 – ...
e. Décompte de 200 en 200 jusqu'à 0.
1 600 – 1 400 – ...
f. Décompte de 3 000 en 3 000 jusqu'à 0.
27 000 – 24 000 – ...
g. Décompte de 5 000 à 5 000 jusqu'à 0.
45 000 – 40 000 – ...

Retrancher 9, 19

25 Soustrais 9 à ces nombres.

a. 11 – 14 – 18 – 16 – 17 – 19 – 13
b. 123 – 145 – 126 – 247 – 356 – 185

26 Soustrais 19 à ces nombres.

a. 45 – 71 – 49 – 23 – 48 – 75 – 62 – 68
b. 125 – 99 – 23 – 236 – 360 – 562 – 690

27 Sur un plateau de jeu, tous les joueurs doivent reculer de 9 cases. Sur quelle case doit se placer :
a. Olivier qui était sur la case 48 ?
b. Raphaël qui était sur la case 72 ?
c. Damien qui était sur la case 27 ?
d. Violette qui était sur la case 56 ?

28 Roméo a passé 9 jours en Italie. Il est revenu le 25 août. Quel était le jour de son départ ?

29 Il y a 72 livres dans la bibliothèque de la classe : 19 élèves ont emprunté un livre pour le week-end. Combien de livres reste-t-il dans la bibliothèque ?

Faire le calcul approché d'une différence

30 Évalue un ordre de grandeur du résultat à la dizaine près.

Ex. : 83 – 49 → 80 – 50 = 30

a. 91 – 27 | 798 – 68 | 781 – 128
b. 69 – 47 | 397 – 78 | 923 – 307

31 Évalue un ordre de grandeur du résultat à la centaine près.

Ex. : 4 560 – 574 → 4 600 – 600 = 4 000

a. 390 – 89 | 799 – 208
b. 7 879 – 499 | 912 – 489

Multiplier des nombres entiers

Multiplier par 4, 5, 6

1 Multiplie ces nombres par 4.

a. 4 – 5 – 7 – 8 – 3 – 2 – 9 – 6 – 10 – 1

b. 50 – 40 – 60 – 70 – 80 – 30 – 90 – 12

2 Quel le produit de :

a. 4 × 5 ?	6 × 5 ?	8 × 5 ?
b. 7 × 5 ?	9 × 5 ?	3 × 5 ?
c. 10 × 5 ?	5 × 11 ?	5 × 12 ?
d. 20 × 5 ?	25 × 5 ?	110 × 5 ?

3 Multiplie ces nombres par 6.

a. 4 – 5 – 7 – 8 – 3 – 2 – 9 – 6 – 10 – 1

b. 50 – 40 – 60 – 70 – 80 – 30 – 90 – 12

4 Il y a 4 carreaux de chocolat par tablette. Combien de carreaux y a-t-il dans 3 tablettes ?

5 Un professeur de sport a formé 3 équipes de 5 joueurs. Combien de joueurs y a-t-il en tout ?

Multiplier par 7, 8, 9

6 Calcule.

a. 7 × 5	5 × 8	9 × 8
b. 7 × 4	9 × 7	6 × 8
c. 9 × 9	8 × 7	10 × 9
d. 8 × 6	9 × 5	7 × 7

7 Un cinéma contient 9 rangées de 7 places. Combien de places y a-t-il en tout ?

8 Dix tickets de tombola ont été vendus à 9 € et deux tickets à 7 €. Combien d'euros cette vente a-t-elle rapportés ?

Multiplier par 10, 100, 1 000

9 Calcule.

a. 7 × 100	8 × 100	200 × 10
b. 90 × 10	30 × 1 000	10 × 700
c. 60 × 100	50 × 1 000	200 × 10

10 Multiplie ces nombres par 10.

30 – 56 – 89 – 97 – 103 – 120 – 450 – 403
850 – 1 200 – 5 000 – 6 400 – 12 000

11 Multiplie ces nombres par 100.

5 – 53 – 46 – 150 – 420 – 680 – 750 – 6 400

12 Quel est le multiplicateur :

a. de 8 pour obtenir 800 ?
de 800 pour obtenir 8 000 ?

b. de 40 pour obtenir 4 000 ?
de 4 pour obtenir 4 000 ?

c. de 20 pour obtenir 20 000 ?
de 20 pour obtenir 2 000 ?

13 Luc a gagné 230 points lors d'un jeu. Omar a gagné 100 fois plus de points que Luc, Fred 10 fois plus et Tina 1 000 fois plus. Combien de points les amis de Luc ont-ils gagnés ?

14 Un avion peut parcourir 2 000 km en 1 heure. Combien de kilomètres parcourt-il en 10 h ?

Calculer des doubles et des triples

15 Calcule le double de ces nombres.

a. 6 – 8 – 9 – 12 – 14 – 23 – 24 – 32 – 43

b. 20 – 50 – 60 – 80 – 90 – 70 – 30 – 40

c. 100 – 200 – 500 – 800 – 700 – 600

16 Calcule le triple de ces nombres.

a. 3 – 5 – 7 – 6 – 9 – 12 – 10 – 11 – 13

b. 20 – 30 – 70 – 60 – 90 – 40 – 50 – 200

c. 25 – 50 – 150 – 250 – 350 – 550 – 1 050

d. 600 – 500 – 400 – 800 – 200 – 300

17 L'année dernière, un cycliste parcourait 72 km par jour. Cette année, il a doublé la longueur de son parcours. Combien de kilomètres parcourt-il par jour ?

18 Le cinéma français crée environ 250 films par an. L'Inde en produit le triple. Combien de films indiens sont produits par an ?

19 **Qui suis-je ?**
Je suis le triple du double de 2.
Je suis le double du triple de 10.

Multiplier par 20, 300...

20 **Calcule.**

a. 6 × 20	20 × 8	50 × 3
b. 60 × 4	80 × 3	20 × 7
c. 90 × 70	30 × 70	30 × 40
d. 60 × 80	5 × 200	200 × 90

21 **Multiplie ces nombres par 20.**
10 – 20 – 3 – 15 – 60 – 80 – 12

22 **Multiplie ces nombres par 50.**
a. 2 – 3 – 5 – 6 – 4 – 7 – 9 – 8 – 10 – 1
b. 30 – 20 – 50 – 60 – 80 – 40 – 11 – 12

23 **Calcule.**

a. 30 billets de 50 €	**b.** 40 billets de 20 €
10 billets de 10 €	60 billets de 5 €
2 billets de 200 €	50 billets de 100 €

24 Un théâtre vend 40 abonnements à 50 € par an. Quelle est sa recette annuelle ?

25 Le disque dur d'un ordinateur tourne à 2 000 tours par minute ! Combien de tours fait-il en 20 minutes ?

26 On consomme 150 litres d'eau par jour et par personne. Combien de litres d'eau une famille de 4 personnes consomme-t-elle par jour ?

Faire le calcul approché d'un produit

27 **Évalue un ordre de grandeur du résultat.**
Ex. : 22 × 41 → 20 × 40 = 800

a. 48 × 3	59 × 2	71 × 3
b. 19 × 5	39 × 2	49 × 5
c. 86 × 3	59 × 5	47 × 6
d. 99 × 8	81 × 5	79 × 4
e. 39 × 39	79 × 79	49 × 49
f. 989 × 3	996 × 5	198 × 4

28 Un coureur fait 21 fois le tour d'un circuit de course de 19 km. Combien de kilomètres parcourt-il environ ?

Multiplier par 11, 12, 15, 25

29 **Multiplie ces nombres par 11.**
2 – 4 – 6 – 8 – 9 – 10 – 20 – 30 – 50 – 40

30 **Calcule.**

a. 12 × 3	12 × 5	12 × 6
b. 12 × 4	15 × 3	15 × 4
c. 12 × 20	15 × 30	15 × 40

31 **Calcule.**

a. 25 × 2	25 × 4	25 × 3
b. 25 × 20	25 × 30	25 × 40

32 Chaque matin, un skieur descend 11 fois une piste de 200 m de long. Combien de mètres parcourt-il ?

33 Une lionne peut avaler 30 kg de viande par jour. Calcule la masse de viande pour nourrir un groupe de 15 lionnes pendant une journée.

34 Marie s'est abonnée à une chaîne du câble. Elle va payer 25 € par mois. Au bout de 6 mois, combien aura-t-elle payé ?

Diviser un nombre entier

Connaître les multiples d'un nombre

1 **a. Quels sont les multiples de 5 ?**
45 – 63 – 25 – 95 – 75 – 60 – 80 – 120
b. Quels sont les multiples de 8 ?
64 – 23 – 24 – 36 – 32 – 48 – 56 – 80
c. Quels sont les multiples de 7 ?
21 – 31 – 14 – 77 – 63 – 56 – 42 – 48
d. Quels sont les multiples de 6 ?
13 – 18 – 24 – 26 – 32 – 30 – 42 – 36

2 **Réponds en justifiant ta réponse.**
Ex. : 35 est un multiple de 5, car 7 × 5 = 35
a. 24 est-il un multiple de 6 ?
b. 57 est-il un multiple de 7 ?
c. 44 est-il un multiple de 2 ?
d. 60 est-il un multiple de 10 ?
e. 99 est-il un multiple de 11 ?

3 **Trouve le nombre de joueurs par équipe.**
a. 56 joueurs répartis en 2 équipes. 4. 7. 8.
b. 24 joueurs répartis en 2 équipes. 4. 8. 3.
c. 48 joueurs répartis en 2 équipes. 4. 6. 8. 12. 24.

4 **a. Quels sont les multiples de 2 ?**
456 – 520 – 841 – 863 – 1 489 – 2 634
b. Quels sont les multiples de 10 ?
80 – 10 – 230 – 255 – 1 300 – 1 302

5 **Trouve le multiple commun de ces couples de nombres.**
Ex. : 42 est le multiple commun à 6 et 7, car 6 × 7 = 42

a. 4 et 8	**c.** 7 et 9	**e.** 7 et 5
b. 6 et 5	**d.** 6 et 8	**f.** 3 et 9

Utiliser les tables pour diviser

6 **a.** Dans 56, combien de fois 7 ?
b. Dans 42, combien de fois 6 ?
c. Dans 81, combien de fois 9 ?
d. Dans 24, combien de fois 4 ?
e. Dans 32, combien de fois 2 ?
f. Dans 100, combien de fois 5 ?

7 **Quel nombre doit-on multiplier :**
a. par 6 pour obtenir 42 ?
b. par 5 pour obtenir 40 ?
c. par 7 pour obtenir 42 ?
d. par 6 pour obtenir 54 ?
e. par 9 pour obtenir 63 ?

Trouver le quotient exact

8 **Partage :**
a. 27 bonbons en 3 parts.
b. 50 gâteaux en 5 parts.
c. 42 sucettes en 6 parts.
d. 63 chewing-gums en 7 parts.

9 **Calcule et justifie ta réponse.**
Ex. : 24 : 8 = 3 car 3 × 8 = 24

a. 25 : 5	36 : 6	42 : 7
b. 24 : 3	32 : 8	30 : 6
c. 60 : 6	45 : 9	72 : 8

10 **Calcule.**

a. 42 : 6	50 : 2	81 : 9
b. 25 : 5	45 : 5	100 : 5
c. 63 : 7	28 : 7	36 : 9
d. 100 : 4	120 : 2	240 : 2

11 **Quel est le quotient exact :**

a. de 56 divisé par 7 ?	de 42 divisé par 6 ?
b. de 35 divisé par 5 ?	de 48 divisé par 8 ?
c. de 81 divisé par 9 ?	de 72 divisé par 8 ?
d. de 12 divisé par 6 ?	de 49 divisé par 7 ?
e. de 24 divisé par 2 ?	de 44 divisé par 4 ?

Calculer la moitié et le quart

12 **Trouve la moitié de ces nombres.**
a. 10 – 30 – 50 – 40 – 60 – 80 – 90 – 70
b. 42 – 18 – 26 – 28 – 86 – 98 – 36 – 48

c. 200 – 460 – 480 – 880 – 360 – 420
d. 72 – 54 – 96 – 76 – 38 – 106 – 114

13 Calcule le quart de ces nombres.
a. 4 – 8 –12 – 16 – 20 – 24 – 28 – 44 – 48
b. 80 – 84 – 100 – 120 – 160 – 400 – 440
c. 880 – 1 000 – 4 000 – 2 000 – 8 000

14 Un magasin solde tous ses articles à moitié prix. **Calcule les nouveaux prix.**

12 €	34 €	50 €	100 €	150 €	250 €
46 €	76 €	86 €	300 €	620 €	900 €

Diviser un multiple de 10

15 Divise ces nombres par 2, 4 et 5.
a. 100 – 200 – 1 000 – 500 – 400 – 600
b. 2 000 – 5 000 – 10 000 – 20 000

16 Calcule.

a. 300 : 3	400 : 4	550 : 5
b. 120 : 4	160 : 8	360 : 6
c. 630 : 3	480 : 4	808 : 8
d. 240 : 4	630 : 7	180 : 9

17 Combien y aura-t-il d'élèves dans chaque classe ?
a. 40 élèves de CP répartis en 2 classes
b. 60 élèves de CE1 répartis en 3 classes
c. 80 élèves de CE2 répartis en 4 classes
d. 210 élèves de CM répartis en 7 classes
e. 320 élèves de 6e répartis en 8 classes

18 Combien de minutes y a-t-il en 60 secondes ? 120 s ? 360 s ? 420 s ? 540 s ? 1 200 s ?

Diviser un nombre par un multiple de 10

19 Divise par 10.
a. 20 – 40 – 70 – 100 – 300 – 450 – 480
b. 560 – 840 – 970 – 1 020 – 1 600

20 Divise par 100.
a. 2 200 – 4 000 – 700 – 1 300 – 3 900
b. 5 600 – 6 000 – 41 000 – 97 000

21 Dix amis se partagent ces sommes.

500 €	70 €	250 €
1 000 €	840 €	6 500 €

Quelle sera la part de chacun ?

Diviser avec un reste

22 Divise comme dans l'exemple.
Ex. : 38 : 7 → (7 × 5) + 3

a. 37 : 5	19 : 6	43 : 8
b. 46 : 9	49 : 8	57 : 8
c. 86 : 8	78 : 9	65 : 8
d. 56 : 8	65 : 9	47 : 5

23 Quel est le dividende lorsque :
a. le quotient est 3, le diviseur 6, le reste 2 ?
b. le quotient est 7, le diviseur 2, le reste 4 ?
c. le quotient est 8, le diviseur 6, le reste 1 ?
d. le quotient est 9, le diviseur 5, le reste 3 ?
e. le quotient est 7, le diviseur 6, le reste 4 ?

24 Calcule le nombre de fleurs que Titus devra mettre dans chaque vase. Indique le nombre de fleurs restant.
Ex. : 46 tulipes dans 5 vases → 9 tulipes par vase ; il reste 1 tulipe.
a. 23 marguerites réparties dans 4 vases
b. 25 roses réparties dans 6 vases
c. 47 lys répartis dans 5 vases
d. 86 pivoines réparties dans 8 vases
e. 57 tournesols répartis dans 7 vases

Diviser par 11, 12, 15, 25

25 Calcule.
a. Combien de fois 11 dans 33 ? 66 ? 99 ?
b. Combien de fois 12 dans 24 ? 60 ? 48 ?
c. Combien de fois 15 dans 30 ? 45 ? 60 ?
d. Combien de fois 25 dans 50 ? 100 ? 250 ?

Connaître les nombres décimaux

Identifier le chiffre des unités, des dixièmes, des centièmes

1 Quel est le chiffre des unités ?

a. 2,3 – 4,5 – 7,05 –10,5 – 12,8 – 35,2
b. 2,25 – 58,8 – 52,7 – 54,04 – 785,2

2 Quel est le chiffre des dixièmes ?

a. 2,3 – 8,5 – 12,5 – 10,8 –145,8 – 305,2
b. 2,45 – 2,61 – 2,75 – 2,84 – 2,46 – 20,75

3 Quel est le chiffre des centièmes ?

a. 0,45 – 0,12 – 0,56 – 0,87 – 0,63 – 1,75
b. 5,68 – 10,39 – 0,05 – 104,21 – 34,09

Indiquer la valeur d'un chiffre dans un nombre décimal

4 Que représente le chiffre 7 dans ces nombres ?

Ex. : 2,74 → 7 dixièmes

a. 7,5 – 0,7 – 1,17 – 45,7 – 107,6 – 75,3
b. 18,71 – 100,87 – 0,71 – 4,78 – 98,67

5 Que représente le chiffre 1 dans ces nombres ?

a. 1,5 – 10,7 – 100,6 – 5,13 – 6,21 – 7,1
b. 0,81 – 1,58 – 751,8 – 123,89 – 0,18

6 Que représente le chiffre 0 dans ces nombres ?

a. 0,38 – 15,09 – 103,15 – 39,01 – 40,37
b. 4,03 – 20,5 – 204,17 – 7,03 – 55,03

Écrire un nombre décimal à partir d'une décomposition

7 Trouve le nombre qui correspond à chaque décomposition.

a. 5 unités et 8 dixièmes
b. 10 unités et 9 dixièmes
c. 6 unités, 3 dixièmes et 5 centièmes
d. 46 unités, 2 dixièmes et 8 centièmes

8 Trouve le nombre qui correspond à chaque décomposition.

a. 9 unités et 7 dixièmes
b. 2 unités et 5 dixièmes
c. 5 unités et 7 centièmes
d. 10 unités et 3 dixièmes
e. 30 unités, 6 dixièmes et 9 centièmes

9 Trouve le nombre qui correspond à chaque décomposition.

a. 2 + 0,6	5 + 0,1	8 + 0,4
b. 9 + 0,3	1 + 0,03	1 + 0,06
c. 2 + 0,04	6 + 0,7	8 + 0,7

10 Dans sa poche, Tim a trouvé 2 euros et 6 pièces de 10 centimes d'euro. Combien d'euros a-t-il ?

Décomposer un nombre décimal

11 Décompose ces nombres.

Ex. : 4,5 = 4 unités et 5 dixièmes

a. 5,6 – 7,8 – 1,2 – 7,9 – 4,3 – 8,7 – 9,9
b. 4,02 – 7,06 – 8,04 – 9,03 – 4,70 – 1,03
c. 4,23 – 5,85 – 1,24 – 7,56 – 8,55 – 9,42

12 Décompose ces nombres.

Ex. : 4,6 = 4 + 0,6

a. 4,1 – 4,8 – 6,7 – 7,3 – 8,9 – 7,8 – 3,4
b. 4,23 – 5,17 – 8,23 – 8,63 – 7,45 – 1,09

Comparer deux nombres décimaux

13 Trouve le plus petit nombre entre :

a. 4,20 et 4,02 – 5,3 et 5,03 – 7,80 et 8,70
b. 6,23 et 6,32 – 9,65 et 9,56 – 1,12 et 2,01

Encadrer un nombre décimal entre deux entiers

14 Encadre ces nombres entre deux nombres entiers.

Ex. : $1 < 1{,}7 < 2$

a. 2,5 – 4,1 – 3,9 – 6,8 – 7,2 – 9,2
b. 5,46 – 7,78 – 8,86 – 10,78 – 96,45

Arrondir un nombre décimal

15 Arrondis à l'unité supérieure.

Ex. : 5,8 → 6

a. 7,8 – 9,6 – 4,8 – 7,9 – 1,8 – 3,5 – 7,4
b. 4,29 – 5,78 – 13,89 – 47,96 – 75,86

16 Arrondis à l'unité inférieure.

Ex. : 5,2 → 5

a. 7,2 – 1,3 – 4,2 – 7,4 – 1,2 – 8,5 – 7,1
b. 4,23 – 5,45 – 18,89 – 43,16 – 75,21

17 Arrondis chaque nombre décimal au nombre entier le plus proche.

Ex. : 12,7 → 13 ; 12,3 → 12

a. 3,1 – 5,3 – 7,8 – 13,9 – 0,3 – 2,1 – 20,2
b. 36,9 – 53,4 – 0,81 – 8,03 – 19,4 – 38,7

18 Arrondis ces prix à l'unité supérieure.
a. un tee-shirt à 8,90 €
b. une brosse à cheveux 6,19 €
c. des barrettes à 3,40 €
d. une veste à 59,45 €

19 Arrondis ces masses à l'unité près (kg).
a. un poulet : 1,6 kg
b. un pot de compote : 0,650 kg
c. un pack de jus de fruits : 1,950 kg

Trouver le nombre qui suit

20 Trouve le nombre qui suit au dixième près.
a. 1,5 – 2,6 – 4,1 – 7,8 – 6,3 – 4,5 – 7,3
b. 75,1 – 85,6 – 75,3 – 47,6 – 14,7 – 8,3
c. 1,9 – 7,9 – 4,9 – 2,9 – 0,9 – 10,9 – 48,9

21 Trouve le nombre qui suit au centième près.
a. 1,26 – 2,33 – 4,18 – 7,23 – 8,46
b. 8,3 – 7,6 – 7,1 – 4,6 – 5,5 – 4,8
c. 1,39 – 4,29 – 7,39 – 5,69 – 4,89

Trouver le nombre qui précède

22 Trouve le nombre qui précède au dixième près.
a. 4,5 – 8,3 – 7,9 – 4,6 – 6,8 – 1,5
b. 78,6 – 98,2 – 14,6 – 47,3 – 48,1

23 Trouve le nombre qui précède au centième près.
a. 2,21 – 3,42 – 2,25 – 1,78 – 1,86
b. 12,36 – 14,56 – 73,56 – 47,96
c. 2,21 – 4,10 – 7,30 – 7,70 – 4,80

Ajouter un dixième, un centième à un nombre

24 Ajoute un dixième.
a. 6 – 2,5 – 6,7 – 5,8 – 7,3 – 6,8 – 2,8 – 9,1
b. 45,2 – 48,9 – 47,3 – 45,50 – 75,26 – 86,93

25 Ajoute un centième.
a. 2,50 – 6,37 – 5,68 – 7,23 – 6,07 – 2,78
b. 45,23 – 48,56 – 56,30 – 85,63 – 75,63

26 Ulysse mesurait 1,22 m ; il a grandi de 0,10 m. Quelle est sa taille aujourd'hui ?

Soustraire un dixième, un centième à un nombre

27 Soustrais un dixième.
2,5 – 6,7 – 5,8 – 7,3 – 6,7 – 76,5 – 66,9

28 Soustrais un centième.
5,53 – 9,37 – 5,98 – 7,33 – 6,97 – 42,78

Additionner, soustraire et multiplier des nombres décimaux

Additionner un nombre décimal et un nombre entier

1 Ajoute 0,1 à ces nombres.
5 – 6 – 3 – 4 – 14 – 15 – 20 – 50 – 100

2 Ajoute 0,3 à ces nombres.
5 – 4 – 7 – 8 – 12 – 16 – 17 – 25 – 30 – 40

3 Ajoute 0,5 à ces nombres.
1 – 4 – 7 – 6 – 3 – 9 – 13 – 14 – 18 – 20 – 40

4 Ajoute 0,01 à ces nombres.
1 – 5 – 6 – 7 – 6 – 15 – 30 – 40 – 65 – 78 – 92

5 Calcule.

a.	b.	c.
3,2 + 2	3 + 3,5	1,1 + 2
2 + 1,5	2,3 + 3	1 + 4,3
1,4 + 1	4 + 2,2	5 + 1,7

6 Patrick a deux chats : le premier pèse 3 kg et le second 1,5 kg de plus. Combien pèse son second chat ?

7 Un voyageur achète un billet à 20 €, mais il doit rajouter 2,30 € pour un supplément. Combien va-t-il payer en tout ?

Compléter des suites de nombres (en avançant)

8 Compte de 0,1 en 0,1.
a. 2,1 – 2,2 – ... (jusqu'à 5)
b. 5,5 – 5,6 – ... (jusqu'à 10)
c. 8,3 – 8,4 – ... (jusqu'à 12)
d. 9,7 – 9,8 – ... (jusqu'à 14)
e. 10,6 – 10,7 – ... (jusqu'à 16)

9 Compte de 0,5 en 0,5.
a. 5 – 5,5 – 6 – ... (jusqu'à 20)
b. 11,5 –12 – ... (jusqu'à 30)
c. 56,5 – 57 – ... (jusqu'à 62)

Additionner deux nombres décimaux sans retenue

10 Calcule.

a. 1,2 + 1,1	1,3 + 1,4	1,1 + 2,4
b. 3,3 + 1,2	2,4 + 1,5	1,4 + 2,3
c. 3,2 + 1,3	2,2 + 1,4	3,1 + 2,4

11 Paul a dépensé 1,20 € pour un pain au chocolat et 1,50 € pour une cannette de jus d'orange. À combien lui revient son goûter ?

12 Un maçon a bâti un mur de 1,50 m. Le lendemain, il le surélève de 0,30 m. Quelle est la hauteur du mur maintenant ?

Additionner deux nombres décimaux avec retenue

13 Ajoute 0,5 à ces nombres.
1,5 – 0,5 – 5,5 – 7,5 – 3,5 – 6,5 – 8,5 – 9,5

14 Ajoute 0,2 à ces nombres.
1,8 – 0,9 – 5,8 – 7,9 – 6,9 – 2,8 – 8,9 – 9,8

15 Calcule.

a.	b.	c.
0,6 + 0,6	1,5 + 0,5	1,6 + 0,5
0,7 + 0,7	1,5 + 1,5	1,8 + 0,5
0,8 + 0,8	1,5 + 2,5	1,9 + 0,5

Calculer des compléments

16 Complète pour obtenir 10.
a. 5,5 – 4,5 – 8,5 – 6,5 – 7,5 – 3,5– 1,5 – 9,5
b. 9,1 – 8,1 – 6,1 – 9,9 – 5,9 – 8,9 – 4,9 – 7,1

17 **Complète pour obtenir 1.**
a. 0,60 – 0,20 – 0,40 – 0,70 – 0,80 – 0,30
b. 0,15 – 0,85 – 0,55 – 0,75 – 0,95 – 0,45

18 **Pour chacun de ces achats, indique la monnaie qui sera rendue sur un billet de 5 €.**
a. un cahier à 3,50 €
b. une gomme à 1,50 €
c. un lot de deux tubes de colle à 4,50 €
d. une règle plate à 2,90 €

19 **Quelle longueur en cm dois-tu rajouter pour que ces segments atteignent 10 cm ?**

a. 8,5 cm	2,5 cm	9,8 cm
b. 7,5 cm	9,5 cm	8,8 cm

Soustraire deux nombres décimaux

20 **Calcule.**

a. 1,5 – 1,2	1,9 – 1,4	3,8 – 1,3
b. 2,9 – 1,5	1,8 – 1,6	2,6 – 1,1

21 **Soustrais 0,1 à ces nombres.**
2,3 – 5,6 – 4,1 – 7,2 – 8,9 – 6,1 – 7,8 – 3,3

22 **Soustrais 0,5 à ces nombres.**
1,5 – 3,6 – 5,7 – 8,5 –13,6 – 19,8 – 40,7

23 Julie a tracé un trait de 5,6 cm, mais elle en gomme 1,2 cm. Quelle est la longueur de son trait maintenant ?

24 Un premier concurrent réalise un saut en hauteur de 1,80 m, le second réussit un saut de 1,90 m. Quelle est la différence de hauteur entre ces deux sauts ?

Compléter des suites de nombres (en reculant)

25 **Continue chaque suite jusqu'à 0.**
a. 2,6 – 2,5 – 2,4 – ...
b. 7 – 6,5 – 6 – ...
c. 1,30 – 1,29 – 1,28 – ...

Soustraire un nombre décimal à un nombre entier

26 **Soustrais 0,5 à ces nombres.**
1 – 3 – 5 – 8 – 9 –13 – 19 – 40 – 79 – 90

27 **Calcule.**

a. 1 – 0,5	2 – 1,5	4 – 2,5
b. 4 – 3,5	5 – 2,5	3 – 1,5
c. 6 – 5,5	6 – 4,5	7 – 6,5

28 Saïd a vidé 1,5 litre d'une bassine qui contenait 3 litres d'eau. Combien de litres d'eau reste-t-il dans la bassine ?

Calculer des doubles

29 **Calcule le double de ces nombres.**
a. 2,1 – 3,2 – 4,3 – 2,4 – 1,4 – 1,2 – 2,3
b. 1,21 – 1,11 – 2,22 – 3,33 – 3,02 – 2,04
c. 0,5 – 1,5 – 2,5 – 4,5 – 3,5 – 7,5 – 6,5

30 Annette a eu 5,50 € d'argent de poche. Sa grande sœur en a eu le double. Combien d'argent de poche a eu sa grande sœur ?

Multiplier des nombres décimaux par 10, 100, 1 000

31 **Multiplie ces nombres par 10.**
a. 1,2 – 3,4 – 5,4 – 8,7 – 9,8 – 6,7 – 16,5
b. 1,33 – 1,45 – 1,66 – 1,85 – 1,78 – 1,98
c. 56,23 – 45,12 – 85,26 – 47,23 – 63,75

32 **Multiplie ces nombres par 100.**
a. 2,42 – 8,45 – 7,03 – 5,23 – 3,46 – 5,26
b. 0,12 – 0,46 – 0,75 – 0,56 – 0,4 – 1,78

33 Au pays de Picsou, tout est 100 fois plus cher ! Calcule ces nouveaux prix.
5,23 € 0,43 € 7,02 € 6,78 € 45,86 €

Distinguer chiffre et nombre

Un peu d'histoire !

Il y a **5 400 ans** : apparition de l'écriture

Il y a **3 200 ans** : apparition de l'alphabet

Il y a **560 ans** : invention de l'imprimerie

Cherchons

→ **Combien de nombres lis-tu ? Combien de chiffres ont-ils chacun ?**

→ **Quel est le nombre le plus grand ? le plus petit ? Justifie tes réponses.**

→ **Que représente le chiffre 5 dans 5 400 ? dans 560 ? Pourquoi ?**

- Dans notre système de numération, il y a **10 chiffres** :
0, 1, 2, 3, 4, 5, 6, 7, 8 et 9
Un nombre peut représenter une quantité : il s'écrit avec **un** ou **plusieurs chiffre(s)**.
Ex. : **5** est un nombre qui s'écrit avec **1 chiffre**.
1 500 est un nombre qui s'écrit avec **4 chiffres**.
- Pour connaître la valeur des chiffres dans un nombre, on utilise un **tableau de numération** :

Classe des mille			Classe des unités		
centaines	dizaines	unités	centaines	dizaines	unités
		1	5	0	3

Dans le nombre 1 503 :
– le **chiffre des unités** est 3, mais le **nombre d'unités** est 1 503 ;
– le **chiffre des dizaines** est 0, mais le **nombre de dizaines** est 150 ;
– le **chiffre des centaines** est 5, mais le **nombre de centaines** est 15 ;
– le **chiffre des unités de mille** est 1 et le **nombre de milliers** est 1.

Distinguer chiffre et nombre

1 * **Parmi ces nombres, lesquels s'écrivent avec 4 chiffres ?**

a. quatre mille cent cinquante
b. huit mille sept cent huit
c. mille cinq cent vingt-trois
d. deux cent quinze
e. deux mille trois cent dix-huit
f. mille neuf cents

2 * **Recopie ces nombres et entoure le chiffre des dizaines.**

1 489 – 85 – 485 – 7 632 – 7 056 – 2 003

3 * **Quel est le plus grand nombre à 3 chiffres ? et le plus petit ?**

4 * **Cherche tous les nombres à trois chiffres que tu peux écrire avec 6, 7 et 2.**

Tu n'as pas le droit d'utiliser deux fois le même chiffre.

5 * **Reproduis et complète ces tableaux.**

	Chiffre des dizaines	Nombre de dizaines
782		
1 589		
5 630		

	Chiffre des centaines	Nombre de centaines
802		
1 643		
5 780		

6 ** Si tu écris tous les nombres de 100 à 200, combien de fois écriras-tu le chiffre 5 ? le chiffre 9 ? le chiffre 0 ?

7 ** **Réponds aux questions pour chaque nombre.**

4 856 3 058 5 278 2 578

a. Quel est le chiffre des dizaines ?
b. Quel est le nombre de dizaines ?
c. Quel est le chiffre des centaines ?
d. Quel est le nombre de centaines ?

Résoudre des problèmes

8 * **Qui suis-je ?**

a. J'ai 57 dizaines et 4 unités.
b. J'ai 156 dizaines et 0 unité.
c. J'ai 3 milliers et 456 unités.
d. J'ai 89 centaines et 63 unités.
e. J'ai 50 centaines et 9 dizaines.

9 ** La pyramide de Khéops est la plus grande de toute l'Égypte et fait partie des 7 merveilles du monde.
Résous cette énigme et tu sauras depuis combien d'années elle existe...

Mon chiffre des dizaines est 1. Mon nombre de centaines est 45. Le chiffre de mes unités est égal à celui de mes centaines moins 5.

La pyramide de Khéops, en Égypte.

10 ** **Associe chaque date à l'une des découvertes.**

1492 1534 1535 1497

a. La date de la découverte du Canada par Jacques Cartier a 153 dizaines.
b. La date de l'expédition de Vasco de Gama, qui ouvre la route des Indes, a 14 centaines.
c. La date de la découverte du continent américain par Christophe Colomb a comme chiffre des unités la moitié de celui de ses centaines.
d. La date de la découverte de la Californie par Hernán Cortés a son chiffre des unités identique à celui de ses centaines.

11 *** **Additionne le nombre de dizaines dans chaque nombre et tu trouveras l'année à laquelle l'homme a marché sur la Lune.**

852 7 458 10 839 515 57

Défi **Suis ces indications et trouve le nombre mystère.**

123 a un seul chiffre commun avec le nombre mystère et il est à la bonne place.
456 n'a aucun chiffre commun avec le nombre mystère.
245 a un seul chiffre commun avec le nombre mystère et il n'est pas à la bonne place.
374 a un seul chiffre commun avec le nombre mystère et il n'est pas à la bonne place.
953 a un seul chiffre commun avec le nombre mystère et il est à la bonne place.

Nombres

Connaître les nombres de 0 à 9 999

Voici la longueur en kilomètres des plus longs fleuves d'Europe :

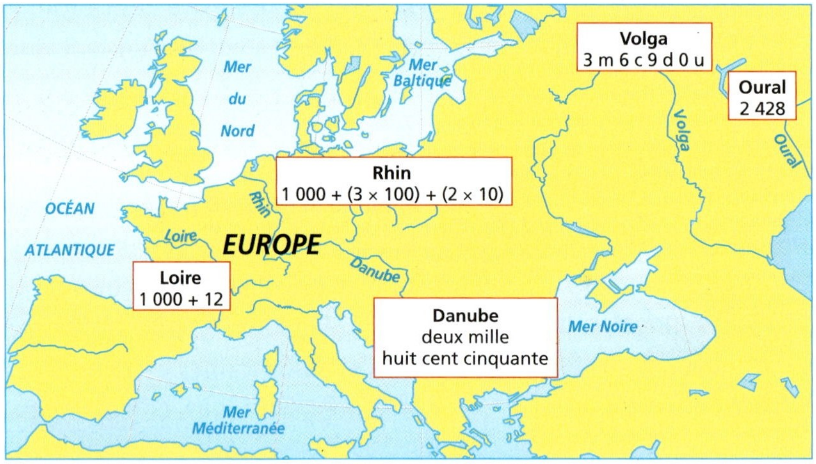

Cherchons

→ **Comment est écrite la longueur de chaque fleuve ?**

→ **Pour pouvoir comparer leur longueur, que dois-tu commencer par faire ?**

→ **Quel est le fleuve le plus long ? le moins long ?**

→ **Quels fleuves mesurent entre 2 000 et 3 000 km de long ?**

Un nombre peut s'écrire de différentes façons :

- Il peut s'écrire **en chiffres**. *Ex. :* 8 352
- Il peut s'écrire **en lettres**. *Ex. :* huit *mille* trois cent cinquante-deux
- Il peut s'écrire sous la forme d'une **décomposition** :

Ex. : 8 352 a 8 milliers, 3 centaines, 5 dizaines et 2 unités
ou 8 352 = (8 × 1 000) + (3 × 100) + (5 × 10) + 2

Pour **comparer des nombres** entre eux, on compare leurs chiffres un par un, en commençant par la gauche : ***4** 562 < **5** 562 car 4 < 5.*
On peut **encadrer un nombre** :
– à la dizaine près : 4 5**60** < 4 562 < 4 5**70**
– à la centaine près : 4 **500** < 4 562 < 4 **600**

Lire et écrire des nombres

1 * **Écris en chiffres.**

a. trois mille quatre cent dix-huit
b. six mille cinq cent quarante-trois
c. neuf cent trente-deux
d. neuf mille cent cinquante
e. sept mille quatre cent quatre-vingt-trois

2 * **Recopie et complète avec les mots manquants.**

a. 5 426 → cinq … quatre … vingt-six
b. 7 450 → … mille quatre cent …
c. 3 083 → trois … quatre-… …
d. 6 706 → … mille sept … six
e. 9 919 → neuf … neuf … dix-…
f. 4 001 → quatre … …

Décomposer des nombres

3 * **Décompose comme dans l'exemple.**

Ex. : 1 756 = 1 m 7 c 5 d 6 u

5 689 7 236 8 080 4 004 9 999

4 * **Décompose comme dans l'exemple.**

Ex. : 8 506 = (8 × 1 000) + (5 × 100) + 6

a. 5 869
b. 7 069
c. 7 846
d. 7 056
e. 4 580
f. 1 099
g. 9 503
h. 7 820

5 ** **Qui suis-je ?**

Pour t'aider, place les nombres dans un tableau de numération.

a. J'ai 9 milliers et 56 dizaines.
b. J'ai 4 milliers et 123 unités.
c. J'ai 56 centaines et 23 unités.
d. J'ai 99 centaines.
e. J'ai 782 dizaines.

Comparer, ranger et encadrer des nombres

6 * **Recopie et complète avec <, > ou =.**

a. 7 895 … 7 006
b. 7 001 … 7 040
c. 8 269 … 2 896
d. 8 456 … 8 645
e. 7 089 … 6 909
f. 7 089 … 8 709
g. 7 809 … 7 980
h. 7 980 … 7 980

7 * **Range du plus petit au plus grand.**

a. 2 365 – 5 236 – 6 253 – 5 623 – 2 563
b. 7 580 – 7 085 – 8 057 – 7 008 – 8 007
c. 4 045 – 4 504 – 5 404 – 4 054 – 4 405

8 * **Reproduis et complète ce tableau.**

Nombre qui vient juste avant	Nombre	Nombre qui vient juste après
	4 999	
	5 000	
	6 000	
	7 998	
	8 999	
	9 999	

9 ** **Recopie et encadre à la dizaine près.**

*Ex. : 7 **580** < 7 586 < 7 **590***

… < 8 452 < …
… < 7 634 < …
… < 4 985 < …
… < 3 785 < …

10 ** **Recopie et encadre à la centaine près.**

*Ex. : 7 **500** < 7 586 < 7 **600***

… < 4 352 < …
… < 7 534 < …
… < 4 278 < …
… < 9 560 < …

11 *** Johan possède 4 cartes de jeu :

Personnages	Points en attaque
Cavalier Arc-en-ciel	450 dizaines
Chevalier des enfers	Deux mille six cent cinquante
Phœnix	(2 × 1 000) + (8 × 10) + 5
Pharaon	48 centaines et 23 unités

a. Quel personnage a la meilleure attaque ?
b. Quels personnages ont un nombre de points compris entre 2 000 et 3 000 ?
c. Si tu devais classer les points des personnages selon un ordre décroissant, en quelle position placerais-tu le personnage Yondane qui a 290 dizaines de points ?

Défi **Reproduis et complète cette grille.**

	A	B	C	D	E
1					■
2				■	
3	■				
4					
5		■	■		

1 : nombre qui vient après (256 × 10) + 1
B : 825 unités et 5 milliers
3 : nombre qui vient avant 2 377
D : nombre qui a 3 chiffres identiques tout comme le **2**
E : 7 665 – 1 010
C : nombre qui a 8 unités
A : nombre compris entre 30 et 40 avec deux chiffres identiques

Lire, écrire et décomposer les nombres de 0 à 999 999

Les invertébrés sont les animaux que l'on connaît le moins. Pourtant, ce sont les plus nombreux sur la Terre ! Voici le nombre d'espèces estimé par catégorie :

Les mollusques

100 000

Les spongiaires

5 000

Les arachnides

45 000

Les protozoaires

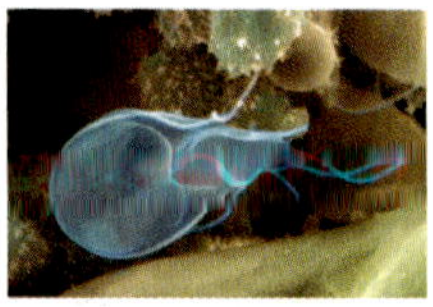

90 000

Les crustacés

40 000

Cherchons

→ **Pourquoi ces nombres ont-ils tous un 0 en chiffre d'unité ?**

→ **Remarque l'espace dans chaque nombre. À quoi sert-il ?**

→ **Si tu lis à haute voix ces nombres ou que tu les écris en lettres, quel mot utiliseras-tu à chaque fois ?**

▶ **Pour lire et écrire des grands nombres, on regroupe les chiffres par classe.**
Chaque classe comprend les **unités**, les **dizaines** et les **centaines**.

Classe des mille			Classe des unités		
centaines	dizaines	unités	centaines	dizaines	unités
4	0	8	5	7	3

▶ Le nombre du tableau s'écrit en chiffres 408 573.
↑ On laisse un espace entre les classes.

Ce nombre se lit et s'écrit en lettres : quatre cent huit mille cinq cent soixante-treize.
↑ On ajoute le nom de la classe.

▶ On peut **décomposer un nombre** :

408 573 = (4 × 100 000) + (8 × 1 000) + (5 × 100) + (7 × 10) + (3 × 1)

ou (408 × 1 000) + (5 × 100) + (7 × 10) + (3 × 1)

Lire et écrire des nombres

1 * **Recopie ces nombres en respectant les espaces entre les classes.**

1265	12589	56874
456213	789995	452123
45003	123048	61005

2 * **Reproduis ce tableau et complète-le.**

Douze mille deux cent quatre-vingt-dix	
	23 500
Cent quarante-trois mille six cent vingt	
Neuf cent seize mille trois cent quarante-six	
	156 700
Cinq cent mille cinq cent trente-huit	

3 * **Récris en lettres les nombres du texte.**
La baleine est un mammifère marin dont le poids atteint parfois **75 000 kg**. Elle peut parcourir jusqu'à **9 500 km**, du Mexique à l'Arctique. En **1880**, **1 500** baleines ont été pêchées. En **1930**, ce nombre a atteint **50 000**. Aujourd'hui, seuls quelques pays la chassent encore.

4 ** **Écris les nombres de km² en lettres.**

Années	Superficies (en km²) de forêts détruites par les incendies
2002	30 160
2003	73 278
2004	13 710
2005	22 133

5 ** **Combien de nombres différents peux-tu écrire en utilisant toutes ces étiquettes ?**

mille | quatre | cent(s) | huit | trente

Écris-les en chiffres et en lettres.

Tu n'as pas le droit d'utiliser deux fois le même mot.

Décomposer des nombres

6 * **Calcule sans poser l'opération.**

a. 60 000 + 5 000 + 400 + 16
b. 40 000 + 20 000 + 3 000 + 500 + 70 + 3
c. 500 000 + 90 000 + 4 000 + 789
d. 600 000 + 100 000 + 5 000 + 400 + 86
e. 800 000 + 50 500 + 3 000 + 40 + 8

7 * **Décompose ces nombres.**

Ex. : 420 637 = (420 × 1 000) + (6 × 100)+ (3 × 10) + 7

78 420 | 16 005 | 806 014 | 750 009 | 56 003 | 540 360

8 ** Voici les meilleures ventes de BD en 2008 :

© Lucky Comics

(136 × 1 000) + 600

© Shueisha
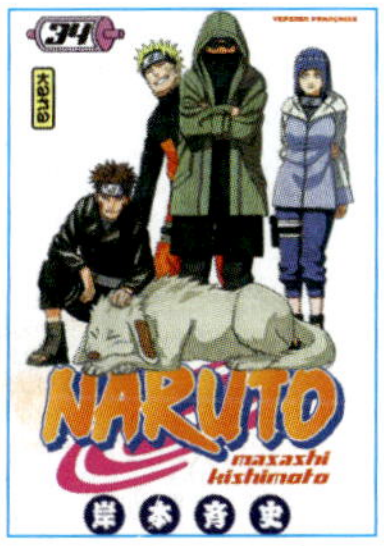

133 × 1 000

© Dupuis

(204 × 1 000) + (4 × 100)

© Blake et Mortimer

2 660 × 100

© Glénat

495 × 1 000

a. Retrouve le nombre d'exemplaires vendus pour chaque titre.
b. Quel album s'est le plus vendu en 2008 ?

9 *** **Qui suis-je ?**

a. J'ai 42 dizaines de mille et 48 dizaines.
b. J'ai 48 milliers et 23 dizaines.
c. J'ai 6 centaines de mille et 782 centaines.
d. J'ai 430 milliers et 13 dizaines.
e. J'ai 8 centaines de mille et 8 unités.
f. J'ai 10 milliers et 10 unités.
g. Je suis placé juste avant 300 000.
h. J'ai 890 milliers et 9 unités.
i. Je suis placé juste après 99 999.

Défi **Résous cette énigme et tu connaîtras le nombre d'espèces d'animaux en danger.**

Mon chiffre des dizaines est 6.
Mon nombre de dizaines est :
1 000 + 100 + 10 + 6.
Mon chiffre des unités est mon chiffre des dizaines + mon chiffre des unités de mille.

Comparer, ranger et encadrer les nombres de 0 à 999 999

En 2007, en France, on a collecté :

172 800 tonnes
de déchets électriques

850 500 tonnes
de véhicules

222 417 tonnes
d'huiles usagées

211 464 tonnes
de piles et batteries

Cherchons

→ **Quelle quantité de déchets est la plus importante ? la moins importante ?**
→ **Comment as-tu fait pour répondre ?**
→ **Range ces nombres dans l'ordre croissant. Comment as-tu procédé ?**

- Pour **comparer deux nombres** :
  – on compare leur nombre de chiffres :
  75 002 (5 chiffres) > 7 800 (4 chiffres)
  – si les nombres ont autant de chiffres, on compare chaque chiffre en commençant par la gauche.
  Ex. : 45**6** 230 > 45**5** 253
  Dans cet exemple, c'est l'unité de mille qui permet de comparer.
- On peut **ranger les nombres dans l'ordre croissant** (du plus petit au plus grand). *Ex.* : 480 263 < 490 263 < 496 532
- On peut **ranger les nombres dans l'ordre décroissant** (du plus grand au plus petit). *Ex.* : 496 532 > 490 263 > 480 263
- On peut **encadrer un nombre** :
  – au millier près : 45**5 000** < 455 253 < 45**6 000**
  – à la dizaine de mille près : 45**0 000** < 455 263 < 46**0 000**

Comparer des nombres

1 * **Recopie le plus petit nombre de chaque série.**

a. 156 230 – 56 230 – 15 236 – 1 536

b. 75 203 – 7 520 – 75 639 – 752 369

2 * **Recopie le plus grand nombre de chaque série.**

a. trois mille ; trente mille ; trois cent mille

b. mille six cents ; six cent mille ; soixante mille

c. dix-neuf mille ; cent quatre-vingt mille ; mille neuf cents

3 * **Recopie et complète avec < ou >.**

a. 45 600 ... 650 450

b. 450 600 ... 650 450

c. 450 400 ... 405 650

d. 64 450 ... 64 500

4 ** **Recopie et complète avec <, > ou =.**

a. 500 000 + 84 000 … 584 000

b. 630 000 + 450 … 630 000 + 405

c. 120 000 + 1 350 … 122 000 + 250

Ranger des nombres

5 * **Range dans l'ordre croissant.**

75 369 – 757 005 – 57 458 – 750 287 – 570 521 – 78 152 – 752 485

6 * **Range la superficie de ces pays dans l'ordre décroissant.**

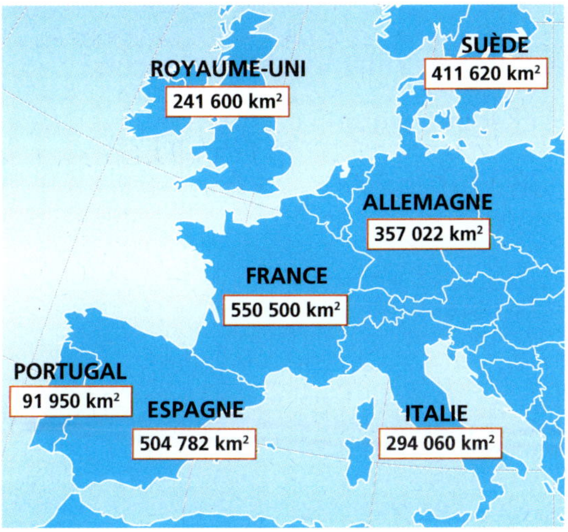

7 ** **Écris ces nombres en chiffres, puis range-les dans l'ordre décroissant.**

a. huit cent mille quatre cent quarante

b. quatre cent mille huit cent quatre

c. huit cent quarante mille quarante-huit

d. quatre-vingt-quatre mille huit cent quatre

e. cent quatre-vingt-quatre mille quatre cents

Encadrer des nombres

8 * **Recopie et encadre au millier près.**

Ex. : 432 000 < 432 586 < 433 000

… < 758 652 < … … < 499 963 < …

… < 753 756 < … … < 304 744 < …

9 * **Recopie et encadre à la dizaine de mille près.**

Ex. : 430 000 < 432 586 < 440 000

… < 768 750 < … … < 978 860 < …

… < 263 840 < … … < 536 996< …

10 ** **Parmi ces nombres, recopie ceux compris entre 850 000 et 890 000.**

759 263 – 842 630 – 863 759 – 869 900

89 010 – 692 999 – 874 360 – 853 000

11 ** **Associe chaque lettre placée sur la droite au nombre correspondant.**

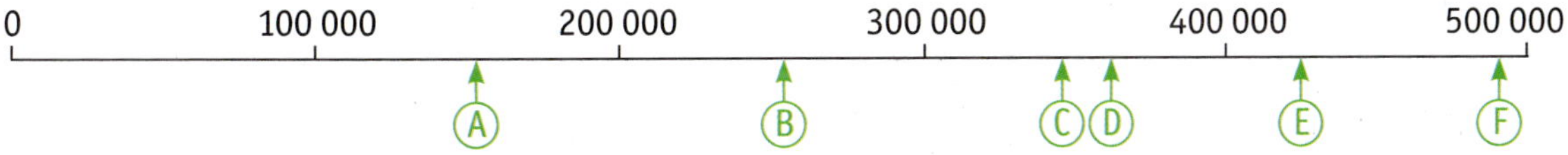

425 000 – 253 000 – 151 000 – 356 000 – 490 000 – 348 000

12 ** Je suis un nombre compris entre 450 000 et 455 000. Mon nombre de centaines est 4 535. En tout, j'ai 4 fois le chiffre 5. **Qui suis-je ?**

13 *** Voici la masse de poissons pêchés en 2007 dans différents pays d'Europe.

Allemagne : 248 000 t – France : 557 900 t – Irlande : 227 100 t

Italie : 286 000 t – Portugal : 253 000 t – Espagne : 735 960 t

a. Quels pays ont pêché entre 250 000 et 300 000 tonnes de poissons en 2007 ?

b. Quel pays a pêché le plus de poissons ? le moins ?

Défi 588 885 est un **nombre palindrome** (il peut se lire de gauche à droite ou de droite à gauche). Dans la suite de nombres, quels seront les trois prochains nombres palindromes ?

Lire, écrire et décomposer les nombres de 0 à 999 999 999

Cherchons

→ **Écris tous ces nombres en chiffres. Combien de chiffres ont-ils chacun ?**

→ **Combien d'espaces as-tu laissés dans chaque nombre ?**

→ **Quel mot est commun à tous ces nombres ?**

▸ Après la classe des milliers, il y a la **classe des millions**.

Classe des millions			Classe des mille			Classe des unités		
c	d	u	c	d	u	c	d	u
1	2	5	4	0	9	6	4	8

▸ Ce nombre s'écrit en chiffres : 125 409 648.
Rappel : on laisse un espace entre les classes.
Ce nombre s'écrit en lettres :
cent vingt-cinq **millions** quatre cent neuf **mille** six cent quarante-huit.

▸ On peut **décomposer un nombre** :
125 409 648 = 125 millions 409 milliers 648 unités
125 409 648 = (125 × 1 000 000) + (409 × 1 000) + 648

Lire et écrire des nombres

1 * **Recopie ces nombres en respectant les espaces entre les classes.**

56386942 45302120 963458123 856942786 8654720 17256833

2 * **Écris ces nombres d'habitants en chiffres.**

Amérique du Nord : quatre cent cinquante-trois millions huit cent sept mille
Europe : sept cent trente-huit millions
Afrique : neuf cent quatre-vingt-quatre millions
Amérique du Sud : trois cent quatre-vingt-six millions cinq cent six mille

3 ** **Écris en lettres.**

a. 550 500 000
b. 505 000 500
c. 555 550 005
d. 55 005 555
e. 505 000 000
f. 50 500 500
g. 5 500 005
h. 5 000 055

Décomposer des nombres

4 * **Décompose comme dans l'exemple.**

Ex. : 256 530 852 = 256 millions 530 milliers 852 unités

a. 5 830 012
b. 125 000 960
c. 456 520 088
d. 4 869 210
e. 45 203 100
f. 451 425 050

5 * **Décompose comme dans l'exemple.**

Ex. : 96 452 560 = (96 × 1 000 000) + (452 × 1 000) + 560

a. 452 600 000
b. 480 256 123
c. 806 989 740
d. 56 820 900
e. 48 906 120
f. 536 000 003

6 * **Écris en chiffres les nombres de ce texte.**

La superficie de l'Afrique est de (30 × 1 000 000) + (300 × 1 000) km^2.
C'est sur ce continent que l'on a retrouvé le squelette de Lucy, une australopithèque qui a vécu il y a (3 × 1 000 000) + (7 × 10 000) années.
Actuellement, (96 × 1 000 000) + 200 000 Africains parlent le français.

7 ** **Recopie et complète.** • = *1 chiffre*

a. 12 00• 200 = (12 × 1 000 000) + (6 × ••••) + (2 × 100)
b. 5•2 4•6 800 = (502 × 1 000 000) + (456 × 1 000) + (• × 100)
c. 512 630 420 = (••2 × 1 000 000) + (630 × ••••) + (42 × ••)
d. 501 459 6•0 = (5•1 × 1 000 000) + (••• × 1 000) + (•2 × 10)

8 ** **Calcule sans poser.**

a. 450 000 000 + 87 000 + 458
b. 485 000 000 + 789 000
c. 98 000 000 + 789 523
d. (84 × 100 000) + (6 × 1 000) + (8 × 100)
e. (70 × 1 000 000) + (70 × 1 000) + (7 × 100)
f. (91 × 1 000 000) + (78 × 1 000) + (4 × 10)

9 ** **Pour chaque film, écris le nombre de spectateurs en chiffres, puis en lettres.**

Films les plus vus en France	Nombres d'entrées au cinéma
Bienvenue chez les Ch'tis	(20 × 1 000 000) + (329 × 1 000) + 376
Autant en emporte le vent	(16 × 1 000 000) + (723 × 1 000) + (5 × 100) + 19
La Grande Vadrouille	(17 270 × 1 000) + (6 × 100) + 79
Titanic	(2 075 × 10 000) + (888 × 10) + 7
Le Livre de la jungle	(152 × 100 000) + (88 × 1 000) + 453

Défi Le directeur d'une banque a oublié le code à huit chiffres du coffre-fort.
Retrouve-le avec ces indices.

Son nombre de milliers est 36 136.
Son chiffre des unités et celui de ses centaines est égal à celui de ses unités de millions.
Son chiffre des dizaines est égal à celui de ses centaines de mille.

Comparer, ranger et encadrer les nombres de 0 à 999 999 999

Les plantes ne sont pas toutes apparues sur la Terre au même moment :

Les algues

Il y a **450 000 000** d'années.

Les mousses

Il y a **400 000 000** d'années.

Les fougères

Il y a **350 000 000** d'années.

Les plantes à fleurs

Il y a **120 000 000** d'années.

Cherchons

→ **Comment ces nombres sont-ils rangés ? Quels chiffres t'ont aidé à répondre ?**

→ **Les conifères sont apparus il y a 345 millions d'années : où placerais-tu ce nombre ?**

→ **Quelle espèce a moins de 200 millions d'années ?**

- Pour **comparer et ranger des nombres** :
  – on compare leur nombre de chiffres :
  2 575 002 (7 chiffres) > 207 800 (6 chiffres)
  – si les nombres ont autant de chiffres, on compare chaque chiffre en partant de la gauche :
  Ex. : 45**6** 230 000 > 45**5** 253 000
  4**8**0 263 500 < 4**9**0 263 800 < 49**6** 532 100
- On peut **encadrer un nombre** :
  – à la centaine de mille près : 854 **400 000** < 854 455 253 < 854 **500 000**
  – au million près : 85**4 000 000** < 854 455 253 < 85**5 000 000**

Comparer des nombres

1 * **Recopie le plus grand nombre de chaque série.**

a. 456 258 000 – 452 120 – 45 210 000
b. 986 256 300 – 562 893 123 – 98 789 589
c. 45 632 000 – 400 300 666 – 436 236 300
d. 836 523 410 – 856 123 410 – 785 124 632

2 * **Recopie le plus petit nombre de chaque série.**

a. trois cents millions
trente millions
neuf cent mille dix-neuf

b. soixante millions six cents
six millions neuf cent mille
six cents millions

c. un million quatre-vingt mille
un million quarante mille
un million quatre mille

3 * **Recopie et complète avec le nombre qui convient.**

a. 789 845 263 > … > 789 845 261
b. 456 200 160 > … > 456 200 158
c. 485 200 000 > … > 485 199 998
d. 236 100 000 >… > 236 099 998

4 ** **Recopie et complète avec < ou >.**

Compare les chiffres en partant de la gauche.

a. 19 756 230 … 19 653 684
b. 204 000 412 … 240 412 000
c. 789 500 600 … 789 600 500
d. 862 200 300 … 862 320 900

5 ** **Recopie et complète avec <, > ou =.**
a. 6 000 000 … 6 000 × 1 000
b. 2 000 000 + 8 000 … 2 000 000 + 8 080
c. (4 000 × 1 000) + 2 500 … 4 250 000
d. 5 000 500 … 5 000 000 + 5 000

Ranger des nombres

6 * **Range dans l'ordre décroissant.**

7 500 020 — 75 000 000 — 75 200 000
57 000 000 — 7 500 500 — 570 000 000

7 ** **Voici les principaux pays producteurs de cacao (en kg et par an).**

Ghana	734 000 000	Nigeria	485 000 000
Côte-d'Ivoire	1 400 000	Équateur	93 659 000
Brésil	199 412 000	Cameroun	164 553 000

a. Quel pays est le plus gros producteur de cacao ? Quel est le plus petit ?
b. Classe ces nombres dans l'ordre croissant.
c. Quels pays produisent plus de 400 000 tonnes par an ?

8 ** Il existe une grande variété de champignons dans le monde. Suis les consignes pour connaître leur nombre.
a. Écris en chiffres les nombres ci-dessous.

un million cinq cent mille
quinze millions cinq cent cinquante
un million cinquante mille
cinquante millions cent cinquante mille
un million cinq cents

b. Range-les dans l'ordre croissant : le 3e nombre te donnera la réponse.

Encadrer des nombres

9 * **Recopie et encadre à la centaine de mille près.**

Ex. : 2 ***700 000*** *< 2 760 500 < 2* ***800 000***

a. … < 5 800 940 < …
b. … < 8 753 756 < …
c. … < 3 499 000 < …
d. … < 1 256 744 < …

10 * **Recopie et encadre au million près.**

Ex. : ***2 000 000*** *< 2 760 500 <* ***3 000 000***

a. … < 3 423 940 < …
b. … < 28 600 756 < …
c. … < 38 999 000 < …
d. … < 14 236 200 < …

11 ** **Lis ce texte.**
En France, la superficie de forêts est comprise entre 10 et 20 millions d'hectares. On plante entre 20 et 30 millions d'arbres par an. Entre 5 et 10 millions de sapins de Noël sont vendus chaque année.
À quel nombre correspond chaque information écrite en rouge ?
a. 6 000 000
b. 15 500 000
c. 25 000 000

12 ** Voici le nombre de licenciés par sport en France en 2009 :

Fédération d'équitation : 650 400
Fédération de tennis : 1 125 200
Fédération de judo : 574 200
Fédération de football : 2 225 600
Fédération de basketball : 449 300

a. Quelles fédérations comptent plus d'un million d'adhérents ?
b. Lesquelles comptent moins d'un million ?
c. Quelle fédération a un nombre d'adhérents compris entre 500 000 et 600 000 ?

Défi Combien y a-t-il de nombres compris entre 1 000 000 et 2 000 000 qui se terminent par 9 999 ?

Nombres

Révisions

Distinguer chiffre et nombre

1 * **Reproduis et complète ce tableau.**

	Chiffre des dizaines	Nombre de dizaines
53		
496		
1 235		
7 356		

2 ** **Réponds aux questions pour chaque nombre.**

4 956 — 6 058 — 879 — 9 236

a. Quel est le chiffre des dizaines ?
b. Quel est le nombre de centaines ?
c. Quel est le chiffre des unités de mille ?
d. Quel est le nombre de dizaines ?

3 ** **Trouve tous les nombres inférieurs à 10 000 que tu peux former avec :**

neuf — cent(s) — mille — deux

Tu n'as pas le droit d'utiliser deux fois la même étiquette dans un nombre.

Connaître les nombres de 0 à 9 999

4 * **Écris ces nombres en chiffres ou en lettres.**

a. deux mille six cent quatre-vingt-trois
b. 5 969
c. huit mille trois cent trente
d. 4 078
e. mille cinquante
f. 4 098

5 * **Décompose ces nombres.**

Ex. : 6 408 = (6 × 1 000) + (4 × 100) + 8

a. 1 536 **d.** 4 803
b. 2 706 **e.** 7 899
c. 6 032 **f.** 8 008

6 ** **Recopie le plus petit nombre de chaque série.**

a. 2 536 – 3 652 – 3 256
b. 5 639 – 5 986 – 5 036
c. 4 860 – 6 480 – 4 680
d. 9 090 – 9 009 – 9 900

7 ** Voici les dates de naissance de femmes célèbres :

Jeanne d'Arc : 1412
Louise Michel : 1830
Marquise de Pompadour : 1721
Blanche de Castille : 1188
Diane de Poitiers : 1499
Marie Curie : 1867
Aliénor d'Aquitaine : 1122
Marie-Antoinette : 1755

Reproduis et complète ce tableau.

Nées au XIIe siècle	Nées au XVe siècle
Nées au XVIIIe siècle	**Nées au XIXe siècle**

Rappel : le XVIe siècle commence en 1501 et se finit en 1600.

8 ** **Recopie et complète avec < ou >.**

a. 7 540 ... 2 504 **e.** 1 286 ... 1 826
b. 9 563 ... 9 526 **f.** 7 056 ... 8 789
c. 3 503 ... 3 205 **g.** 2 305 ... 2 795
d. 456 ... 1 645 **h.** 6 520 ... 6 250

9 ** **Recopie et encadre à la centaine près.**

Ex. : 4 ***300*** *< 4 320 < 4* ***400***

a. ... < 1 862 < ... **c.** ... < 4 278 < ...
b. ... < 3 869 < ... **d.** ... < 8 416 < ...

10 ** **Recopie et encadre au millier près.**

Ex. : ***1 000*** *< 1 907 <* ***2 000***

a. ... < 7 867 < ... **c.** ... < 1 999 < ...
b. ... < 5 502 < ... **d.** ... < 3 047 < ...

Connaître les nombres de 0 à 999 999

11 * **Écris en chiffres.**

a. quatorze mille neuf cent cinq
b. cent trente mille deux cent quatorze
c. deux cent quarante-deux mille six cents
d. huit cent mille cent quatre-vingts
e. quatre-vingt mille dix-huit

12 * **Écris en lettres le nombre d'habitants des départements français d'outre-mer.**

Martinique : 406 000 habitants
Guyane : 221 500 habitants
La Réunion : 802 000 habitants
Guadeloupe : 405 500 habitants

13 ** **Recompose ces nombres.**

a. 45 milliers + 56 dizaines + 3 unités
b. 405 milliers + 56 dizaines + 5 unités
c. 450 milliers + 6 centaines + 6 unités
d. 450 milliers + 560 unités
e. 4 milliers + 50 milliers + 56 unités

14 ** **Range dans l'ordre décroissant.**

206 975 260 957 62 095
602 950 590 260 590 620

15 ** **Recopie et complète avec <, > ou =.**

a. 452 630 ... 45 630
b. 425 063 ... (450 × 1 000) + (7 × 10)
c. 40 663 ... (40 × 1 000) + (5 × 100)
d. (40 × 10 000) + (6 × 1 000) + 3 ... 406 003

16 ** **Recopie les nombres compris entre 250 000 et 350 000.**

198 320 253 963 301 789 325 523
35 001 279 630 425 230

Connaître les nombres de 0 à 999 999 999

17 * **Écris ces nombres en chiffres ou en lettres.**

a. 1 230 560
b. trois millions cent soixante-quinze mille
c. 56 230 489
d. cent millions quatre cent mille dix-neuf
e. 520 450 600
f. trois cent cinquante millions huit cents

18 * **Calcule pour retrouver les nombres.**

New York, États-Unis

Superficie en km² : (12 × 100) + 14
Population : 800 × 10 000
Longueur du métro (en km) : 40 × 10
Hauteur de la plus haute tour (en m) : (3 × 100) + 81

Tokyo, Japon

Superficie en km² : (21 × 100) + 45
Population : (12 × 1 000 000) + (64 × 1 000)
Longueur du métro (en km) : 29 × 10
Hauteur de la plus haute tour (en m) : (3 × 100) + 24

19 ** Observe ce tableau.

Planètes	Diamètre (en km)	Distance par rapport au Soleil (en km)
Terre	12 760	149 597 870
Vénus	12 104	108 200 000
Jupiter	142 800	778 300 000
Mars	6 794	228 000 000

a. Arrondis la distance entre la Terre et le Soleil au million supérieur.

b. Si tu devais ranger les diamètres des planètes en ordre croissant, en quelle position placerais-tu celui de la Terre ?

c. Si tu devais classer les planètes de la plus proche du Soleil à la moins proche, en quelle position placerais-tu la Terre ?

Lire, écrire et représenter des fractions simples

Cherchons

→ **En combien de parts a été partagée chaque pizza ?**

→ **Quelle pizza chaque enfant va-t-il choisir ?**

→ **« Un demi » s'écrit $\frac{1}{2}$. Comment écrirais-tu « un quart » et « un tiers » ?**

- Lorsque l'on **partage une unité en parts égales**, on obtient des **fractions** de cette unité.

Ex. : 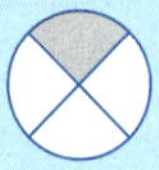 On a partagé cette unité en 4 parts égales.
La fraction correspondant à la partie grise est $\frac{1}{4}$:
c'est une part sur quatre.

$\frac{1}{4}$ → 1 est le **numérateur**. Il indique que l'on a pris une part.
→ 4 est le **dénominateur**. Il indique que l'on a partagé l'unité en 4 parts égales.

- $\frac{1}{2}$ se lit un demi.  | $\frac{1}{3}$ se lit un tiers. 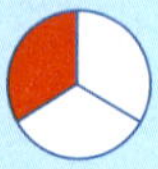 | $\frac{3}{4}$ se lit trois quarts. 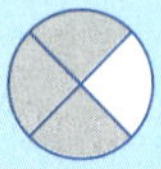 | $\frac{1}{10}$ se lit un dixième. 

- Pour lire les autres fractions, on utilise le suffixe *-ième*.

Ex. : $\frac{4}{8}$ se lit *quatre huitièmes*.

Écrire des fractions représentées

1 * **Choisis la fraction correspondant à chaque partie colorée parmi les propositions.**

a. 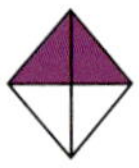 $\frac{1}{5}$ $\frac{1}{3}$ $\frac{2}{4}$

b. 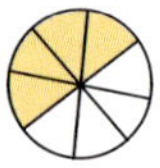 $\frac{2}{7}$ $\frac{3}{4}$ $\frac{4}{8}$

c. 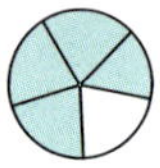 $\frac{6}{5}$ $\frac{4}{5}$ $\frac{4}{6}$

d. 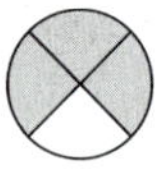 $\frac{1}{3}$ $\frac{3}{4}$ $\frac{1}{4}$

e.  $\frac{7}{5}$ $\frac{5}{7}$ $\frac{6}{8}$

2 * **Écris la fraction correspondant à chaque partie colorée.**

Ex. : 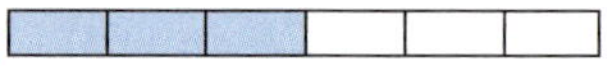 → $\frac{3}{6}$

a. 

b. 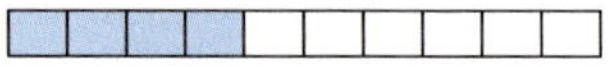

c. 

3 * **Écris la fraction correspondant à la partie bleue de chaque drapeau.**

Ukraine — Luxembourg — Guatemala

4 ** **Écris la fraction représentée par les cubes rouges.**

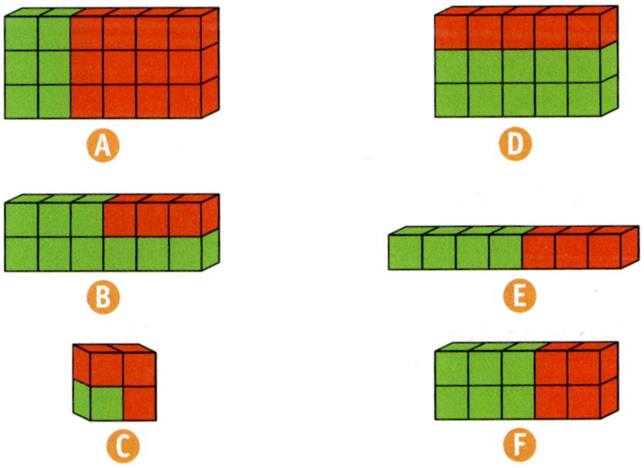

Représenter des fractions

5 ** **Reproduis ces bandes et colorie la partie correspondant à chaque fraction.**

a. $\frac{1}{3}$

b. $\frac{1}{4}$

c. $\frac{3}{3}$

d. $\frac{1}{2}$

6 ** **Reproduis trois fois ce rectangle.**

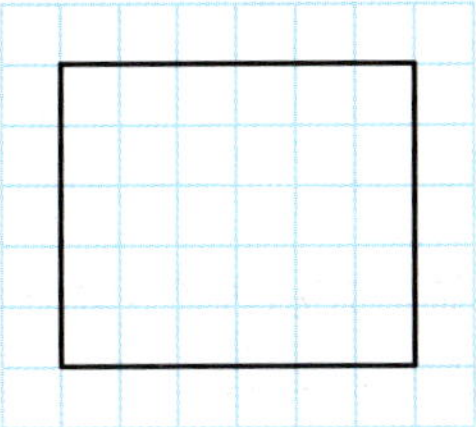

a. Colorie $\frac{1}{2}$ du 1er rectangle.

b. Colorie $\frac{1}{3}$ du 2e rectangle.

c. Colorie $\frac{2}{3}$ du 3e rectangle.

7 ** **Réponds en t'aidant d'un schéma.**

a. Combien de tiers y a-t-il dans une unité ?

b. Combien de demis y a-t-il dans une unité ?

c. Combien de quarts y a-t-il dans une unité ?

d. Combien de quarts y a-t-il dans un demi ?

Lire et nommer des fractions

8 * **Associe les fractions identiques.**

$\frac{1}{2}$ •	• un dixième
$\frac{3}{4}$ •	• deux tiers
$\frac{2}{3}$ •	• un demi
$\frac{1}{10}$ •	• six neuvièmes
$\frac{6}{9}$ •	• trois quarts

9 * **Écris ces fractions en lettres.**

$\frac{7}{9}$ $\frac{5}{10}$ $\frac{3}{4}$ $\frac{7}{2}$ $\frac{1}{3}$ $\frac{5}{8}$

10 ** **Écris ces fractions en chiffres.**

a. huit cinquièmes
b. trois tiers
c. quatre sixièmes
d. deux huitièmes
e. deux quarts
f. quatre cinquièmes
g. un demi
h. neuf douzièmes

Défi **Reproduis cette figure et colorie-la en suivant les consignes.**

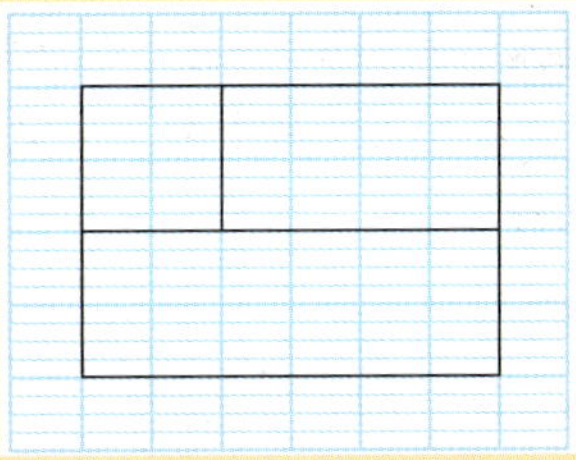

La partie rouge est égale à $\frac{1}{2}$ de la figure.

La partie bleue est égale à $\frac{1}{3}$ de la partie blanche restante.

Utiliser des fractions pour coder des mesures de longueurs

Le maître a demandé aux élèves de reproduire cette frise :

Capucine a reproduit la frise en entier : elle a dessiné 5 motifs sur 5.
Ali a reproduit $\frac{4}{5}$ de la frise et Lise $\frac{2}{5}$. Florent a reproduit $\frac{7}{5}$ de la frise.

Cherchons

→ **Quelle fraction correspond à la frise de Capucine ?**

→ **Quels enfants n'ont pas reproduit la frise en entier ?**

→ **Quel enfant a dessiné la plus longue frise ? la plus courte ?**

Quand on partage une unité en parts égales, chaque part représente une fraction de cette unité.

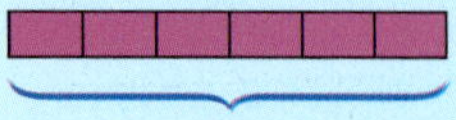

Une unité correspond à $\frac{6}{6}$.

u

 → $\frac{1}{6}$ de u

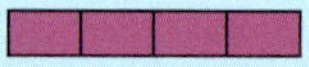 → $\frac{4}{6}$ de u

Une fraction peut représenter une part plus grande que l'unité.

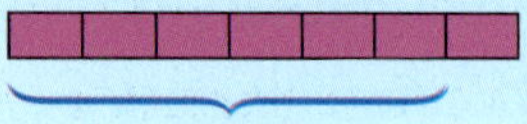

$\frac{7}{6}$ de u, c'est 1 u + $\frac{1}{6}$ de u.

u

Écrire des fractions représentées

1 * Associe chaque bande à la fraction correspondante.

u =

a.

b.

c.

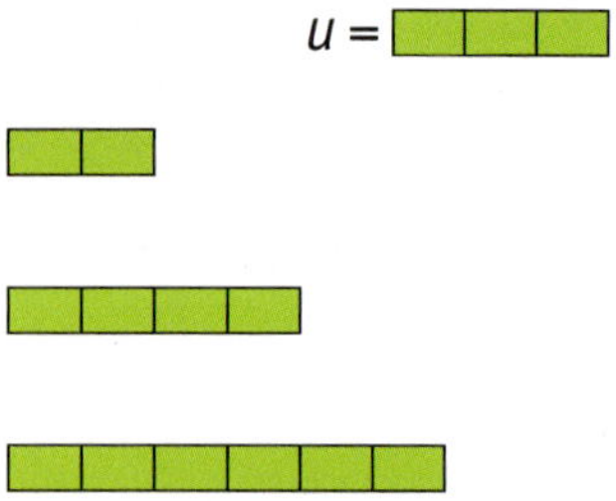

$\frac{4}{3}$ de u

$\frac{6}{3}$ de u

$\frac{2}{3}$ de u

2 * Associe chaque bande à la fraction correspondante.

u =

a.

b.

c.

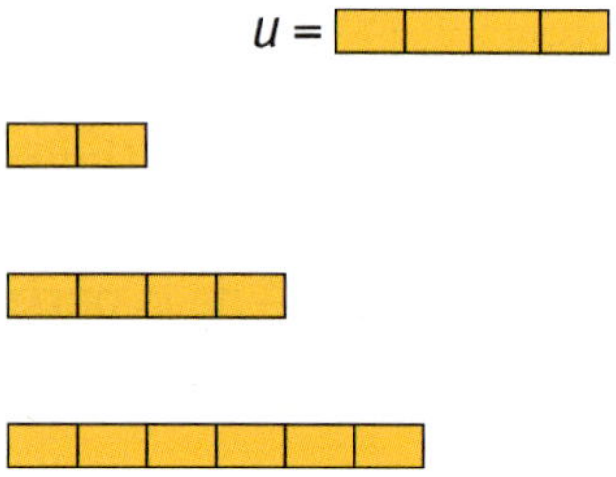

$\frac{6}{4}$ de u

$\frac{4}{4}$ de u

$\frac{1}{2}$ de u

3 * Associe chaque bande à la fraction correspondante.

u =

a.

b.

c.

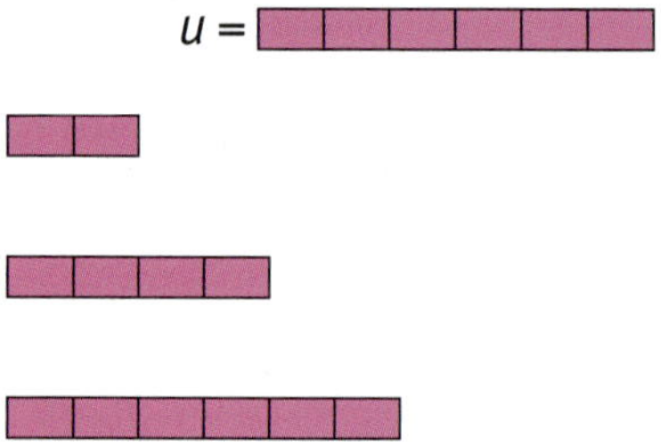

$\frac{6}{6}$ de u

$\frac{1}{3}$ de u

$\frac{4}{6}$ de u

4 * Écris les fractions correspondant à ces bandes.

u =

a.

b.

c.

d.

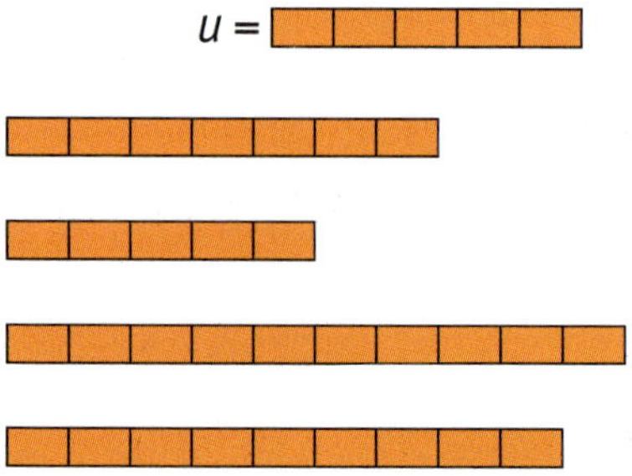

5 ** Voici 1 segment unité et 4 segments.

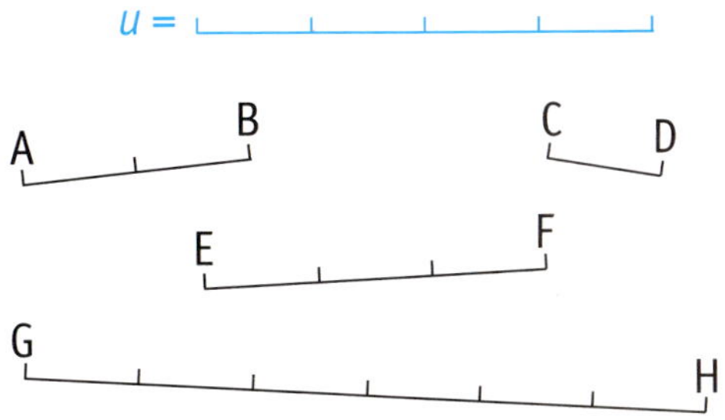

Associe ces fractions aux segments.

$\frac{3}{4}$ de u	$\frac{6}{4}$ de u	$\frac{1}{4}$ de u	$\frac{1}{2}$ de u

6 ** **Mesure ces segments et écris les fractions correspondantes.**

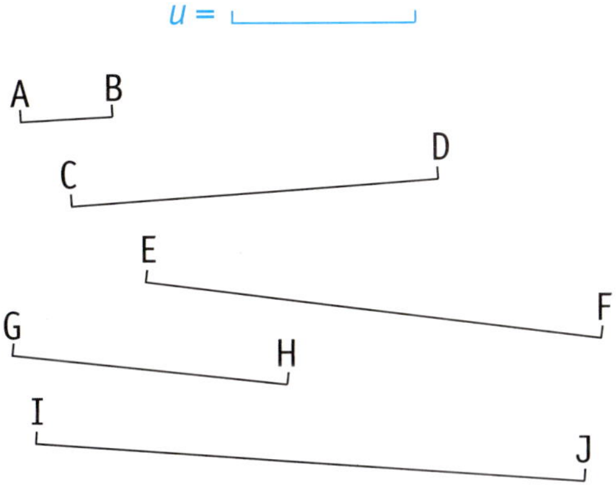

Représenter des fractions par des segments

7 * Max a tracé un segment unité.

Trace les segments de Léo, Milla, Capucine et Djalil.

Léo : $\frac{1}{4}$ de u	Capucine : $\frac{3}{4}$ de u
Milla : $\frac{6}{4}$ de u	Djalil : $\frac{8}{4}$ de u

8 ** Voici un segment unité.

a. Trace les segments suivants :

[AB] : $\frac{5}{6}$ de u [EF] : 1 u + $\frac{1}{3}$ de u

[CD] : $\frac{2}{3}$ de u [GH] : 1 u + $\frac{1}{2}$ de u

b. Quel est le segment le plus long ?

Utiliser des fractions pour résoudre des problèmes

9 ** Antoine veut courir 12 km par semaine.

Lundi, il a parcouru $\frac{1}{12}$ de cette distance, mardi $\frac{2}{12}$ et mercredi $\frac{3}{12}$.

a. Quelle fraction représente le nombre de kilomètres qu'il lui reste à courir ?

b. S'il court à nouveau $\frac{1}{12}$ de la distance le jeudi, $\frac{2}{12}$ le vendredi et $\frac{2}{12}$ le samedi, aura-t-il atteint son objectif ? Justifie ta réponse.

Aide-toi du schéma pour répondre.

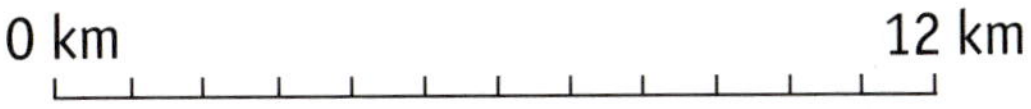

10 *** La distance d'un marathon est d'environ 42 km. Christelle a parcouru 12 km en une demi-heure.

Écris sous la forme de fractions le nombre de kilomètres qu'elle a parcourus et le nombre de kilomètres qu'il lui reste à parcourir.

Défi Sarah, Amandine et Boris sont en classe verte à Ballazuc, en Ardèche. Ils doivent rejoindre le village de Pradons. Au bout d'une heure, voici les distances qu'ils ont parcourues :

Sarah : $\frac{3}{6}$ du parcours

Amandine : $\frac{10}{12}$ du parcours

Boris : $\frac{2}{3}$ du parcours

Quel élève est le plus proche de Pradons ? Quel élève est le moins proche ?

Aide-toi du schéma pour répondre.

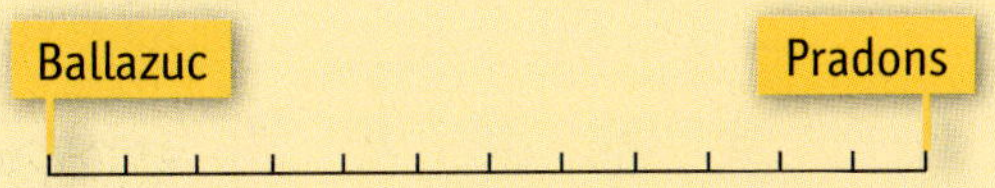

Placer des fractions sur une droite graduée

Lors du cours de sport, chaque enfant devait parcourir la plus grande distance en 30 secondes. Voici leur résultat :

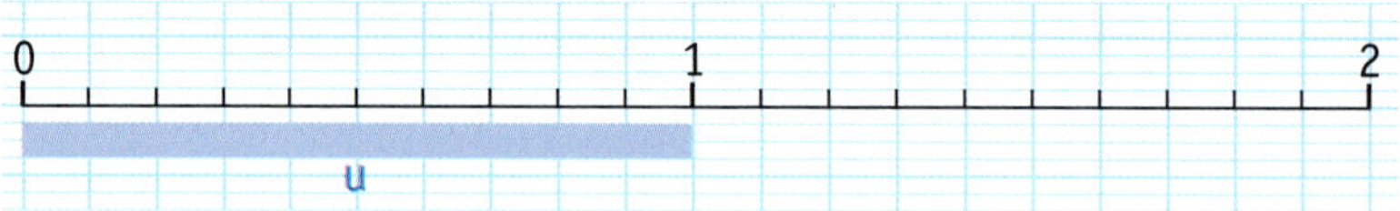

Cherchons

→ **Reproduis cette droite graduée et place le nom des enfants en fonction de leur résultat.**

→ **S'ils devaient monter sur un podium, qui serait en 1re place ? en 2e place ? en 3e place ?**

Pour représenter des fractions, on peut les placer sur une droite graduée.
Cela permet de les ranger, les comparer et les encadrer entre deux nombres entiers.

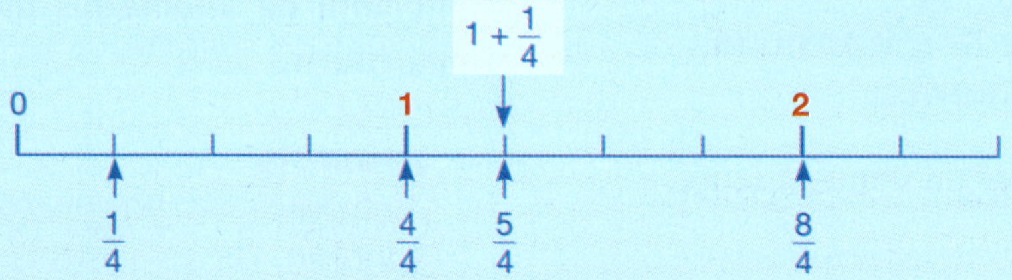

$\frac{1}{4} < \frac{4}{4} < \frac{5}{4} < \frac{8}{4}$

$\frac{5}{4} = 1 + \frac{1}{4}$

$\frac{5}{4}$ est compris entre 1 et 2.

Placer et écrire une fraction sur une droite graduée

1 * **Reproduis cette droite graduée et place les fractions suivantes.**

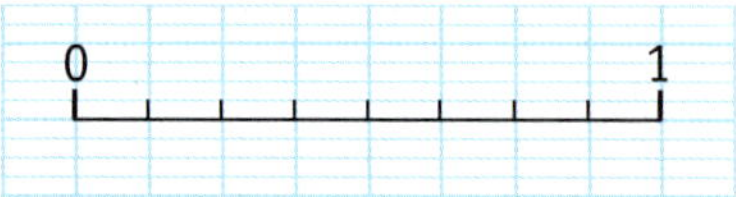

$\frac{3}{8}$ $\frac{8}{8}$ $\frac{4}{8}$ $\frac{6}{8}$ $\frac{1}{8}$

2 * **Reproduis ces droites graduées et place les fractions suivantes.**

a.

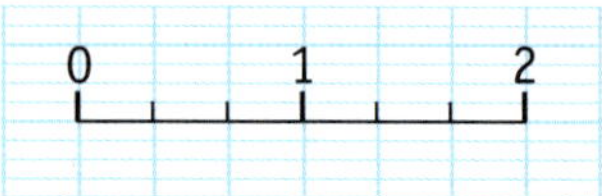

$\frac{1}{3}$ $\frac{4}{3}$ $\frac{3}{3}$ $\frac{6}{3}$

b.

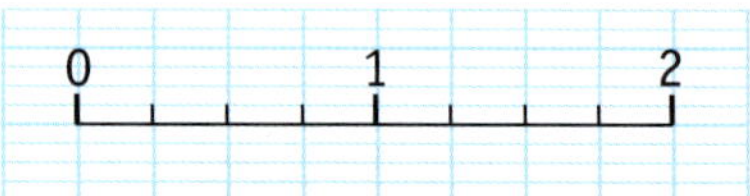

$\frac{1}{4}$ $\frac{7}{4}$ $\frac{8}{4}$ $\frac{6}{4}$ $\frac{3}{4}$

3 ** **En t'aidant de la droite, range ces fractions dans l'ordre croissant.**

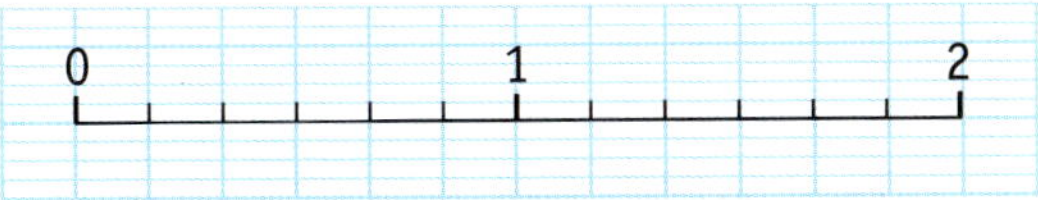

$\frac{6}{6}$ $\frac{3}{6}$ $\frac{8}{6}$ $\frac{5}{6}$ $\frac{10}{6}$ $\frac{12}{6}$

4 ** **Écris la fraction qui correspond à chaque lettre.**

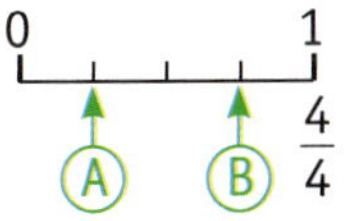

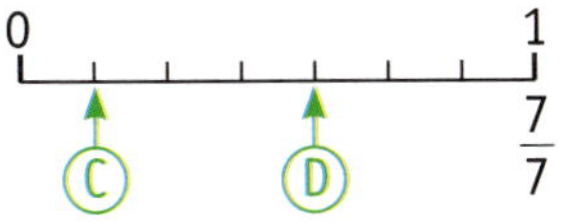

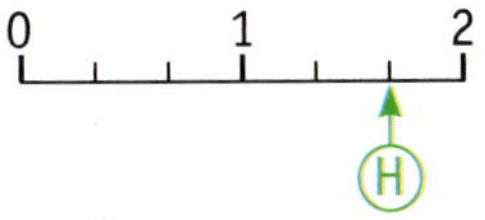

5 ** Observe cette droite.

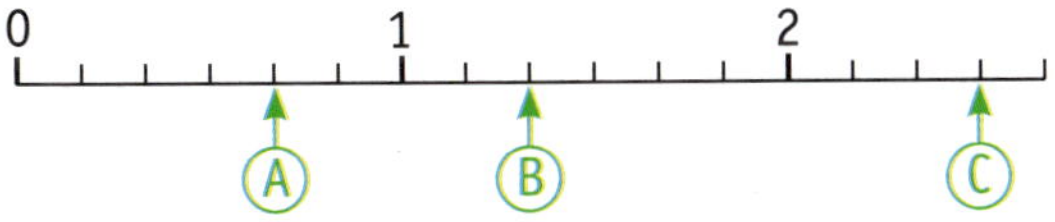

a. Écris les fractions qui correspondent à 1 et à 2.

b. Écris les fractions qui correspondent aux lettres A, B et C.

c. Quelle fraction est inférieure à 1 ?

d. Quelles fractions sont supérieures à 1 ?

6 ** **Reproduis cette droite graduée, puis place les lettres qui correspondent aux fractions.**

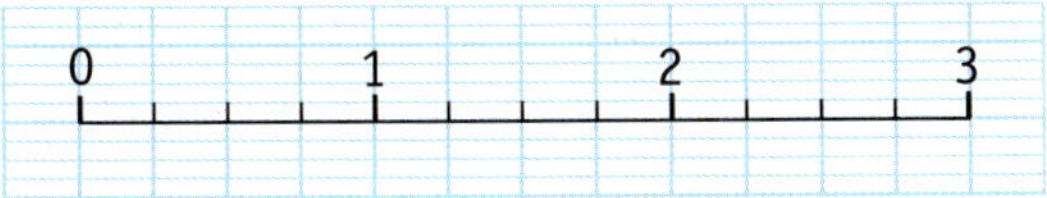

A : $1 + \frac{3}{4}$ C : $1 + \frac{1}{4}$

B : $2 + \frac{1}{4}$ D : $\frac{1}{2}$

7 ** **Reproduis cette droite graduée, puis place les lettres qui correspondent aux fractions.**

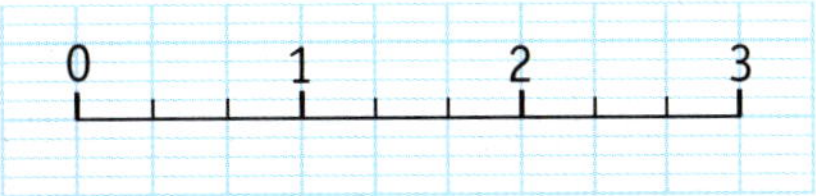

A : $2 + \frac{2}{3}$ B : $1 + \frac{1}{3}$ C : $1 + \frac{3}{3}$ D : $\frac{1}{3}$

8 ** **Écris les fractions qui correspondent aux lettres, comme dans l'exemple.**

Ex. : $A = 1 + \frac{2}{6}$

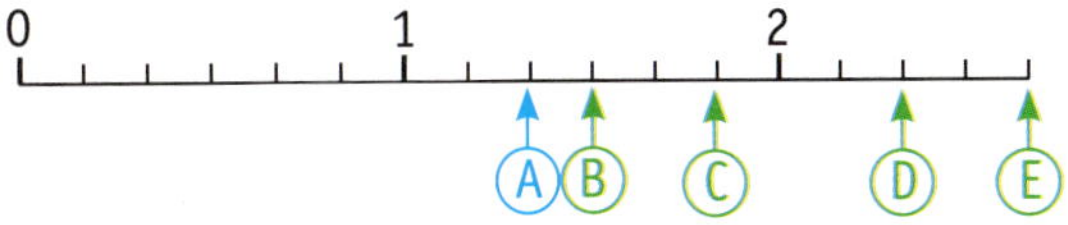

9 ** **Écris ces fractions sous la forme de nombres entiers, lorsque c'est possible.**

$\frac{3}{5}$ $\frac{6}{2}$ $\frac{6}{6}$ $\frac{6}{3}$ $\frac{8}{4}$ $\frac{9}{5}$ $\frac{12}{4}$ $\frac{10}{5}$ $\frac{8}{2}$ $\frac{5}{3}$

10 *** **a.** Reproduis cette droite graduée et place les lettres qui correspondent aux fractions.

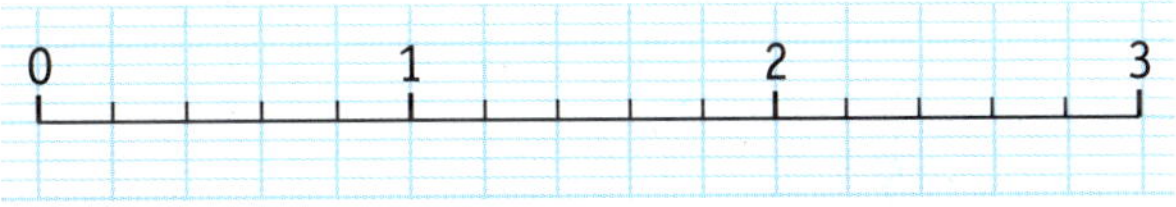

A : $\frac{1}{5}$ C : $\frac{14}{5}$ E : $\frac{3}{5}$

B : $1 + \frac{4}{5}$ D : $2 + \frac{3}{5}$ F : $1 + \frac{2}{5}$

b. Quelles fractions sont comprises entre 0 et 1 ? entre 1 et 2 ? entre 2 et 3 ?

Défi **Observe ces droites graduées. Pour chaque lettre, trouve deux écritures différentes.**

Ex. : $B = \frac{4}{3}$ *ou* $1 + \frac{1}{3}$

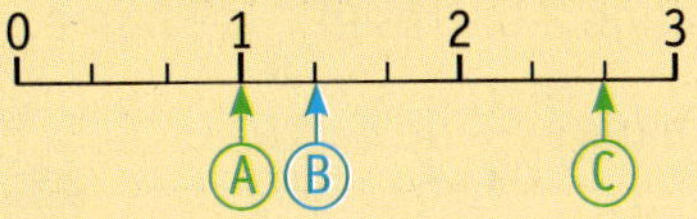

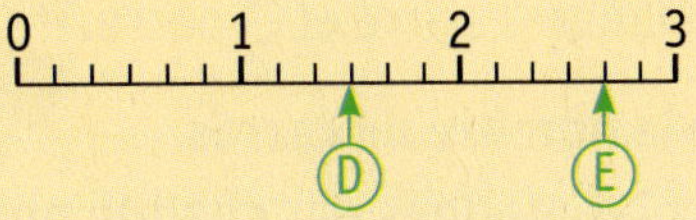

Utiliser des fractions dans des situations de partage et de mesure

Un marcheur doit rejoindre le village de Briscard situé à 12 km. Il a déjà parcouru $\frac{1}{4}$ de son parcours en $\frac{3}{4}$ d'heure. Il a bu $\frac{1}{2}$ litre de sa bouteille d'eau de 1 litre.

Cherchons

→ **Combien de kilomètres lui reste-t-il à parcourir ?**

→ **Pendant combien de minutes a-t-il marché ?**

→ **Combien de millilitres d'eau a-t-il bu ?**

On utilise des fractions dans la vie courante pour exprimer et calculer :

– **une quantité :**
$\frac{1}{3}$ d'une tablette de 12 carrés de chocolat, c'est 12 divisé par 3 = 4 carrés ;

– **une aire :**
La partie orange correspond à la moitié $\left(\frac{1}{2}\right)$ de l'aire du rectangle ;

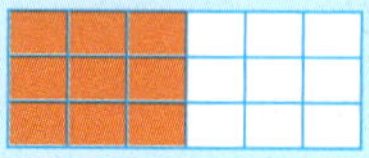

– **une longueur :** $\frac{1}{2}$ kilomètre, c'est 1 000 m divisés par 2 = 500 m ;

– **une masse :** $\frac{1}{10}$ de kilogramme, c'est 1 000 g divisés par 10 = 100 g ;

– **une contenance :** $\frac{1}{4}$ de litre, c'est 1 000 mL divisés par 4 = 250 mL ;

– **une durée :** $\frac{1}{4}$ d'heure, c'est 60 minutes divisées par 4 = 15 min.

Utiliser des fractions pour exprimer des quantités

1 * Dans un paquet de 24 gâteaux, à combien de gâteaux correspond :

a. $\frac{1}{2}$ paquet ?

b. $\frac{1}{4}$ de paquet ?

c. $\frac{1}{3}$ de paquet ?

d. $\frac{3}{4}$ de paquet ?

2 ** Trois enfants ont chacun trois barres de quatre carrés de chocolat.

Lia a mangé 2 barres et $\frac{1}{4}$ de barre.

Tony a mangé $\frac{10}{4}$ de barre.

Lena a mangé 1 barre et $\frac{1}{2}$ barre.

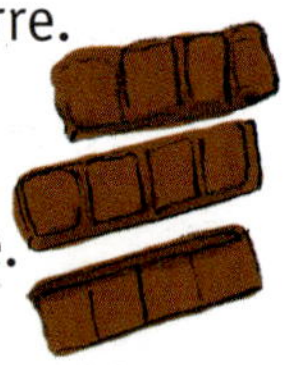

Calcule le nombre de carrés de chocolat mangés par chaque enfant.

3 ** Quatre pirates se partagent un trésor de 240 pièces.

• Le chef des pirates prend la moitié du trésor pour lui.

• John en récupère un quart.

• Ce qui reste est partagé en deux parts : $\frac{2}{3}$ pour Tim et $\frac{1}{3}$ pour Coco.

Combien de pièces d'or a chaque pirate ?

Utiliser des fractions pour exprimer des aires

4 ** Observe cette surface. Elle représente 1 unité d'aire.

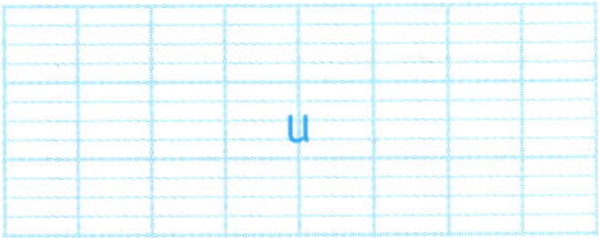

Combien de carreaux comporte chacune de ces surfaces ?

$\frac{1}{2}$ de u	$\frac{1}{3}$ de u	$\frac{1}{4}$ de u
$\frac{3}{2}$ de u	$1 + \frac{1}{4}$ de u	$2 + \frac{1}{3}$ de u

Utiliser des fractions pour exprimer des longueurs

5 ** Trois cyclistes parcourent un trajet de 120 km à vélo. Voici la distance qu'ils ont parcourue au bout de 2 h 30 :

Marie : $\frac{4}{6}$ du parcours

Slimane : $\frac{1}{3}$ du parcours

Clément : $\frac{3}{4}$ du parcours

Combien de kilomètres chaque cycliste a-t-il parcourus ?

Utiliser des fractions pour exprimer des masses

6 ** Lors de leur hibernation, certains animaux maigrissent.

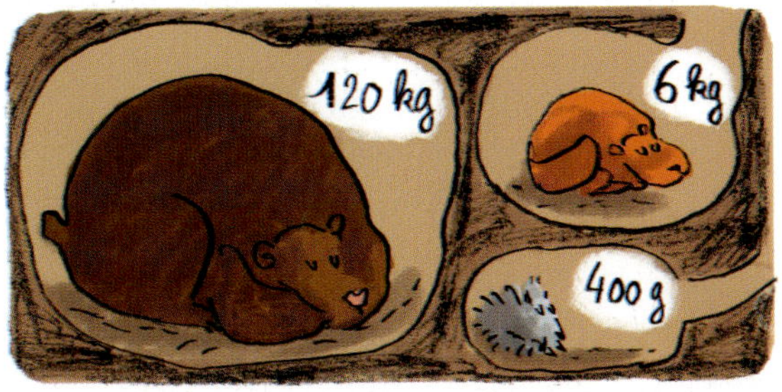

La marmotte perd $\frac{1}{2}$ de son poids, l'ours $\frac{3}{10}$ et le hérisson $\frac{1}{4}$.

Calcule le poids perdu par chaque animal.

Utiliser des fractions pour exprimer des contenances

7 * Combien de millilitres représente un quart de litre ? un demi-litre ?

1 L = 1 000 mL

8 ** Lis cette recette de cocktail :

$\frac{1}{2}$ litre de jus de fraise

$\frac{1}{4}$ de litre de jus de framboise

$\frac{2}{10}$ de litre de jus de cerise

$\frac{6}{10}$ de litre de jus de groseille

Associe chaque jus de fruits à son verre doseur.

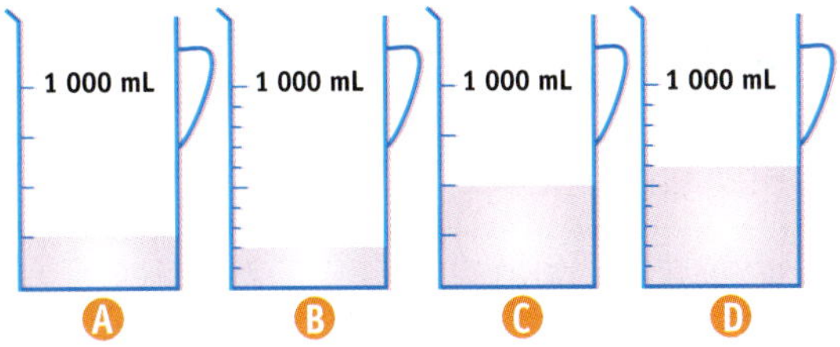

Utiliser des fractions pour exprimer des durées

9 * **Écris ces durées en minutes.**

a. un quart d'heure

b. trois quarts d'heure

c. 1 heure et demie

d. une demi-heure

10 *** Lucie est autorisée à se connecter à Internet 60 minutes par jour. Elle utilise la moitié de ce temps à rechercher des informations. Elle communique avec ses camarades le tiers du temps restant. Combien de temps de connexion lui reste-t-il pour jouer ?

Défi À Noël, Sébastien a reçu le dernier tome des aventures de *Harry Potter*. Le jour même, il lit le tiers du quart de son livre. En combien de jours va-t-il finir son livre s'il lit le même nombre de pages par jour ?

Connaître les fractions décimales

Voici les trois meilleures performances du nageur Alain Bernard sur le 100 m nage libre.

Championnat d'Europe 2008	47 s et $\frac{50}{100}$ s
Championnat de France 2009	46 s et $\frac{94}{100}$ s
Jeux Olympiques 2008	47 s et $\frac{21}{100}$ s

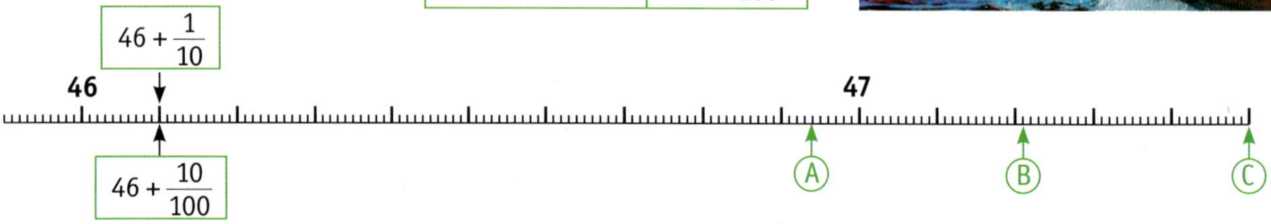

Cherchons

→ **Sur la droite, à quelles performances correspondent les lettres A, B, C ?**

→ **Sachant que $\frac{1}{10} = \frac{10}{100}$, comment écrirais-tu $\frac{50}{100}$ en dixièmes ? Peux-tu écrire $\frac{94}{100}$ de la même manière ?**

Une fraction qui s'écrit avec un dénominateur égal à 10, 100... est une fraction décimale. Cela signifie que l'unité est partagée en 10, 100... parts égales.

$\frac{3}{10}$ se lit « trois dixièmes ».

$\frac{30}{100}$ se lit « trente centièmes ».

$$\frac{3}{10} = \frac{30}{100} \qquad 1 = \frac{10}{10} = \frac{100}{100}$$

On peut **décomposer une fraction décimale** sous la forme d'un nombre entier et d'une fraction inférieure à 1.

Ex. : $\frac{124}{100} = \frac{100}{100} + \frac{20}{100} + \frac{4}{100} = 1 + \frac{2}{10} + \frac{4}{100}$

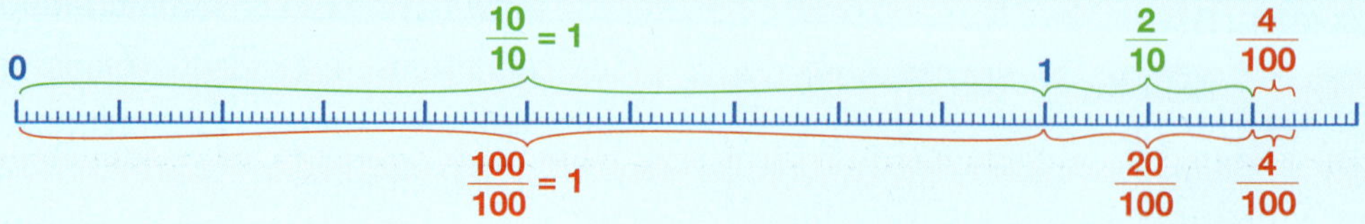

Placer des fractions sur une droite graduée

1 * **Reproduis cette droite et place les fractions :** $\frac{1}{10}$ $\frac{7}{10}$ $\frac{15}{10}$ $\frac{30}{10}$ $\frac{20}{10}$ $\frac{27}{10}$ $\frac{12}{10}$

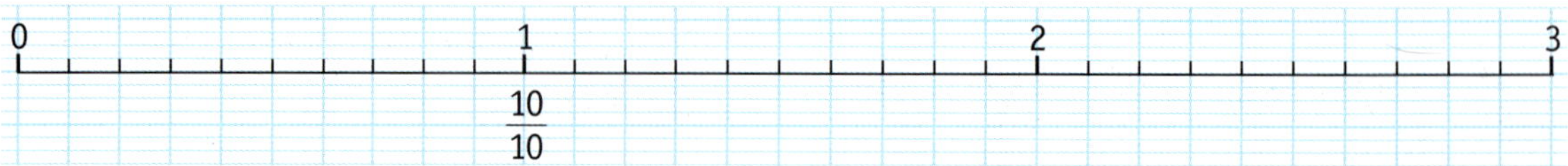

2 * **À quelle fraction correspond chaque lettre ?**

3 ** **Écris la fraction correspondant à chaque lettre en dixièmes, puis en centièmes.**

Ex. : A = $\frac{2}{10} = \frac{20}{100}$

Écrire et nommer des fractions décimales

4 * **Écris ces fractions en chiffres.**

Ex. : huit centièmes = $\frac{8}{100}$

a. cinq dixièmes
b. trente-six centièmes
c. dix-huit dixièmes
d. cent soixante-huit centièmes

5 * **Écris ces fractions en lettres.**

$\frac{6}{10}$ $\frac{23}{100}$ $\frac{56}{10}$ $\frac{50}{100}$ $\frac{5}{100}$ $\frac{108}{100}$

Connaître les équivalences

6 * **Recopie et complète.**

Ex. : 7 = $\frac{700}{100}$

$2 = \frac{...}{10}$	$8 = \frac{...}{10}$	$... = \frac{30}{10}$
$6 = \frac{...}{100}$	$... = \frac{500}{100}$	$... = \frac{100}{100}$

7 ** **Recopie et complète.**

Rappelle-toi : $\frac{1}{10} = \frac{10}{100}$.

$\frac{3}{10} = \frac{...}{100}$	$\frac{800}{100} = \frac{...}{10}$	$\frac{50}{10} = \frac{...}{100}$
$\frac{60}{100} = \frac{...}{10}$	$\frac{7}{10} = \frac{...}{100}$	$\frac{10}{10} = \frac{...}{100}$

Décomposer des fractions

8 ** **Aide-toi de la droite graduée pour décomposer ces fractions en unité et en centièmes.**

Ex. : $\frac{136}{100} = \frac{100}{100} + \frac{36}{100} = 1 + \frac{36}{100}$

$\frac{150}{100}$ $\frac{134}{100}$ $\frac{115}{100}$ $\frac{131}{100}$ $\frac{146}{100}$ $\frac{120}{100}$

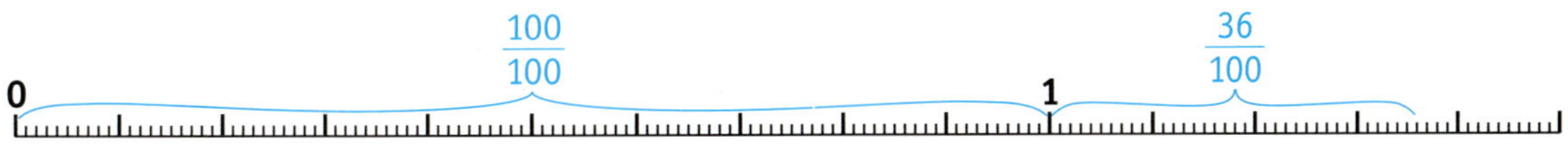

9 *** **Décompose ces fractions comme dans l'exemple.**

Ex. : $\frac{254}{100} = \frac{200}{100} + \frac{50}{100} + \frac{4}{100} = 2 + \frac{5}{10} + \frac{4}{100}$

$\frac{157}{100}$ $\frac{213}{100}$ $\frac{134}{100}$ $\frac{205}{100}$ $\frac{373}{100}$ $\frac{188}{100}$

Défi Quelle fraction de mètre représente 1 décimètre ?
Quelle fraction de centimètre représente 1 millimètre ?
Quelle fraction de mètre représente 1 centimètre ?

Nombres

Révisions

Écrire et représenter des fractions

1 * Associe chaque partie colorée à la fraction correspondante.

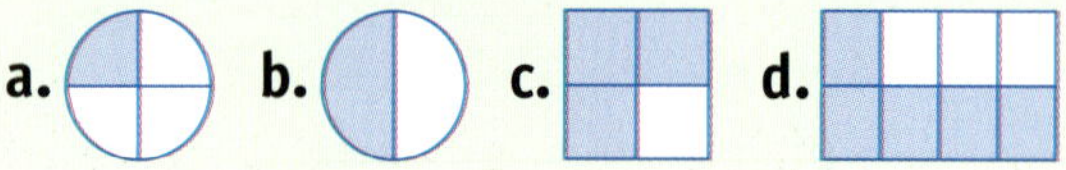

$\frac{1}{2}$ $\frac{3}{4}$ $\frac{1}{4}$ $\frac{5}{8}$

2 ** Écris la fraction qui correspond à chaque partie colorée.

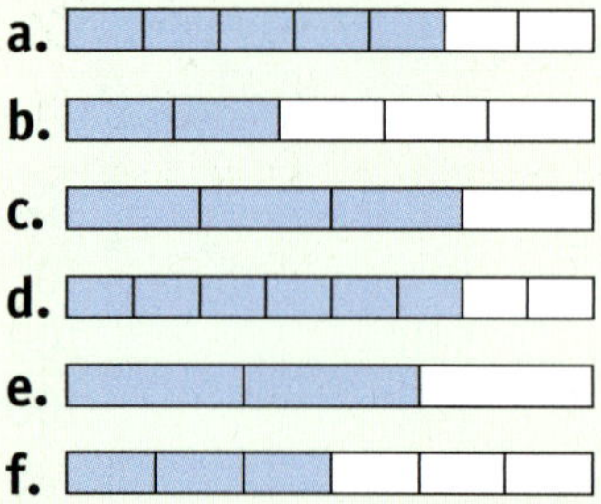

3 ** Reproduis cinq fois cette bande.

a. Colorie $\frac{4}{8}$ de la 1re bande.

b. Colorie $\frac{1}{8}$ de la 2e bande.

c. Colorie $\frac{5}{8}$ de la 3e bande.

d. Colorie $\frac{8}{8}$ de la 4e bande.

e. Colorie $\frac{6}{8}$ de la 5e bande.

Lire et nommer des fractions

4 * Écris ces fractions en chiffres.

a. deux quarts
b. trois tiers
c. neuf dixièmes
d. cinq sixièmes
e. trois huitièmes
f. quatre neuvièmes
g. un demi
h. huit douzièmes

5 * Écris ces fractions en lettres.

$\frac{9}{2}$ $\frac{3}{6}$ $\frac{2}{3}$ $\frac{5}{9}$ $\frac{5}{4}$ $\frac{4}{7}$

Utiliser des fractions pour coder des mesures de longueurs

6 * Associe chaque fraction à la bande correspondante.

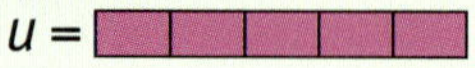

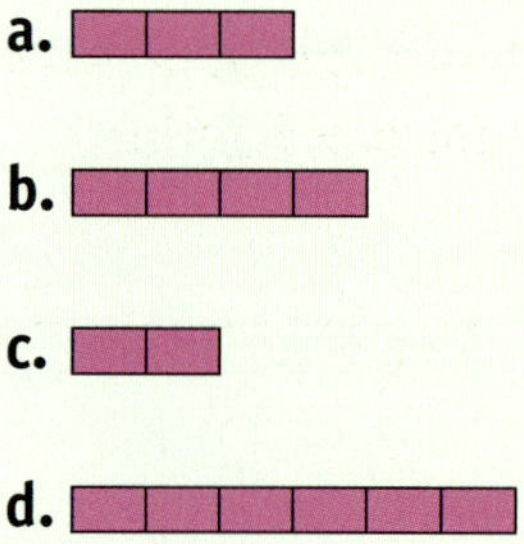

$\frac{2}{5}$ de u

$\frac{4}{5}$ de u

$\frac{6}{5}$ de u

$\frac{3}{5}$ de u

7 ** Écris la fraction qui correspond à chaque segment.

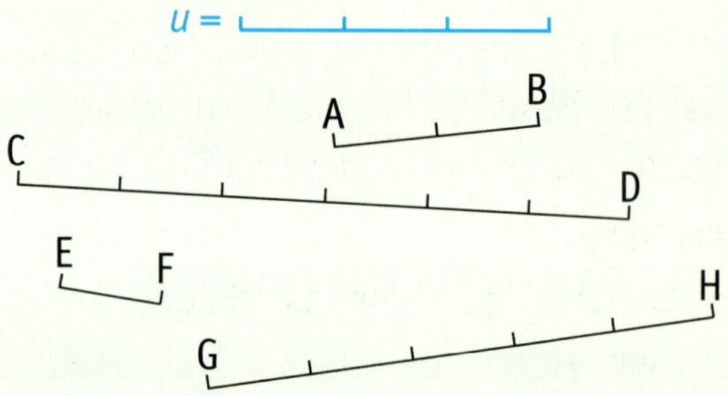

8 ** Trace les segments suivants à partir du segment unité.

[AB] : $\frac{2}{6}$ de u

[EF] : 1 u + $\frac{1}{2}$ de u

[CD] : $\frac{5}{6}$ de u

[GH] : 1 u + $\frac{1}{3}$ de u

Placer des fractions sur une droite graduée

9 * Associe chaque lettre à la fraction correspondante.

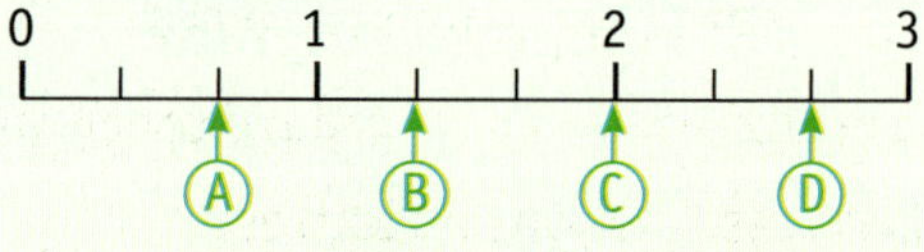

$\frac{6}{3}$ $\frac{8}{3}$ $\frac{2}{3}$ $\frac{4}{3}$

10 ** **Associe chaque lettre à la fraction correspondante.**

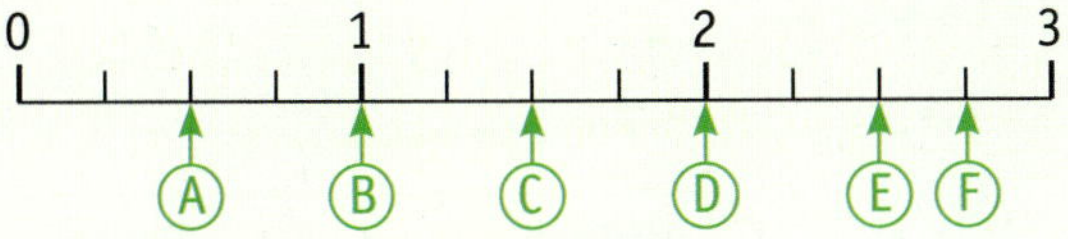

$\frac{4}{4}$ $1+\frac{2}{4}$ $2+\frac{2}{4}$ $\frac{8}{4}$ $\frac{2}{4}$ $2+\frac{3}{4}$

11 ** **Reproduis cette droite, puis place les lettres correspondant aux fractions.**

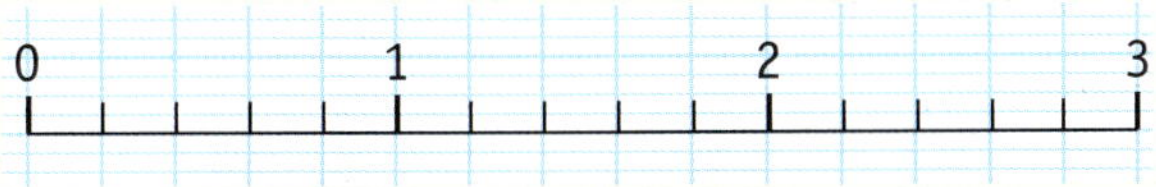

A : $2+\frac{3}{5}$ B : $1+\frac{1}{5}$ C : $\frac{5}{5}$

Utiliser des fractions dans des situations de partage et de mesure

12 * Trois enfants ont chacun un paquet de 20 bonbons. Thomas en mange le quart. Lucien en mange la moitié. Lucie en mange $\frac{4}{5}$.

a. Combien de bonbons chaque enfant a-t-il mangés ?

b. Combien de bonbons reste-t-il à chacun ?

13 ** Combien de mètres représente :

a. $\frac{1}{2}$ km ? **b.** $\frac{1}{4}$ de km ? **c.** $\frac{3}{4}$ de km ?

14 ** Marine pèse 24 kg. Son grand frère pèse $\frac{1}{4}$ de plus que Marine. Combien pèse-t-il ?

15 ** Aujourd'hui, le maire a travaillé 12 heures : il a passé $\frac{1}{6}$ de son temps au téléphone. Calcule la durée en heures du temps passé au téléphone.

16 ** Un jardinier a une citerne de 500 L. Il en a utilisé $\frac{1}{5}$ ce matin pour arroser son potager. Combien de litres reste-t-il dans la citerne ?

Connaître les fractions décimales

17 * **Indique avec une fraction décimale la valeur de chaque lettre.**

Ex. : A = $\frac{4}{10}$

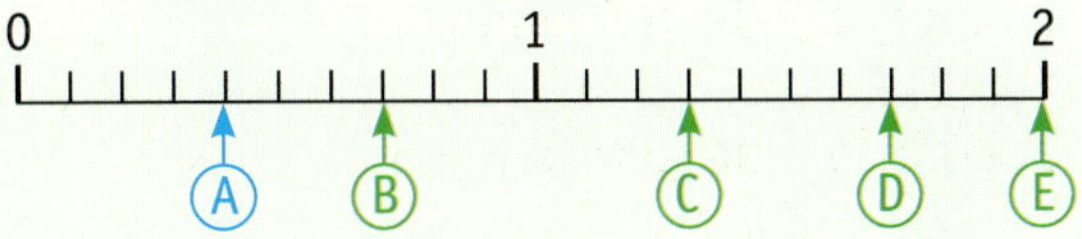

18 * **Écris la fraction correspondant à chaque lettre en dixièmes, puis en centièmes.**

Ex. : A = $\frac{3}{10}=\frac{30}{100}$

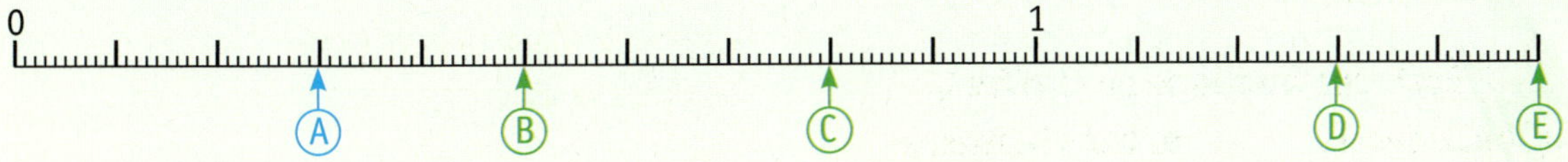

19 ** **a.** Écris ces fractions en chiffres.

cent cinquante centièmes

treize dixièmes douze centièmes

b. Écris ces fractions en lettres.

$\frac{84}{10}$ $\frac{475}{100}$ $\frac{93}{100}$ $\frac{21}{10}$ $\frac{943}{100}$

20 ** **Décompose ces fractions comme dans l'exemple.**

Ex. : $\frac{456}{100}=4+\frac{5}{10}+\frac{6}{100}$

$\frac{156}{100}$ $\frac{234}{100}$ $\frac{21}{10}$ $\frac{167}{10}$ $\frac{865}{100}$ $\frac{78}{100}$

Nombres

Passer de l'écriture fractionnaire aux nombres décimaux

On a placé sur une droite graduée les records en saut en longueur de trois athlètes.

Athlète	Record
Godfrey Mokoena (Sud-Africain)	8,5 m
Mike Powell (Américain)	8,95 m
Robert Emmiyan (Arménien)	

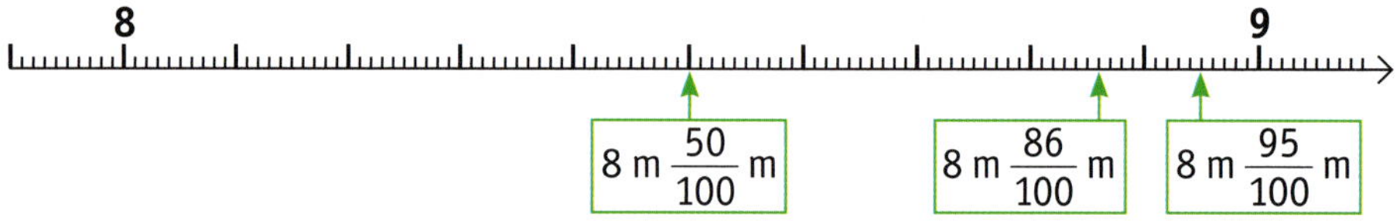

Cherchons

→ **Sur la droite, sous quelle forme sont écrites les performances des athlètes ? Sont-elles écrites de la même manière dans le tableau ?**

→ **Repère les performances des trois athlètes sur la droite. Comment écrirais-tu celle de Robert Emmiyan dans le tableau ?**

On peut écrire une **fraction décimale sous la forme d'un nombre à virgule** : c'est un **nombre décimal**.

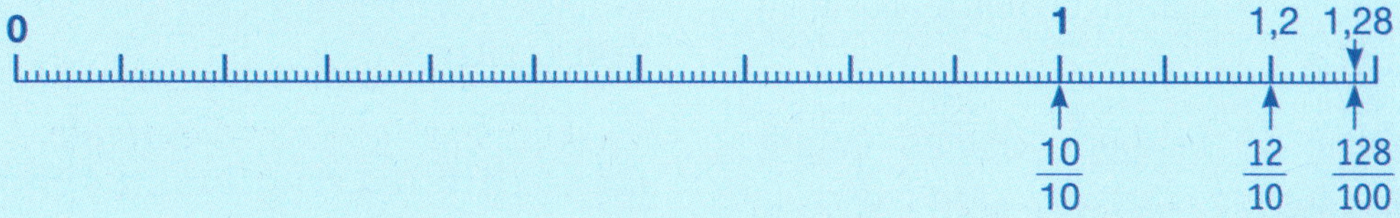

$\frac{12}{10} = \frac{10}{10} + \frac{2}{10} = 1 + \frac{2}{10} = 1{,}2$ $\frac{128}{100} = \frac{100}{100} + \frac{20}{100} + \frac{8}{100} = 1 + \frac{2}{10} + \frac{8}{100} = 1{,}28$

Fraction décimale	Partie entière		Partie décimale		Nombre décimal
	dizaines	unités	dixièmes	centièmes	
$\frac{12}{10}$		1 ,	2		1,2
$\frac{128}{100}$		1 ,	2	8	1,28

La virgule sépare la partie entière et la partie décimale du nombre.

À l'inverse, on peut écrire une fraction décimale à partir d'un nombre décimal.
Ex. : $8{,}37 = 8 + 0{,}3 + 0{,}07 = 8 + \frac{3}{10} + \frac{7}{100} = \frac{837}{100}$

Placer des fractions et des nombres décimaux sur une droite

1 * **a.** Associe ces fractions aux lettres sur la droite : $\frac{17}{10}$ $\frac{23}{10}$ $\frac{5}{10}$ $\frac{11}{10}$ $\frac{28}{10}$

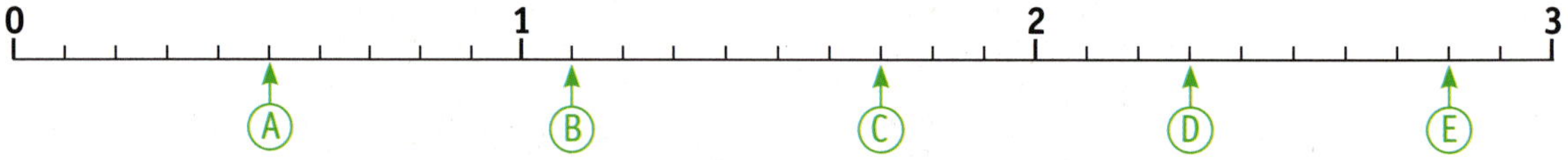

b. Écris ces fractions sous la forme d'un nombre décimal.

2 * **a.** Associe ces fractions aux lettres sur la droite : $\frac{50}{100}$ $\frac{3}{100}$ $\frac{120}{100}$ $\frac{134}{100}$ $\frac{85}{100}$

b. Écris chaque fraction sous la forme d'un nombre décimal.

3 ** **Reproduis cette droite sur du papier millimétré et place :**

$\frac{300}{100}$ $\frac{40}{10}$ 3,6 3,75 $\frac{29}{10}$ 3,96 4,3 $\frac{326}{100}$

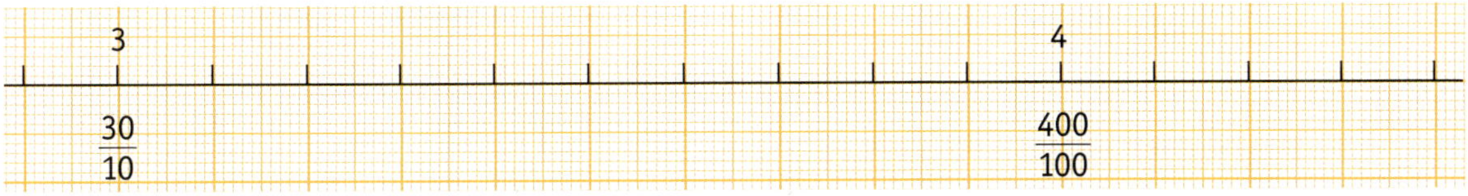

Écrire un nombre décimal à partir d'une fraction décimale

4 * **Décompose pour trouver le nombre décimal correspondant.**

Ex. : $\frac{25}{10} = \frac{20}{10} + \frac{5}{10} = 2 + \frac{5}{10} = 2{,}5$

$\frac{56}{10}$ $\frac{13}{10}$ $\frac{28}{10}$ $\frac{104}{10}$ $\frac{21}{10}$ $\frac{239}{10}$

5 * **Recopie et écris chaque somme sous la forme d'un nombre décimal.**

Ex. : $2 + \frac{7}{10} + \frac{3}{100} = 2{,}73$

a. $7 + \frac{3}{10} + \frac{8}{100}$ **d.** $32 + \frac{5}{10}$

b. $88 + \frac{1}{10} + \frac{4}{100}$ **e.** $327 + \frac{1}{10}$

c. $48 + \frac{9}{10} + \frac{9}{100}$ **f.** $2 + \frac{8}{10} + \frac{6}{100}$

6 ** **Reproduis le tableau de la leçon, complète-le avec ces fractions et écris les nombres décimaux correspondants.**

$\frac{135}{10}$ $\frac{167}{100}$ $\frac{898}{10}$ $\frac{429}{100}$ $\frac{66}{10}$

7 *** **Reproduis et complète ce tableau. La première ligne sert d'exemple.**

$\frac{58}{10}$	$5 + \frac{8}{10}$	5,8
		3,74
	$1 + \frac{92}{100}$	
		4,4
$\frac{814}{100}$		
	$15 + \frac{4}{10}$	
$\frac{223}{100}$		

Défi Les géants du monde animal !

Écris la taille de ces animaux sous la forme d'un nombre décimal.

un crocodile de 86 dixièmes de mètre

une autruche de 275 centièmes de mètre

Lire et écrire les nombres décimaux

La statue de la Liberté en chiffres

Ville : New York
Hauteur : 46,50 m
Longueur du bras droit : 12,80 m
Longueur de la tête : 5,26 m
Largeur de la bouche : 0,91 m
Nombre de visiteurs par an : 4,23 millions

Cherchons

→ **Lis les nombres.**
→ **Que représente le chiffre 2 dans le nombre 4,23 ? et dans 12,80 ?**
→ **Que représente le chiffre 6 dans 5,26 ? et dans 46,50 ?**

Un **nombre décimal** est composé d'une **partie entière** et d'une **partie décimale**. La virgule sépare les deux parties.
Pour connaître la valeur des chiffres dans le nombre, on utilise un tableau de numération.

Partie entière			Partie décimale	
centaines	dizaines	unités	dixièmes	centièmes
	5	6 ,	8	7

Le nombre 56,87 se lit « 56 virgule 87 » ou « 56 unités et 87 centièmes ».

Un nombre décimal reste inchangé si on ajoute ou si on retire des 0 après la partie décimale.
Ex. : 1,600000 = 1,6 765,070 = 765,07

Connaître la valeur des chiffres d'un nombre décimal

1 * **Réécris ces nombres en supprimant les zéros inutiles.**

15,04 1,500 15,40 105,04 14,500

2 * **Recopie ces nombres.**

6,89 – 43,87 – 9,4 – 23,85 – 438,1 – 5,08

a. Entoure la partie entière.
b. Souligne la partie décimale.

3 * **Reproduis le tableau de numération de la leçon et place ces nombres.**

a. 2 unités et 5 dixièmes
b. 3 dizaines et 3 centièmes
c. 102 unités et 5 dixièmes
d. 504 centièmes
e. 91 dixièmes
f. 8 centièmes
g. 9 dixièmes et 2 centièmes
h. 776 dixièmes

4 * **Indique, pour chaque nombre, ce que représente le chiffre 3.**

Ex. : 0,36 → 3 dixièmes

3,66 – 0,03 – 32,87 – 1,3 – 45,34 – 0,3
12,63 – 63,7 – 378,5 – 23,8 – 4,13 – 9,32

5 ** **Reproduis et complète ce tableau.**

	Chiffre des dixièmes	Nombre de dixièmes
3,2		
15,6		
28,31		
5,72		
307,8		

6 ** **Reproduis et complète ce tableau.**

	Chiffre des centièmes	Nombre de centièmes
8,14		
13,77		
5,01		
0,02		
460,88		

7 ** Voici des nombres utilisés en géométrie et en architecture :

le nombre Pi : 3,1415926535...

le nombre d'or : 1,61803398...

a. Recopie ces nombres au centième près.
b. Entoure leur chiffre des dixièmes et souligne leur chiffre des centièmes.
c. Quel est leur nombre de centièmes ?

8 ** **Écris trois nombres décimaux qui ont :**

a. 4 comme chiffre des dixièmes et 5 comme chiffre des centièmes.
b. 0 comme chiffre des centièmes et 2 comme chiffre des unités.
c. 8 comme chiffre des unités et 9 comme chiffre des dixièmes.
d. 1 comme chiffre des dixièmes et 6 comme chiffre des centièmes.

Lire et écrire les nombres décimaux

9 * **Écris ces nombres en chiffres.**

a. huit unités et quarante-sept centièmes
b. treize unités et neuf dixièmes
c. cinq centièmes
d. une unité et trois centièmes
e. vingt unités et six dixièmes

10 * **Écris ces nombres en lettres.**

Ex. : 13,6 = treize unités et six dixièmes

5,89 – 45,99 – 0,43 – 22,06 – 40,1 – 0,04

11 ** **Écris la somme que possède chaque enfant en euros.**

Moussa : 

Isabelle : 

Kenza : 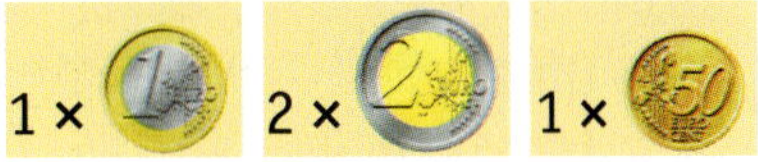

12 *** **Écris en chiffres, puis en lettres, tous les nombres décimaux que tu peux former avec** 5 3 , **et** 2 **.**

Défi **Reproduis cette grille de nombres croisés et complète-la.**

I				■	
II			■		
III		■			
IV					■
V	■				■

I. La partie entière de 238,52. Le chiffre des dixièmes de 2,15.
II. La partie décimale de 53,68.
Le nombre de dixièmes de 9,3.
III. Le chiffre des centièmes de 4,07.
Le nombre d'unités de 345,54.
IV. 91 centaines.
V. Le nombre de dixièmes de 30,1.

Comparer, ranger et encadrer des nombres décimaux

Voici les longueurs des circuits automobiles de Formule 1.

Grand Prix de Turquie : 5,33 km
Grand Prix de Monaco : 3,34 km
Grand Prix d'Autriche : 4,32 km
Grand Prix d'Australie : 5,3 km
Grand Prix du Brésil : 4,3 km

Cherchons

→ **Comment peux-tu faire pour comparer la longueur du circuit d'Autriche et celle du circuit du Brésil ?**

→ **Quel Grand Prix a le circuit le plus long ? le moins long ?**

→ **Range les circuits en ordre croissant, selon leur longueur.**

- Pour **comparer des nombres décimaux**, on compare d'abord la **partie entière** :
  Ex. : **14**,4 > **12**,47 car 14 > 12
- S'ils ont la même partie entière, on compare la **partie décimale**, chiffre par chiffre : d'abord les dixièmes, puis les centièmes.
  Ex. : 23,**67** < 23,**87** car 6 dixièmes < 8 dixièmes

ATTENTION ! La partie décimale la plus longue n'est pas forcément la plus grande ! *Ex. :* 12,65 < 12,7

- Pour comparer, on peut aussi **compléter la partie décimale avec des zéros** :
  Ex. : 12,65 < 12,7 car 12,65 < 12,70
- Pour **encadrer un nombre décimal entre deux nombres entiers**, on peut le placer sur une droite graduée :

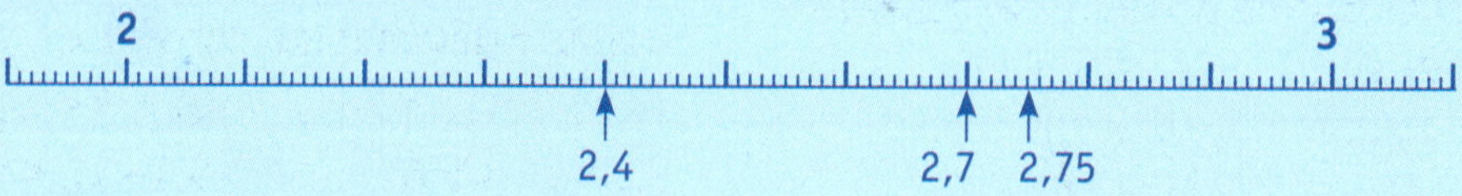

2 < 2,4 < 3 | 2 < 2,7 < 3 | 2 < 2,75 < 3

Tous les nombres qui ont 2 comme partie entière sont compris entre 2 et 3.

Comparer des nombres décimaux

1 * **Recopie et complète avec < ou >.**

a. 4,1 ... 6,1
13,5 ... 15,2
6,9 ... 6,5
5,78 ... 5,79

b. 28,65 ... 27,75
3,03 ... 3,04
21,9 ... 22,9
0,4 ... 0,5

2 * **Recopie et complète avec <, > ou =.**

a. 6,7 ... 6,07
6,4 ... 6,40
1,1 ... 1,01
0,75 ... 0,750
7,67 ... 6,7

b. 9,8 ... 8,9
4,6 ... 4,63
45,1 ... 45,09
35,4 ... 35,62
15,2 ... 15,08

3 * **Recopie d'une même couleur les nombres identiques.**

5,60 – 60,5 – 5,600 – 50,06 – 6,50 – 50,60 – 50,060 – 50,6 – 60,50 – 6,5

Ranger des nombres décimaux

4 * **Range ces superficies dans l'ordre croissant.**

Pays	Superficie (en millions de km)
Inde	3,28
Russie	16,99
Chine	9,32
Brésil	8,45
Australie	7,61
États-Unis	9,16
Canada	9,22

5 * Voici les tailles de basketteurs connus :

Michael Jordan : 1,98 m
Tony Parker : 1,86 m
Joakim Noah : 2,11 m
Shaquille O'Neal : 2,16 m
LeBron James : 2,03 m

a. Quel est le plus grand joueur ?
b. Quel est le plus petit joueur ?
c. Range leur taille en ordre décroissant.

6 * Cette carte indique le nombre d'habitants (en millions) de certaines agglomérations françaises.

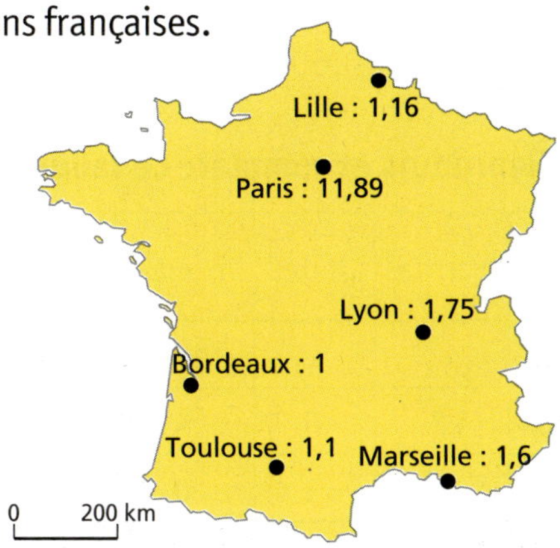

Range-les de la plus peuplée à la moins peuplée.

7 ** **Recopie et complète avec les nombres de ton choix.**

a. 6,2 < 6,21 < 6,22 < …< 7,4 < … < 7,47
b. 10,1 < … < 10,12 < …< 10,2 < … < 10,24
c. 4,3 <…< 4,39 < 4,4 < …< 4,48 < … < 4,5

Encadrer des nombres décimaux entre deux entiers

8 * **Encadre ces nombres entre deux nombres entiers qui se suivent.**

3,3 – 6,9 – 25,04 – 9,09 – 78,65 – 0,57
1,46 – 275,4 – 34,98 – 2,44 – 13,6 – 2,77

9 ** **Trouve pour chaque nombre décimal le nombre entier le plus proche.**

Ex. : 4,65 → 5

a. 3,98
b. 5,9
c. 2,4
d. 0,99
e. 0,02
f. 1,8
g. 8,2
h. 0,45
i. 17,7
j. 4,09

10 ** **Lis ces nombres :**

2,99	3,90	4,05	2,04	5,01	4,5
4,51	2,01	5,10	3,96	4,1	6,5

a. Quels nombres sont plus grands que 5 ?
b. Quels nombres sont compris entre 2 et 3 ?
c. Quels nombres sont plus petits que 4 ?
d. Quel est le plus petit nombre ?
e. Quel est le nombre le plus proche de 4 ?

11 *** **Recopie et complète avec un nombre décimal qui convient.**

a. 26,3 < … < 26,4
5,7 < … < 5,8
44,21 < … < 44,28
98,7 < … < 98,78

b. 6,3 < … < 6,33
9,1 < … < 9,2
4,77 < … < 4,79
19,43 < … < 20,44

Défi **Avec ces quatre étiquettes, écris tous les nombres décimaux possibles, puis range-les en ordre décroissant.**

| , | 8 | 6 | 4 |

Révisions

Passer de l'écriture fractionnaire aux nombres décimaux

1 * **Indique la valeur de chaque lettre placée sur la droite.**

Ex : $A = \frac{2}{10} = 0{,}2$

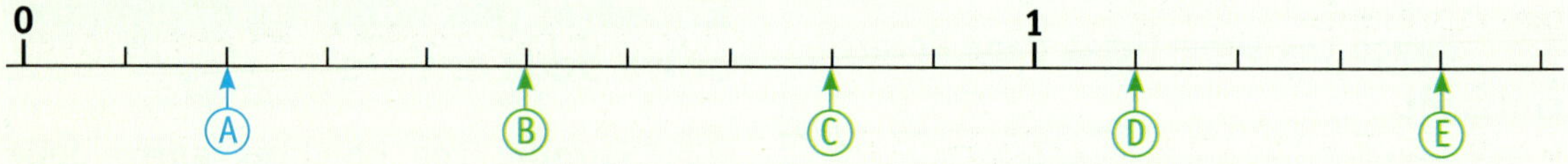

2 ** **a.** Reproduis cette droite graduée et place les fractions décimales.

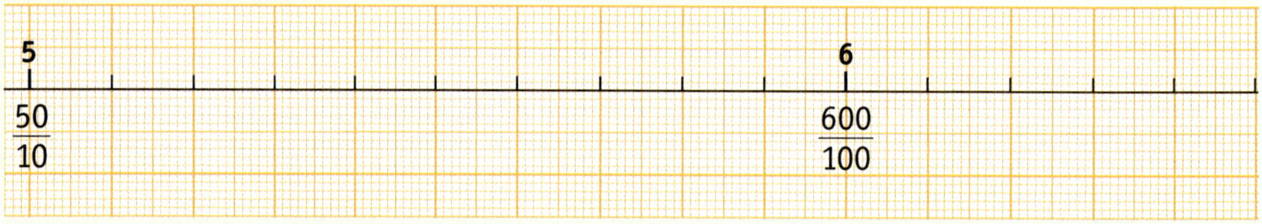

$\frac{620}{100}$ $\frac{520}{100}$ $\frac{550}{100}$ $\frac{53}{10}$ $\frac{59}{10}$

b. Écris chaque fraction sous la forme d'un nombre décimal.

3 ** **Décompose chaque fraction pour trouver le nombre décimal correspondant.**

Ex. : $\frac{35}{10} = \frac{30}{10} + \frac{5}{10} = 3 + \frac{5}{10} = 3{,}5$

$\frac{18}{10}$ $\frac{54}{10}$ $\frac{43}{10}$ $\frac{84}{10}$

4 ** **Recopie et écris chaque somme sous la forme d'un nombre décimal.**

Ex. : $5 + \frac{3}{10} + \frac{2}{100} = 5{,}32$

a. $6 + \frac{4}{10} + \frac{2}{100}$

b. $1 + \frac{8}{10} + \frac{9}{100}$

c. $7 + \frac{3}{10} + \frac{4}{100}$

d. $6 + \frac{4}{10} + \frac{5}{100}$

e. $8 + \frac{3}{10} + \frac{1}{100}$

f. $6 + \frac{2}{10} + \frac{9}{100}$

5 ** **Associe chaque fraction au nombre décimal correspondant.**

$\frac{75}{100}$ $\frac{37}{10}$ $\frac{375}{100}$ $\frac{35}{10}$ $\frac{357}{10}$

3,7 3,75 3,5 0,75 35,7

6 ** **Écris chaque nombre décimal sous la forme d'une fraction.**

Ex. : $0{,}53 = \frac{53}{100}$

a. 0,38 **c.** 11,19 **e.** 3,8

b. 0,94 **d.** 9,4 **f.** 4,09

Connaître la valeur des chiffres dans un nombre décimal

7 * **Réécris ces nombres en supprimant les zéros inutiles.**

65,000 – 9,60 – 9,06 – 43,300 – 87,05

70,07 – 0,030 – 80,60 – 6,40 – 43,08

8 * **Reproduis et complète ce tableau.**

Nombre décimal	Dizaines	Unités	Dixièmes	Centièmes
67,4				
	8	0	4	2
		1	0	8
10,41				
		0	0	4

9 * **Recopie chaque nombre et souligne la partie décimale.**

3,14 – 6,99 – 345,76 – 2,5 – 0,7 – 45,9 – 5,32 – 0,01 – 34,8 – 99,45 – 0,05 – 22,7

10 ** **Indique, pour chaque nombre, ce que représente le chiffre 6.**

Ex. : 0,62 → 6 dixièmes

40,06 – 87,06 – 683,09 – 2,65 – 65,3 – 33,63

11 ** **Reproduis et complète ce tableau.**

	Chiffre des dixièmes	Nombre de dixièmes
1,2		
6,3		
4,1		
12,4		

Lire et écrire les nombres décimaux

12 * **Écris ces nombres en chiffres.**

a. trois unités et six dixièmes
b. dix unités et neuf dixièmes
c. douze unités et vingt-cinq centièmes
d. vingt-deux unités et quatre-vingts centièmes

13 ** **Écris ces nombres en lettres.**

Ex. : 8,5 → huit unités et cinq dixièmes

a. 0,48
b. 7,2
c. 13,45
d. 50,05
e. 44,1
f. 8,09

Comparer, ranger et encadrer des nombres décimaux

14 * **Pour chaque liste, recopie le plus petit nombre en bleu et le plus grand nombre en rouge.**

a. 2,45 – 4,25 – 2,54 – 5,55
b. 6,75 – 7,65 – 6,57 – 6,56
c. 2,04 – 2,4 – 2 – 2,44
d. 6,07 – 7,06 – 0,67 – 7,6

15 * **Recopie et complète avec <, > ou =.**

a. 5,78 ... 5,79
7,63 ... 7,64
0,2 ... 1,2
89,5 ... 89,05

b. 0,08 ... 0,07
6,8 ... 6,80
45,1 ... 45,09
28,65 ... 27,75

16 * Ce tableau indique la superficie en millions d'hectares des forêts européennes.

Pays	Superficie des forêts (en millions d'hectares)
Allemagne	11,07
Belgique	7,28
Espagne	18,17
France	15,95
Royaume-Uni	2,88
Italie	9,14
Suède	28,2

Range ces superficies de la moins grande à la plus grande.

17 ** **Range dans l'ordre croissant.**

9,51 – 9,5 – 9,05 – 9 – 9,9 – 9,09 – 9,95

18 ** **Recopie et complète en choisissant le nombre qui convient.**

a. 6 < ... < 7	5,9	6,8	7,2
b. 8 < ... < 9	8,54	9,54	7,54
c. 65 < ... < 66	66,1	64,99	65,01
d. 0 < ... < 1	0,47	1,01	1,2

19 ** **Arrondis le prix de chaque article de sport au nombre entier le plus proche.**

20 *** 3 5 8 ,

Avec ces quatre étiquettes, écris :

a. le plus grand et le plus petit nombre.
b. les deux nombres compris entre 3 et 4.
c. les deux nombres compris entre 80 et 86.

Nombres

Utiliser la calculatrice

Voici ce que Clara a tapé sur sa calculatrice :

Clara tape	ON	4	0	7	×	9	=	OFF
Clara lit								

Cherchons

→ **Quelle opération Clara a-t-elle tapée ?**

→ **Tape les mêmes touches sur ta calculatrice. Écris ce qui s'affiche à chaque fois.**

- La **calculatrice** permet de **vérifier un résultat** ou d'**effectuer un calcul difficile**.
- **On peut faire des erreurs de frappe** sur une calculatrice : il faut donc toujours **vérifier la vraisemblance de son résultat** avant de le valider. Pour cela, on évalue un ordre de grandeur.
  Ex. : 836 – 423, *c'est proche de* 800 – 400 = 400.
  37 × 29, *c'est proche de* 40 × 30 = 1 200.

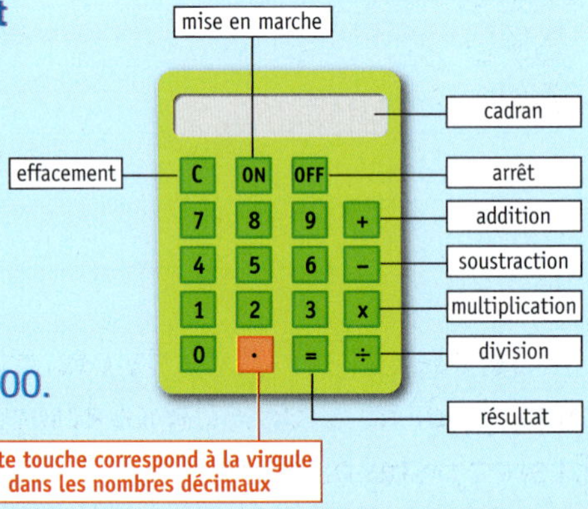

Utiliser la calculatrice à bon escient

1 * **Recopie les opérations que tu peux calculer mentalement et trouve leur résultat.**

a. 234 + 13
b. 156 – 87
c. 640 – 300
d. 345 × 78
e. 6 × 6
f. 36 ÷ 6

Calcule les autres opérations à l'aide de ta calculatrice.

2 ** **Vérifie la vraisemblance de ces résultats en évaluant leur ordre de grandeur. Indique s'ils te paraissent justes ou faux.**

a. 123 + 678 = 8 567
b. 5 609 – 3 987 = 1 622
c. 490 × 9 = 191
d. 2 897 × 3 = 74 908

Vérifie à l'aide de ta calculatrice.

Connaître les touches de la calculatrice

3 * **Reproduis et complète ces tableaux.**

Prévois 2 carreaux par colonne.

Je tape	4	5	0	7	+	9	–	5	=
Je lis									

Je tape	9	0	7	×	2	–	9	8	=
Je lis									

4 * **Calcule ces opérations, puis vérifie-les à l'aide de ta calculatrice.**

a.

5	×	9	+	7	–	4	0	=

b.

1	0	0	×	5	–	5	0	+	1	0	=

c.

8	1	÷	9	+	1	–	1	0	=

5 * **Tape ces touches sur ta calculatrice.**

6	+	6	=	=	=

1	0	0	–	10	=	=	=

2	×	2	=	=	=

Que remarques-tu quand tu tapes plusieurs fois sur la touche « = » ?

6 ** **a.** Affiche 5 896 sur ta calculatrice. À partir de ce nombre, comment afficher 5 786 ? Indique dans l'ordre les touches sur lesquelles tu as appuyé.
Même exercice avec les nombres :
b. 450 et 900.
c. 150 et 75.
d. 4 402 et 9 903.

Utiliser la calculatrice pour vérifier un résultat

7 * **Vérifie les résultats de ces opérations à l'aide de ta calculatrice et indique s'ils sont justes ou faux.**

a. 498 × 30 = 14 940
b. 7 752 + 3 800 + 427 = 1 979
c. 90 564 – 47 564 = 42 907
d. 459 × 17 = 78 300
e. 3 420 ÷ 9 = 380

8 ** Marco a résolu ces trois problèmes :

a. Sitting Bull, le célèbre chef indien, est né en 1831 et mort en 1890. À quel âge est-il mort ? *À 49 ans*

b. Le Tour de France propose 23 étapes de 150 km chacune. Combien de kilomètres vont parcourir les cyclistes ? *3 255 km*

c. Un cheval peut courir jusqu'à 62 km par heure. Combien de kilomètres parcourt-il en 5 jours, s'il galope 6 heures par jour ? *1 860 km*

Vérifie les résultats de Marco à l'aide de ta calculatrice et écris les opérations que tu as tapées.

Utiliser la calculatrice pour calculer

9 * **À l'aide de ta calculatrice, trouve le nombre total de Français qui vivent dans les départements d'outre-mer (DOM).**

DOM	Nombre d'habitants
Guadeloupe	405 500
Martinique	402 000
Guyane française	221 500
Réunion	802 000

10 ** Une agence offre une promotion :

1 semaine aux Antilles
Prix par adulte : 876 €
Prix par enfant : 675 €

M. et Mme Soldi calculent le prix de ce voyage pour eux et leurs trois enfants. Ils ont un budget de 4 000 €.
a. Quel prix payeront les deux parents ?
b. Quel prix payeront-ils pour leurs trois enfants ?
c. Quel sera le prix total de leur voyage ?
d. Leur restera-t-il de l'argent sur le budget prévu ? Si oui, combien ?

11 *** Un supermarché fait venir de Guadeloupe 6 palettes de 15 caisses, contenant chacune 24 ananas. Il devra retirer de sa recette 450 € de transport et 200 € de frais de conservation. En vendant chaque ananas 1,50 €, combien gagnera-t-il ?

Défi Cette calculette est cassée !
Comment vas-tu faire pour afficher chacun de ces nombres ?
36 47 430

Plusieurs solutions sont possibles.

Additionner des nombres entiers

La Terre est constituée de diverses couches en profondeur.

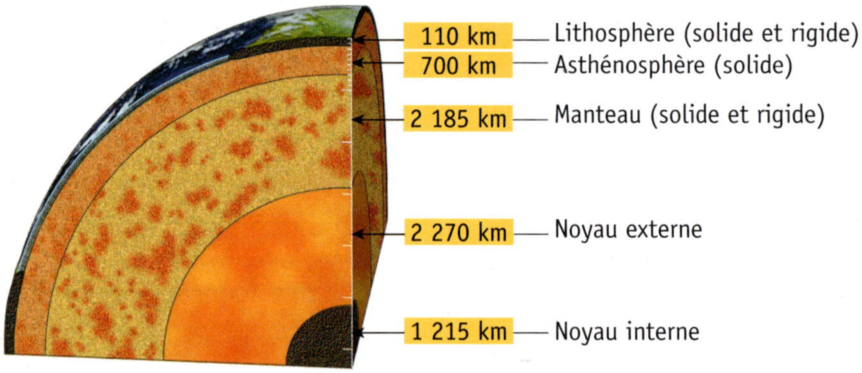

Cherchons

→ **Cherche la longueur en kilomètres du rayon de la Terre.**

→ **Quelle opération dois-tu faire pour connaître le résultat ?**

→ **Comment peux-tu évaluer ton résultat ?**

- L'**addition** est une opération qui permet de **calculer la somme de plusieurs nombres**.
- On peut changer l'ordre de ses termes sans que cela modifie le résultat.
  Ex. : 12 + 4 520 + 596 = 4 520 + 596 + 12 = 5 128
- On évalue toujours l'**ordre de grandeur du résultat avant de calculer**.
  Ex. : 4 520 + 596 + 12, *c'est proche de* 4 500 + 600 + 10 = 5 110.
- Quand **on pose une addition**, on **aligne les chiffres** des unités, ceux des dizaines…

RAPPEL : Il ne faut pas oublier les retenues !

	m	c	d	u
	[1] 4	[1] 5	2	0
+		5	9	6
+			1	2
	5	1	2	8

Additionner en ligne

1 * **Calcule ces additions en ligne.**

Pour ajouter 9, ajoute 10, puis enlève 1.

a. 9 + 8 — 47 + 9 — 78 + 9

b. 105 + 9 — 123 + 9 — 154 + 9

Pour ajouter 19, ajoute 20, puis enlève 1.

c. 35 + 19 — 52 + 19 — 19 + 29

d. 46 + 19 — 67 + 19 — 102 + 19

e. 123 + 19 — 158 + 19 — 184 + 19

2 * **Recopie et relie les nombres pour que leur somme soit égale à 1 000.**

450 •	• 450	150 •	• 850
550 •	• 350	750 •	• 50
650 •	• 550	950 •	• 250

3 ** **Calcule ces additions en ligne.**

Ex. : 27 + 450 + 33 = (33 + 27) + 450 = 510

a. 67 + 430 + 70

b. 54 + 27 + 46

c. 840 + 47 + 60

d. 1 230 + 9 + 31 + 400

Évaluer un résultat

4 * **Évalue un ordre de grandeur des résultats, puis trouve la somme exacte à l'aide de ta calculatrice.**

Ex. : 5 021 + 623 → 5 000 + 600 = 5 600

a. 511 + 879
b. 866 + 789
c. 699 + 90
d. 7 020 + 183
e. 882 + 7 120
f. 985 + 1 980
g. 879 + 604
h. 1 301 + 489

5 ** **Retrouve un ordre de grandeur des résultats parmi les propositions.**

a. La coopérative de l'école dispose de 2 887 €. La mairie lui offre 1 050 € et une vente de gâteaux lui rapporte 497 €. Au final, le montant de la coopérative s'élève à environ :

4 500 € | 14 500 € | 45 000 €

b. En 2009, il y avait en France 16 942 écoles maternelles et 37 933 écoles élémentaires, ce qui fait environ :

5 000 | 55 000 | 550 000 écoles.

Poser l'opération

6 * **Recopie et calcule ces additions.**

Évalue ton résultat avant de calculer.

	5	8	9	6
+	3	8	9	6
+			6	5

	1	2	4	0	6
+		5	5	6	7
+				4	0

	4	5	6	8
+	1	2	5	3
+			4	2

	3	1	5	0
+	5	2	3	0
+		4	5	6

7 * Voici la longueur des trois plus grands fleuves du monde :
– l'Amazone : 6 762 km ;
– le Nil : 6 671 km ;
– le Yangtsé : 6 300 km.
Si on les mettait bout à bout, quelle longueur obtiendrait-on ?

8 ** **Évalue le résultat de ces additions, puis pose-les et calcule-les.**

Commence par écrire le plus grand nombre.

a. 123 + 8 563 + 4
b. 56 + 486 + 2 361
c. 369 + 5 + 78 + 423
d. 674 + 231 + 3 230
e. 569 + 8 236 + 75

9 ** **Recopie et complète ces additions.**

	●	●	●	●
+	4	7	2	2
+		6	3	0
	8	8	5	9

	1	6	3	7
+	●	●	●	●
	5	4	1	9

10 ** **Combien de kilomètres Mina a-t-elle parcourus lors de son tour du monde ?**

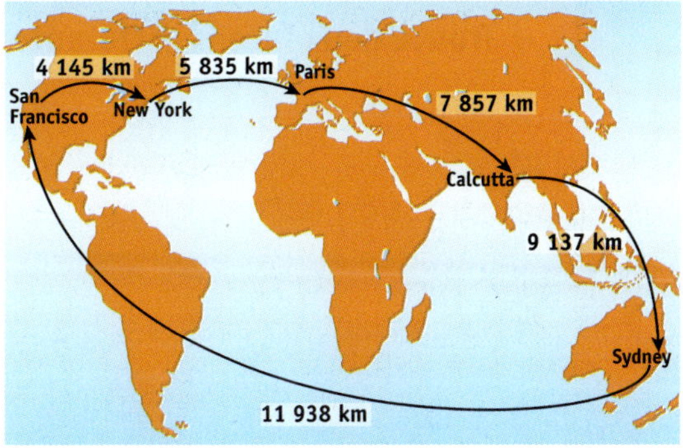

11 *** La cathédrale Notre-Dame de Paris possède 4 cloches et 1 bourdon de 13 tonnes.

Nom des cloches	Masse en kg
Angélique	1 915
Antoinette	1 335
Hyacinthe	925
Denise	767

Quelle est la masse totale des cloches et du bourdon (en kg) ?

1 tonne = 1 000 kg

Défi La pyramide des nombres

Reproduis et complète cette pyramide.

Ex. : 200 = 120 + 80

		800	
	200		300
120	80		

Calcul

Soustraire des nombres entiers

Voici trois des plus grands ponts suspendus du monde !

Pont Akashi-Kaikyo, Japon
1 991 m

Golden Bridge, États-Unis
1 280 m

Pont du Grand Belt, Danemark
1 624 m

Cherchons

Les longueurs indiquées sont celles qui vont d'un pilier à l'autre.

→ **Quelle est la différence de longueur entre le pont Akashi-Kaikyo et le pont du Grand Belt ? entre le pont du Grand Belt et le Golden Bridge ?**

→ **Trouve deux façons différentes de calculer.**

- La **soustraction** est une opération qui permet de **calculer un écart ou une différence** entre deux nombres.
- Avant de calculer, on évalue toujours un **ordre de grandeur du résultat** : 710 – 587, *c'est proche de* 700 – 600 = 100.
- **Pour effectuer une soustraction :**
  – on peut calculer **à l'aide d'un schéma** :

  587 —(+ 13)→ 600 —(+ 100)→ 700 —(+ 10)→ **710**

  587 + 123 = 710 *donc* 710 – 587 = 123

  – on peut **poser la soustraction** :

	7	$_1$1	$_1$0
–	$_{+1}$5	$_{+1}$8	7
	1	2	3

ATTENTION ! On pose toujours le plus grand nombre en premier.

Soustraire en ligne

1 * **Calcule ces soustractions en ligne.**

Pour enlever 9, enlève 10, puis ajoute 1.
Pour enlever 19, enlève 20, puis ajoute 1.

45 – 9	78 – 9	87 – 9
123 – 9	142 – 9	546 – 9
56 – 19	136 – 19	342 – 19

2 * **Calcule ces soustractions en ligne.**

Vérifie ton résultat en effectuant une addition.
Ex. : 100 – 10 = 90 car 90 + 10 = 100

a. 100 – 40
b. 100 – 55
c. 100 – 80
d. 100 – 30
e. 1 000 – 200
f. 1 000 – 400
g. 1 000 – 150
h. 1 000 – 750

3 ** **a.** Recopie et complète ces suites.

824 ; 814 ; 804 ; … ; … ; … ; … ; …

963 ; 952 ; 941 ; … ; … ; … ; … ; …

904 ; 854 ; 804 ; … ; … ; … ; … ; …

b. À ton tour, invente une suite de nombres qui utilise la soustraction.

4 ** **Calcule en ligne.**

a. Le frère de Kévin avait 187 € ; il s'est acheté un blouson à 85 €. Combien d'euros lui reste-t-il ?

b. Combien de mètres de différence y a-t-il entre la tour Montparnasse (210 m) et la tour Eiffel (324 m) ?

Évaluer un résultat

5 * **Choisis l'ordre de grandeur des résultats parmi les propositions.**

Ex. : 392 – 95 → 400 – 100 = 300

a. 569 – 199	40	400	600
b. 269 – 89	20	100	200
c. 4 034 – 1 989	200	2 000	3 000

6 ** **Évalue l'ordre de grandeur des résultats, puis trouve les résultats exacts à l'aide de ta calculatrice.**

Ex. : 2 968 – 521 → 3 000 – 500 = 2 500

a. 1 995 – 398
b. 12 795 – 5 967
c. 8 006 – 499
d. 3 957 – 898
e. 5 803 – 299
f. 7 001 – 6 003

Calculer un écart ou une différence à l'aide d'un schéma

7 ** En France, le nombre de loups n'a cessé de diminuer.

Dates	Nombre de loups
1800	5 000
1900	500
2000	80

À l'aide de schémas, calcule la diminution du nombre de loups entre 1800 et 1900, puis entre 1900 et 2000.

Poser la soustraction

8 * **Calcule les différences entre ces nombres.**

Fais attention à l'ordre des nombres en posant tes soustractions et évalue ton résultat avant de calculer.

a. 843 / 1 456
b. 523 / 7 256
c. 8 002 / 7 596
d. 14 356 / 14 268

9 ** En 1950, deux alpinistes arrivent au sommet de l'Annapurna, d'une altitude de 8 078 m. En 1953, deux autres alpinistes parviennent au sommet de l'Everest, d'une altitude de 8 848 m. Combien de mètres ces derniers ont-ils gravi en plus ?

10 ** Un magazine comptait 13 867 abonnés l'année dernière. C'est 1 949 de plus que cette année. Combien d'abonnés y a-t-il cette année ?

11 *** **Qui sommes-nous ?**

a. Nous sommes deux nombres. Notre somme est égale à 11, notre différence est égale à 3.

b. Nous sommes deux nombres. Notre somme est égale à 54, notre différence est égale à 16.

c. Nous sommes deux nombres. Notre somme est égale à 120, notre différence est égale à 30.

Défi **Quelle est la masse de chaque chat ?**

Révisions

Utiliser la calculatrice

1 * **Reproduis ce tableau et classe ces opérations. Calcule leur résultat en utilisant l'un des deux procédés.**

Calcul mental	Calcul avec la calculatrice

a. 456 × 74
b. 8 423 + 200
c. 964 – 60
d. 8 009 – 4 562

2 * **Vérifie le résultat de ces opérations à l'aide de ta calculatrice et indique s'ils sont justes ou faux.**

a. 4 248 + 486 + 2 368 = 7 132
b. 8 023 – 786 = 7 737
c. 56 × 124 = 6 954
d. 560 ÷ 4 = 140

Additionner et soustraire en ligne

3 * **Forme des couples de nombres pour obtenir 100.**

Ex. : 70 + 30 = 100

55 30 65 85 25
15 45 70 75 35

4 * **Complète chaque nombre pour obtenir 1 000.**

700 – 800 – 500 – 950 – 650 – 450 – 850

5 * **Recopie ces additions et calcule-les en ligne.**

Regroupe les multiples de 10.

a. 150 + 650 + 45
b. 750 + 12 + 350
c. 78 + 440 + 160
d. 620 + 67 + 80

6 ** **Recopie ces soustractions et calcule-les en ligne.**

a. 198 – 75
b. 456 – 234
c. 754 – 241
d. 876 – 562

7 ** a. Ajoute 9 à ces nombres.

23 56 47 136 709

b. Ajoute 19 à ces nombres.

13 36 42 51 399

8 ** a. Retranche 9 à ces nombres.

100 45 48 54 76

b. Retranche 19 à ces nombres.

25 67 75 94 98

9 ** Pierre s'est acheté 2 jeux vidéo à 45 € l'un, un tapis de souris à 7 € et un disque dur à 113 €. Le vendeur lui a offert une réduction de 10 €. À combien lui reviennent ses achats ?

10 ** Toutes ces personnes pourront-elles prendre l'ascenseur ensemble ? Justifie ta réponse.

11 ** **Depuis combien de temps ces inventions existent-elles ?**

Aide-toi d'un schéma pour calculer.

Télévision numérique
1994

Appareil photo
1826

Téléphone
1876

Calculatrice
1966

Téléphone portable
1973

Évaluer un résultat

12 * **Évalue le résultat des additions.**

a. 496 + 95
b. 101 + 496 + 103
c. 70 + 412 + 620
d. 203 + 402 + 599

13 * **Évalue le résultat des soustractions.**

a. 4 689 – 412
b. 5 689 – 2 487
c. 759 – 189
d. 5 230 – 456

Poser l'opération

14 * **Évalue le résultat de ces additions, puis pose-les et calcule-les.**

a. 45 + 856 + 8 523
b. 15 236 + 5 869
c. 48 + 5 362 + 1 203
d. 869 + 5 263 + 2 569

15 * **Évalue le résultat de ces soustractions, puis pose-les et calcule-les.**

Vérifie tes résultats avec l'addition.

a. 1 960 – 756
b. 12 568 – 709
c. 10 000 – 4 589
d. 10 356 – 9 852

16 ** Voici le trajet de Polo, le pigeon voyageur.

Combien de kilomètres a-t-il parcourus ?

17 ** Ce tableau indique la consommation d'eau et d'électricité de deux familles.

	Famille Jauge	Famille Carbu
Eau en m^3	15 263	18 009
Électricité en kW	205 782	165 007

Calcule la différence de consommation d'eau, puis d'électricité.

18 ** M. et Mme Sacado calculent le prix de leurs vacances.

	Prix
Train	415 €
Location	1 260 €
Avion	?
TOTAL	2 325 €

Quel est le prix du vol ?

19 ** L'année dernière, M. Menuise payait 1 589 € de loyer mensuel pour son atelier : cette année, il paye 1 604 €. Quelle est l'augmentation du loyer par mois ?

20 ** En 2010, on comptait 5 700 cabinets de vétérinaires en France. C'est 300 de moins qu'en Espagne, mais 2 050 de plus qu'au Royaume-Uni. Combien de cabinets de vétérinaires y a-t-il en Espagne ? au Royaume-Uni ?

21 *** James Cook est un célèbre navigateur anglais. Né en 1728, il a exploré des terres nouvelles dans l'océan Pacifique. Il est mort en 1779. Voici les dates de ses expéditions :

– 1re expédition : 1768-1771 ;
– 2e expédition : 1772-1775 ;
– 3e expédition : 1776-1779.

James Cook

a. Combien de temps a vécu le navigateur ?
b. Quel âge a-t-il lorsqu'il débute sa première expédition ?
c. Combien de temps a-t-il passé à voyager ?

Calcul

Multiplier par un nombre à un chiffre

Cherchons

→ **Quelle opération vas-tu effectuer pour calculer le nombre de cases de cet échiquier ?**

→ **Une fois les 32 pièces placées, combien de cases reste-t-il pour se déplacer ?**

- La **multiplication** est une opération qui **simplifie le calcul de l'addition d'un même nombre**. Son résultat s'appelle un **produit**.
  15 + 15 + 15 + 15 + 15 = 5 × 15 = 75
- Pour multiplier deux nombres, on peut :
  – **décomposer la multiplication en ligne** :
  Ex. : 412 × 8 = (400 × 8) + (10 × 8) + (2 × 8) = 3 200 + 80 + 16 = 3 296
  – **poser l'opération :**
  On commence par multiplier les unités, puis les dizaines, puis les centaines…

	1	2	0	9	
×				7	6 1
	8	4	6	3	

7 × 9 = 63	J'écris 3 et je retiens 6.
7 × 0 = 0	0 plus la retenue (6) égale 6.
7 × 2 = 14	J'écris 4 et je retiens 1.
7 × 1 = 7	7 plus la retenue (1) égale 8.

Reconnaître des situations de multiplication

1 * **Quand c'est possible, transforme ces additions en multiplications.**

a. 130 + 130 + 131 + 132 + 130
b. 86 + 86 + 86 + 86 + 86 + 86 + 86
c. 158 + 158 + 158
d. 309 + 308 + 307 + 306 + 309
e. 4 + 40 + 400 + 4 000
f. 456 + 456 + 456 + 456 + 456 + 456

2 * **Résous uniquement les problèmes qui utilisent la multiplication.**

a. Paul achète 4 places de théâtre à 12 euros l'une. Combien a-t-il payé en tout ?
b. L'ingénieur du son a commandé 5 micros à 100 € l'un. Combien a-t-il dépensé ?
c. Des acteurs ont répété 6 heures par jour pendant 8 semaines. Combien d'heures ont-ils répété ?
d. Un théâtre peut accueillir 750 spectateurs. 459 places sont occupées. Combien de places libres reste-t-il ?

Multiplier sans poser l'opération

3 * **Aide-toi du résultat qui est donné pour calculer les multiplications.**

Ex. : 6 × 7 = ***42*** *donc 6 × 6 =* ***42*** *–* ***6*** *= 36*

a. 6 × 7 = 42
6 × 8   6 × 9   6 × 5
b. 5 × 7 = 35
8 × 5   5 × 9   6 × 5
c. 9 × 7 = 63
6 × 9   9 × 9   8 × 9

4 ** **Recopie et complète ces multiplications.**

a. 7 × ... = 49
b. 9 × ... = 90
c. 42 × ... = 84
d. 21 × ... = 63
e. 7 × ... = 14
f. 8 × ... = 48
g. 75 × ... = 150
h. 56 × ... = 112
i. 50 × ... = 150
j. 240 × ... = 480

5 ** **Calcule en décomposant.**

Ex. : 43 × 5 = (40 × 5) + (3 × 5)
= 200 + 15 = 215

a. 24 × 3
b. 36 × 4
c. 73 × 6
d. 307 × 5

Tu n'as pas le droit de poser les opérations pour répondre aux exercices 6, 7 et 8.

6 ** La *lieue* est une ancienne mesure de longueur : elle correspond à 4 km. La *poste*, elle, vaut 2 lieues. Combien de kilomètres aurait parcouru un marchand au Moyen Âge s'il avait marché 4 lieues et 5 postes ?

7 ** Le nombre de lignes de téléphones mobiles utilisées par les Français était de 3 millions en 1996. En t'aidant du schéma, calcule le nombre de lignes en 1997, 2001 et 2010.

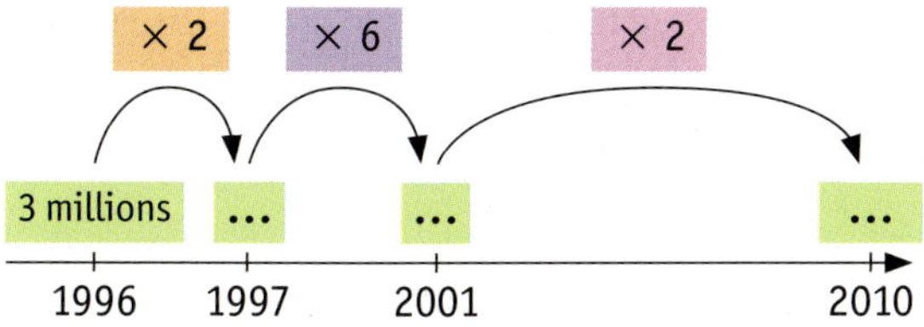

8 ** Pour sa séance photos, un photographe a utilisé 5 pellicules de 36 poses et 9 pellicules de 24 poses. Combien de photos a-t-il prises ?

Décompose tes multiplications pour calculer en ligne.

Poser la multiplication

9 * **Pose et calcule ces multiplications.**

a. 928 × 3
b. 457 × 6
c. 909 × 8
d. 863 × 9
e. 534 × 7
f. 739 × 4

10 ** **Pose ces multiplications et calcule-les.**

Vérifie tes résultats à l'aide de ta calculatrice.

a. 4 869 × 3
b. 5 639 × 5
c. 5 789 × 9
d. 8 406 × 6

11 ** **Recopie et complète ces multiplications.**

•	3	5	8
×			•
1	0	7	4

	•	4	•
×			3
	7	•	4

	•	0	•
×			6
1	8	3	0

12 ** Une lapine peut avoir 12 lapereaux par portée et cela tous les mois. Calcule le nombre de petits que peuvent mettre au monde 3 lapines :

a. au bout d'un mois.
b. au bout de neuf mois.

13 *** Pendant l'entracte du spectacle, il s'est vendu 175 cornets de pop-corn, 280 esquimaux à 5 € et 1 400 boissons à 3 €.

a. Calcule le montant total des ventes.
b. Il y a 3 spectacles par jour : quelle sera la recette d'une journée si autant de produits sont vendus à chaque représentation ?

Défi **Complète ce sudoku.**

Ex. : 1 × 6 × 3 = 18
1 × 4 × ... = 20

1	6	3	18
4	2		56
			360
20	96	189	

Multiplier par 10, 100, ... 20, 300...

Voici le nombre de litres d'eau utilisé pour fabriquer :

1 kg de tomates
80 L

1 kg de papier
500 L

1 kg de pain
1 000 L

1 jean
8 000 L

1 voiture
380 000 L

Cherchons

→ **La famille de Jérémy consomme 4 kg de tomates et 10 kg de pain par mois. Elle possède 6 jeans et une voiture. Combien de litres d'eau a-t-il fallu pour fabriquer l'ensemble de ces produits ?**

- Quand on **multiplie un nombre par 10, 100, 1 000**, on écrit un, deux ou trois zéros à la droite du produit :
  45 × 10 = 450 — 12 × 100 = 1 200 — 40 × 1 000 = 40 000
- Quand on **multiplie un nombre par 20**, on multiplie d'abord ce nombre par 2, puis par 10.
  Ex. : 13 × 20 → 13 × 2 = **26** — **26** × 10 = 260
- Quand on **multiplie un nombre par 300**, on multiplie d'abord ce nombre par 3, puis par 100.
  Ex. : 60 × 300 → 60 × 3 = **180** — **180** × 100 = 18 000
- On peut multiplier par des multiples de 10 pour **évaluer un ordre de grandeur du résultat** d'une multiplication :
  Ex. : 19 × 28, *c'est proche de* 20 × 30 = 600. (Le résultat exact est 532.)

Multiplier par 10, 100, 1 000

1 * **Recopie et calcule en ligne.**

7 × 10	7 × 100	70 × 10
700 × 100	45 × 10	45 × 100
156 × 10	156 × 100	15 × 10
23 × 100	456 × 10	253 × 100
56 × 1 000	500 × 100	330 × 1 000

2 * **Choisis le résultat qui convient parmi les propositions.**

a. 120 × 100 = ...
1 200 — 12 000 — 120 000

b. 40 × 1 000 = ...
40 000 — 4 000 — 400

c. 500 × 10 = ...
50 000 — 500 000 — 5 000

d. 100 × 100 = ...
100 000 — 10 000 — 1 000

e. 6 800 × 10 = ...
680 000 — 68 000 — 680 000 000

3 * **Recopie et complète.**

a. 156 × ... = 1 560
b. 120 × ... = 12 000
c. 1 560 × ... = 15 600
d. 30 × ... = 300
e. 3 × ... = 30 000
f. 20 × ... = 200 000

4 ** **Recopie et complète ces multiplications.**

a. (7 × 4) × 10 = …
b. (4 × 9) × 100 = …
c. (… × 5) × 10 = 250
d. (9 × …) × 10 = 540
e. (50 × 3) × 10 = …
f. (8 × 7) × 100 = …
g. (7 × …) × 100 = 2 100
h. (80 × …) × 100 = 40 000

Multiplier par 20, 300…

5 * **Recopie et calcule en ligne.**

a. 5 × 60
b. 40 × 60
c. 5 × 200
d. 320 × 30
e. 2 × 300
f. 80 × 500
g. 20 × 800
h. 210 × 4 000

6 ** **Décompose ces multiplications, puis calcule-les.**

Ex. : 21 × 70 = (21 × 7) × 10 = 1 470

a. 25 × 60
b. 81 × 40
c. 54 × 50
d. 126 × 30
e. 205 × 300
f. 214 × 600

7 ** **Recopie et complète ces multiplications.**

a. 20 × … = 600
b. 30 × … = 900
c. 80 × … = 720
d. 70 × … = 4 200
e. 21 × … = 4 200
f. 51 × … = 1 020
g. 33 × … = 660
h. 32 × … = 1 600

Évaluer un résultat

8 ** **Retrouve un ordre de grandeur des produits parmi les propositions. Indique le résultat exact à l'aide de ta calculatrice.**

a. 150 × 31
45 000 — 4 500 — 3 000

b. 504 × 29
1 500 — 100 000 — 15 000

c. 999 × 62
6 000 — 600 000 — 60 000

d. 413 × 89
36 000 — 3 600 — 28 000

Multiplier par 10, 30… pour résoudre des problèmes

9 * **Calcule pour connaître le résultat.**

a. 3 × 50 × 10 → nombre de volcans en activité sur la Terre
b. 2 × 60 × 10 → température en degrés de la lave sortant d'un volcan en éruption
c. 30 × 110 → altitude de l'Etna

L'Etna, volcan en Italie.

10 ** Ce tableau indique le nombre de battements de cœur en 1 minute de deux hommes.

Homme sportif		Homme peu sportif	
Au repos	Dans l'effort	Au repos	Dans l'effort
40	200	70	150

Calcule le nombre de battements de cœur pour les deux hommes :
– pour 1 heure de repos.
– pour 30 minutes d'effort.

11 *** La reine termite peut pondre jusqu'à 30 000 œufs par jour. Combien d'œufs pond-elle en 1 mois de 31 jours ? En 1 an (365 jours) ?

Défi **Reproduis et complète cette grille de nombres croisés.**

A					■
B				■	
C			■		
D		■			

A : (640 × 10) + (4 × 10)
B : 12 × 40 ; triple de 3
C : 20 × 4 ; le triple de 20
D : double de 0 ; 40 × 5 × 2

Multiplier par un nombre à plusieurs chiffres

423 × 126 = 53 298

Cherchons

→ **Quel est le multiplicateur de cette multiplication ?**

→ **Par quels multiplicateurs, parmi ceux qui sont proposés, pourrais-tu multiplier 423 pour obtenir le même résultat ?**

× 1 **× 100** **× 20** **× 2** **× 6** **× 60**

- Pour effectuer une **multiplication à plusieurs chiffres**, on **décompose son multiplicateur**. *Ex. :* 753 × **65** = (753 × **60**) + (753 × **5**)
- Quand on **pose l'opération**, on multiplie avec les **unités**, puis avec les **dizaines**, puis avec les **centaines**…

			7	5	3	
	×			6	5	~~1~~2~~1~~3
① On multiplie 753 par 5 unités. →		3	7	6	5	← 753 × 5
② On place un zéro car on multiplie par 6 dizaines. →	4	5	1	8	0	← 753 × 60
③ On additionne. →	4	8	9	4	5	← 753 × 65

- Pour multiplier rapidement avec des nombres à deux chiffres, on apprend d'autres tables : celle de 11, celle de 15…

Multiplier sans poser l'opération

1 * **a.** Écris la table de 11 jusqu'à 110.
b. Aide-toi de ces résultats pour calculer ces multiplications sans les poser.

Tu peux décomposer le multiplicateur : 11 × 33 c'est (11 × 30) + (11 × 3).

11 × 60	11 × 40	11 × 70
11 × 90	11 × 32	11 × 22

2 * **a.** Écris la table de 15 jusqu'à 150.
b. Aide-toi de ces résultats pour calculer ces multiplications sans les poser.

Tu peux décomposer le multiplicateur : 15 × 33 c'est (15 × 30) + (15 × 3).

15 × 40	15 × 60	15 × 21
15 × 32	15 × 41	15 × 90

3 ** **Calcule ces multiplications pour connaître ces records d'animaux.**

a. Longueur du plus grand serpent, le python réticulé : 56 × 11 cm

b. Masse du plus gros animal terrestre, l'éléphant d'Afrique : 25 × 200 kg

c. La plus grande profondeur atteinte par un mammifère, le cachalot : 230 × 11 m

4 ** **Décompose ces multiplications, puis calcule-les.**

Ex. : 41 × 32 = (41 × 30) + (41 × 2) = 1 312

a. 21 × 24 **d.** 23 × 23
b. 35 × 21 **e.** 61 × 15
c. 51 × 32 **f.** 33 × 22

Évaluer un résultat

5 * **Évalue un ordre de grandeur des produits.**

Ex. : 492 × 163 → 500 × 200 = 100 000

a. 418 × 23 **e.** 206 × 98
b. 782 × 63 **f.** 5 026 × 589
c. 4 256 × 586 **g.** 2 094 × 12
d. 1 956 × 89 **h.** 7 869 × 102

Poser la multiplication

6 * **Recopie et calcule ces multiplications.**

Commence par évaluer ton résultat.

56	× 52	126	× 78	453	× 26
208	× 37	496	× 85	536	× 243

7 * **Calcule le produit de chaque couple de nombres.**

Pour faciliter tes calculs, choisis le plus petit nombre comme multiplicateur.

a. 466 / 53 **d.** 37 / 1 456 **g.** 2 006 / 47
b. 96 / 453 **e.** 2 375 / 38 **h.** 863 / 148
c. 48 / 165 **f.** 208 / 587 **i.** 95 / 407

8 * La première encyclopédie éditée par Diderot et d'Alembert en 1751 contient 17 volumes de textes. Chaque volume compte 950 pages. **Calcule le nombre total de pages de l'*Encyclopédie*.**

9 ** **Calcule la masse totale de nourriture que ce zoo doit commander.**

	Nombre d'animaux	kg de nourriture par animal
Carnivores	18	16
Granivores	105	13
Herbivores	43	85

10 ** Voici la commande d'un supermarché.

	Prix à l'unité	Quantité
Téléviseur	459 €	15
Lecteur DVD	99 €	27
DVD	18 €	145

Quel sera le total de sa facture ?

11 *** Un chef d'entreprise offre à ses 17 employés un safari au départ de Nairobi, au Kenya. Le prix par personne pour 10 jours est de 1 590 €.

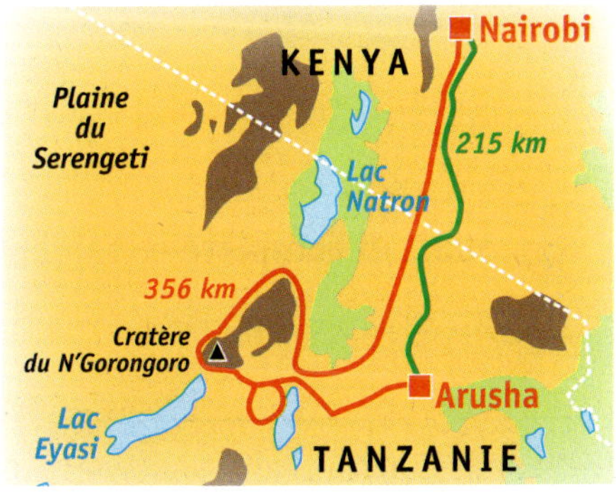

a. Quel sera le prix à payer pour les 17 employés et le chef d'entreprise ?
b. Le chauffeur qui les accompagne parcourt ce même itinéraire 26 fois par an. Combien de kilomètres parcourt-il par an ?

Défi **Retrouve les chiffres raturés.**

```
      ■ 2 ■
  ×     ■ 3
  1 5 ■ 7
1 0 ■ 8 0
■ ■ ■ ■ ■
```

Connaître les multiples d'un nombre

Cherchons

La salle du trésor doit toujours être surveillée par un garde.

→ **Si le seigneur dispose de 4 gardes, combien d'heures par jour chaque garde va-t-il surveiller le trésor ?**

→ **Et si le seigneur dispose de 6 gardes ? de 8 gardes ?**

→ **Quelles sont les autres possibilités de partager équitablement 24 heures ?**

▸ **50 est un multiple de 5**, car il est dans la table de 5 : 5 × 10 = 50 .
50 est un multiple de 10, car il est dans la table de 10.
500 est aussi un multiple de 5 car 5 × 100 = 500.

▸ **À savoir :** Les multiples de 2 sont tous les nombres pairs.
Les multiples de 5 se terminent toujours par 0 ou 5.
Les multiples de 10 se terminent toujours par 0.

Calculer des doubles, des triples, des moitiés

1 * **Reproduis et complète ce tableau.**

Calcule sans poser les opérations.

	Moitié	Double	Triple
12			
50			
140			
86			

2 ** **Vrai ou faux ?**

a. 125 est le double de 65.
b. 9 999 est le triple de 3 330.
c. 550 est la moitié de 1 100.
d. 6 482 est le double de 3 261.
e. Le double du double de 15 est 60.
f. La moitié de la moitié de 40 est 10.
g. Le triple de 105 est 335.

Identifier les multiples d'un nombre

3 * **Recopie et complète ces phrases.**

Ex. : 42 est un multiple de 7 car 7 × 6 = 42.

a. 81 est un multiple de 9 car ...
b. 20 est un multiple de 5 car ...
c. 27 est un multiple de 3 car ...
d. 66 est un multiple de 6 car ...
e. 510 est un multiple de 10 car ...
f. 48 est un multiple de 12 car ...

Identifier des multiples communs

4 * Une grand-mère reçoit ses 7 petits-enfants. Quel paquet va-t-elle acheter pour que chaque enfant ait le même nombre de bonbons ? Justifie ta réponse.

5 * **Écris les nombres de 10 à 30, puis entoure :**

a. en rouge, les multiples de 2.
b. en bleu, les multiples de 5.
c. en noir, les multiples de 10.
d. en vert, les multiples de 7.

6 ** Observe ces nombres :

2	6	8	10	12
18	24	45	60	72

Quels sont les nombres multiples de 4 ? de 6 ? de 8 ?

7 ** **Écris tous les nombres compris entre 39 et 61. Entoure les multiples communs de 4 et de 6.**

Reconnaître les multiples de 2, 5 et 10

8 * **Vrai ou faux ?**

a. Tous les multiples de 2 sont aussi des multiples de 4.
b. Tous les multiples de 10 sont aussi des multiples de 5 et de 2.
c. Il existe des nombres qui se terminent par 2 qui sont des multiples de 5.
d. Il existe des nombres multiples de 6 qui ne sont pas des multiples de 2.

9 * **Reproduis ce tableau. Complète-le en cochant la ou les bonne(s) réponse(s).**

est multiple de →	2	5	10
3 670			
534			
9 300			
67 341			
76 005			

10 ** Un boulanger a préparé 120 chouquettes pour le goûter de l'école. Calcule le nombre de chouquettes qu'il mettra dans :

a. 2 paquets.
b. 5 paquets.
c. 10 paquets.

Utiliser des multiples dans des problèmes

11 * Je suis un multiple de 6 compris entre 39 et 50. Le nombre qui se trouve juste après moi est un multiple de 7. Qui suis-je ?

12 ** Pour payer la sortie de fin d'année, un professeur dispose de 175 € pour ses 25 élèves. Quelle somme maximale pourra-t-il dépenser par élève ? Poursuis ce tableau pour t'aider.

Nombre d'élèves	Euros dépensés par élève	Total (en €)
25	2	50
25	3	75
25	4	...

13 *** En 1985, l'artiste Daniel Buren a installé 260 colonnes dans la cour du Palais-Royal à Paris. Elles sont placées sur 13 rangées. Combien de colonnes a-t-il placées par rangée ?

Les colonnes de Buren.

Défi **Lis ces indices et retrouve l'âge qu'avait l'écrivain Pierre Corneille à sa mort.**

Il était âgé de plus de 74 ans et de moins de 80 ans. L'âge qu'il avait est un multiple de 2 et de 6.

Calcul

Révisions

Multiplier sans poser l'opération

1 * **Recopie et complète.**

a. ... × 5 = 30
b. 2 × ... = 50
c. ... × 8 = 48
d. 4 × ... = 36
e. ... × 3 = 27
f. ... × 6 = 24
g. 5 × ... = 45
h. 1 × ... = 28

2 * **Résous seulement les problèmes qui utilisent la multiplication.**

a. La NBA, championnat de basket américain, a été créée en 1946. Elle a connu 4 présidents. Depuis combien de temps existe-t-elle ?

b. 15 équipes s'affrontent lors de la NBA. Sachant qu'une équipe est formée de 5 joueurs, combien de joueurs y a-t-il en tout ?

c. Une équipe a marqué 18 paniers à 3 points. Combien de points a-t-elle marqués ?

3 ** **Calcule en décomposant.**

Ex. : 48 × 4 = (40 × 4) + (8 × 4)
= 160 + 32 = 192

a. 64 × 3
b. 47 × 6
c. 32 × 8
d. 709 × 4
e. 52 × 7
f. 139 × 5
g. 254 × 3
h. 304 × 4
i. 284 × 5

4 ** **Calcule sans poser.**

a. 11 × 4	11 × 2	11 × 42
b. 15 × 3	15 × 4	15 × 34
c. 25 × 4	24 × 3	15 × 43
d. 12 × 4	12 × 5	12 × 11
e. 13 × 5	21 × 4	25 × 5

Multiplier par 10, 20, 300...

5 * **Calcule sans poser.**

a. 7 × 10
b. 10 × 12
c. 45 × 10
d. 37 × 100
e. 49 × 100
f. 892 × 100
g. 100 × 51
h. 36 × 1 000

6 * **Calcule sans poser.**

a. 20 × 30
b. 30 × 60
c. 90 × 10
d. 50 × 600
e. 40 × 50
f. 60 × 70
g. 40 × 500
h. 30 × 300

Tu n'as pas le droit de poser les opérations pour répondre aux exercices 7, 8 et 9.

7 ** Un éléphant peut boire 200 litres d'eau par jour et avaler 180 kg de nourriture. Calcule les quantités d'eau et de nourriture dont il a besoin pour 30 jours.

8 ** Les oies blanches peuvent parcourir 900 km par mois. Calcule la distance qu'elles parcourent en 6 mois, puis en 12 mois.

9 ** Le chameau peut parcourir 40 km par jour. Calcule la distance qu'il parcourt en 1 semaine. En 30 jours. En 120 jours.

Évaluer un résultat

10 * **Retrouve l'ordre de grandeur des produits parmi les propositions.**

a. 29 × 12	3 000	300	200
b. 105 × 98	1 000	8 000	10 000
c. 624 × 52	30 000	25 000	18 000
d. 86 × 423	36 000	48 000	4 000

Poser la multiplication

11 * **Pose et calcule ces multiplications.**

a. 126 × 6
b. 456 × 9
c. 8 × 463
d. 809 × 4
e. 3 156 × 7
f. 8 × 2 489

12 * **Recopie et complète ces multiplications.**

	2	6	4
×		1	5

	4	8	7
×		4	3

13 ** Ce mois-ci, dans le magasin « Tout pour l'informatique », 54 ordinateurs ont été vendus à 1 067 € l'un. À combien s'élève la recette du magasin ?

14 ** **Pose et calcule ces multiplications.**

Vérifie tes résultats à l'aide de ta calculatrice.

a. 756 × 14
b. 356 × 42
c. 1 056 × 104
d. 53 × 7 589
e. 489 × 53
f. 861 × 253
g. 3 408 × 56
h. 2 759 × 123

15 ** Pour Noël, une grande surface a commandé 95 cartons de 24 ours en peluche. Combien en a-t-elle commandé en tout ?

16 ** Une entreprise veut commander 153 imprimantes à 359 €. Combien va-t-elle dépenser en tout ?

17 ** Un camion-citerne transporte l'équivalent de 250 barils de pétrole. Un baril contient 159 L de pétrole. Combien de litres ce camion transporte-t-il ?

18 ** **Reproduis et complète ce tableau.**

	Quantité par boîte	Nombre de boîtes	Total
Trombones	150	26	
Punaises	245	47	
Gommes	12	18	

Identifier les multiples d'un nombre

19 * **Reproduis et complète ce tableau.**

	Double	Triple
26		
43		
422		
550		

20 * **Reproduis ce tableau, puis colorie les multiples des nombres.**

La première ligne sert d'exemple.

Nombre	Multiples du nombre				
4	*4*	*6*	*28*	*17*	*20*
5	3	10	37	45	78
2	9	18	47	54	80
9	19	27	54	65	99
10	90	125	2 800	36	60

21 * **Vrai ou faux ?**

a. Les nombres qui finissent par 5 sont des multiples de 5.
b. Un multiple de 100 a toujours trois zéros.
c. Tous les multiples de 2 finissent par 2.

22 ** **Qui suis-je ?**

a. Je suis le double de 18.
b. Je suis le triple de 55.
c. Je suis la moitié de 164.
d. Je suis le triple de 75.
e. Je suis le double du double de 42.
f. Je suis le triple du double de 24.

23 ** Trouve toutes les façons de partager équitablement 1 boîte de 48 gâteaux.

24 ** Le boulanger vend des paquets de 12 bonbons à 4 € l'un. Ramy a 24 €.

a. Combien de paquets peut-il acheter ?
b. Combien de bonbons aura-t-il en tout ?

25 *** Le pharmacien a 50 paquets de 12 pastilles à la menthe. S'il les partage en 3 parts égales, combien de pastilles y aura-t-il dans chaque part ?

Diviser : partages et groupements

Léo se lance dans l'élevage d'escargots : l'héliciculture ! Il a 62 escargots. Il veut placer le même nombre d'escargots par cage.

Cherchons

→ **Quel nombre maximum d'escargots pourra-t-il placer dans chaque cage ?**

→ **Combien en restera-t-il ?**

→ **Combien en manque-t-il pour remplir une nouvelle cage ?**

- Pour **partager un nombre en parts égales**, on utilise la **division**. Son résultat s'appelle le **quotient**.
Ex. : Pour diviser 35 par 5, on cherche combien de fois 5 est contenu dans 35.

35 = 5 × 7 donc 35 : 5 = 7

Dividende (nombre qui est divisé) → 35 ; **Diviseur** (nombre qui divise) → 5 ; **Quotient** (résultat) → 7

- **On trouve un reste** quand le dividende n'est pas un multiple du diviseur : on cherche alors le multiple le plus proche.
Ex. : 38 divisé par 5.

31	32	33	34	35	36	37	38	39	40	41	42
				5 × 7					5 × 8		

38 est compris entre 5 × 7 et 5 × 8 → 5 × 7 < **38** < 5 × 8
38 divisé par 5 égale 7. Il reste 3 car 38 = (7 × 5) + 3.

Diviser sans reste

1 * **a.** Combien de fois 6 dans 60 ?
b. Combien de fois 4 dans 24 ?
c. Combien de fois 7 dans 63 ?
d. Combien de fois 9 dans 36 ?
e. Combien de fois 11 dans 99 ?

2 * **Recopie et complète.**
Ex. : 56 divisé par 8 = 7 car 8 × 7 = 56
a. 81 divisé par 9 = …
b. 35 divisé par 5 = …
c. 120 divisé par 6 = …
d. 48 divisé par 6 = …
e. 55 divisé par 5 = …

3 * Six amis veulent offrir un cadeau commun. À combien d'euros reviendra la part de chacun s'ils achètent :
a. une place de concert à 42 € ?
b. un DVD à 120 € ?
c. un coffret de CD à 66 € ?

4 ** **Décompose le dividende pour calculer.**
Ex. : 72 divisé par 6 = 12
car 72 = 60 + 12 = (6 × 10) + (6 × 2)
a. 65 divisé par 5
b. 45 divisé par 3
c. 68 divisé par 4
d. 96 divisé par 8
e. 91 divisé par 7
f. 108 divisé par 9

5 ** Observe ce quadrillage.

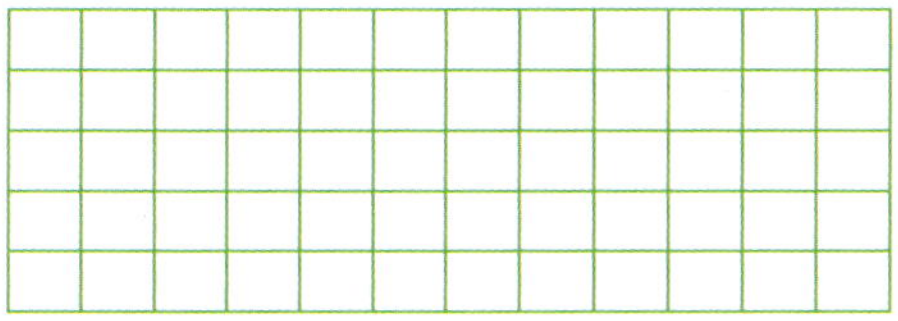

a. Si on le partage en 2, combien de carreaux aura chaque partie ?

b. Et si on le partage en 4 ? en 6 ? en 10 ? en 12 ? en 30 ?

6 ** Un viticulteur a 48 bouteilles de vin.

a. S'il les range dans des cartons de six bouteilles, combien de cartons utilisera-t-il ?

b. S'il les range dans des cartons de douze bouteilles, combien de cartons utilisera-t-il ?

Encadrer un nombre entre deux multiplications

7 * **Recopie et complète ces encadrements.**

a. 6 × … < 52 < 6 × …

b. 5 × … < 23 < 5 × …

c. 7 × … < 51 < 7 × …

d. 4 × … < 38 < 4 × …

e. 5 × … < 103 < 5 × …

8 * **Écris tous les nombres compris entre ces deux produits.**

Ex. : entre 4 × 5 et 4 × 6, il y a 21, 22 et 23.

a. 5 × 3 et 5 × 4

b. 3 × 6 et 3 × 7

c. 5 × 8 et 5 × 9

d. 8 × 7 et 8 × 8

e. 3 × 9 et 3 × 10

f. 7 × 6 et 7 × 7

Diviser avec un reste

9 * **Recopie et complète ces égalités.**

Ex. : 50 = (6 × 8) + 2

a. 37 = (… × 5) + …

b. 28 = (… × 6) + …

c. 79 = (8 × …) + …

d. 68 = (7 × …) + …

10 * **Divise et indique le reste.**

a. 28 divisé par 5

b. 44 divisé par 8

c. 39 divisé par 6

d. 56 divisé par 10

11 * Axel est ramasseur de balles à Roland Garros. Il doit ranger 58 balles dans des boîtes de 6.

a. Combien de boîtes seront pleines ?

b. Combien de balles ne seront pas rangées ?

12 ** **Reproduis et complète ce tableau.**

Dividende	Diviseur	Quotient	Reste
59	8		
	5	9	3
31	6		
	12	3	0

13 ** Ninon lit un livre divisé en 7 chapitres. Les 6 premiers chapitres contiennent le même nombre de pages et le dernier n'en a que 30. Son livre a 690 pages. Combien de pages chacun les 6 premiers chapitres contiennent-ils ?

14 ** Marco veut placer ses 73 cartes dans un album. Indique combien de pages il peut remplir et le nombre de cartes qu'il restera s'il place :

a. 8 cartes par page

b. 9 cartes par page

c. 10 cartes par page

d. 12 cartes par page

15 *** La fleuriste a commandé 140 roses.

a. Combien peut-elle former de bouquets de 3 roses ? de 13 roses ? de 25 roses ? (Indique le nombre de roses restant.)

b. Quels bouquets peut-elle faire pour qu'il ne lui reste plus de roses ?

Défi Léna a acheté 4 petits pains et un gâteau à 11 €. Elle avait 50 euros dans son porte-monnaie. Le commerçant lui a rendu 31 euros. Quel est le prix d'un petit pain ?

Diviser par un nombre à un chiffre

M. Cidruc est très fier : cette année, ses pommiers lui ont donné 376 pommes. Pour les transporter, il lui a fallu 4 caisses.

Cherchons

→ **Le nombre de pommes par caisse sera-t-il compris entre 0 et 10 ou entre 10 et 100 ?**

→ **Calcule le nombre de pommes, en moyenne, par caisse.**

On cherche à diviser 597 par 8.

- Avant de poser la division, on évalue le nombre de chiffres du quotient.
  $8 \times \mathbf{10} < 597 < 8 \times \mathbf{100}$
  Le quotient sera compris entre 10 et 100 :
  il aura donc **deux chiffres**.

- Pour trouver le nombre de **dizaines** du quotient, on divise les dizaines du dividende par 8.

  59 divisé par 8
  On cherche le multiple de 8 le plus proche de 59.
  $8 \times 7 = 56$. Cela fait **7 dizaines** au quotient.
  $59 - 56 = 3$. Il reste 3 dizaines.

Dividende → 59 (entouré) ; Diviseur → 8 ; Quotient → 7

	5	9	7	8
–	5	6		7 .
		3		

- Pour trouver le nombre d'**unités**, on abaisse les 7 unités. Avec les 3 dizaines, cela fait 37 unités. On divise le nombre d'unités par 8.

  37 divisé par 8
  On cherche le multiple de 8 le plus proche de 37.
  $8 \times 4 = 32$. Cela fait **4 unités** au quotient.
  $37 - 32 = 5$. Il reste 5 unités.

	5	9	7	8
–	5	6	↓	7 4
		3	7	
	–	3	2	
			5	

ATTENTION ! Le reste est toujours inférieur au diviseur.

- On vérifie les divisions par la multiplication : $(74 \times 8) + 5 = 597$.

Évaluer le nombre de chiffres du quotient

1 * **Recopie et complète ces encadrements avec 10, 100 ou 1 000.**

Ex. : 56 divisé par 3
→ $3 \times \mathbf{10} < 56 < 3 \times \mathbf{100}$

a. 145 divisé par 7
$7 \times \ldots < 145 < 7 \times \ldots$

b. 975 divisé par 6
$6 \times \ldots < 975 < 6 \times \ldots$

c. 205 divisé par 8
$8 \times \ldots < 205 < 8 \times \ldots$

d. 1 563 divisé par 5
$5 \times \ldots < 1\,563 < 5 \times \ldots$

2 * **Reproduis et complète ce tableau.**

Division	Quotient
185 divisé par 2	Entre 10 et 100
236 divisé par 7	
19 divisé par 3	
1 259 divisé par 4	

3 * **Indique le nombre de chiffres qu'aura le quotient. Justifie ta réponse.**

Ex. : 452 divisé par 5
→ 2 chiffres car **5 × 10** *< 452 <* **5 × 100**

a. 263 divisé par 8
b. 49 divisé par 2
c. 756 divisé par 5
d 4 005 divisé par 8
e. 853 divisé par 9
f. 4 751 divisé par 7

Pour les exercices 4 et 5, choisis ta réponse en évaluant le nombre de chiffres du quotient.

4 ** Le Tour de France 2010 proposait 6 étapes en haute montagne d'une totalité de 1 139 km. Quelle était la longueur approximative d'une étape ?

20 km | 200 km | 2 000 km

5 ** Il faut compter 6 000 g de fraises pour remplir 9 pots de confitures. Quel est le poids approximatif d'un pot ?

6 g | 60 g | 600 g

Poser la division

6 * **Recopie et complète ces divisions.**

	(1	3)	5	6
−	1	2		2 •
		•	•	
	−	•	•	
			•	

	(4	5)	6	7
−	4	2		6 •
		•	•	
	−	•	•	
			•	

7 * **Pose ces divisions et calcule-les.**

Vérifie tes résultats par la multiplication.

a. 486 divisé par 7
b. 726 divisé par 5
c. 781 divisé par 8
d. 1 536 divisé par 8
e. 596 divisé par 6
f. 1 863 divisé par 4

8 * Un maire veut installer un champ d'éoliennes : il commande 204 pales. Il faut 3 pales pour construire une éolienne. Combien d'éoliennes seront installées ?

9 ** Le viaduc de Millau est le plus haut pont du monde. 154 haubans sont répartis autour de 7 piliers. Combien de haubans y a-t-il par piliers ?

Le viaduc de Millau.

10 ** La cantine de Milo est équipée de tables de 8 élèves. 186 enfants sont inscrits.

a. Combien de tables de 8 doit-on préparer ?
b. Combien de couverts doit-on rajouter sur une autre table ?

11 ** **a.** Reproduis et complète ce tableau.

Dividende	Diviseur	Quotient	Reste
365	8		
	7	21	4
1 869	6		

b. Vérifie tes opérations à l'aide de ta calculatrice.

12 *** Mme Franc fait ses comptes :

Gaz de France : 208 € pour deux mois
Téléphone : 534 € pour un semestre
Électricité : 255 € pour un trimestre
Fuel : 678 € pour un semestre

un trimestre = 3 mois ; un semestre = 6 mois

Calcule le montant de chaque dépense par mois.

Défi Sur la Lune, la pesanteur est 6 fois moins importante que sur la Terre : ton poids y est divisé par 6 ! Sur la Lune, quel serait le poids :
– d'un homme de 72 kg ?
– d'un éléphant de 4 440 kg ?
– de la statue de la Liberté (225 000 kg) ?

Calcul

Diviser par un nombre à deux chiffres

Nina vient de terminer une maquette de vaisseau spatial.
Il lui a fallu 28 heures pour monter les 5 180 pièces !

Cherchons

→ **Le nombre de pièces assemblées en une heure sera-t-il compris entre 10 et 100 ou entre 100 et 1 000 ?**

→ **Cherche le nombre de pièces que Nina a assemblées en 1 heure.**

On cherche à diviser 978 par 23.

- On évalue le nombre de chiffres au quotient : 23 × **10** < 978 < 23 × **100**.
Le quotient sera compris entre 10 et 100 : il aura donc **deux chiffres**.

- Pour trouver le nombre de **dizaines** du quotient, on divise les dizaines du dividende par 23.

97 divisé par 23

On cherche le multiple de 23 le plus proche de 97 :
23 × 1 = 23 23 × 2 = 46 23 × 3 = 69
23 × 4 = 92. Cela fait **4 dizaines** au quotient.
97 – 92 = 5. Il reste 5 dizaines.

	9	7	8	2	3
–	9	2	↓	4	2
		5	8		
	–	4	6		
		1	2		

- Pour trouver le nombre d'**unités**, on abaisse les 8 unités.
Cela fait 58 unités. On divise le nombre d'unités par 23.

58 divisé par 23

On cherche le multiple de 23 le plus proche de 58.
23 × 2 = 46. Cela fait **2 unités** au quotient.
58 – 46 = 12. Il reste 12 unités.

Diviser sans poser l'opération

1 * **Construis la table de 12, puis aide-toi de cette table pour trouver le résultat des divisions.**

a. 96 divisé par 12 **c.** 144 divisé par 12
b. 312 divisé par 12 **d.** 108 divisé par 12

2 * **a.** Construis la table de 35 jusqu'à 35 × 7, puis aide-toi de cette table pour trouver le résultat de ces divisions.
140 divisé par 35 105 divisé par 35
245 divisé par 35 175 divisé par 35

b. Parmi ces nombres, lesquels auront un reste s'ils sont divisés par 35 ? Indique-le.

72 215 186 250 350

c. Aide-toi des résultats de la table pour diviser 700 par 35.

3 ** Lucien a acheté un ordinateur à 954 €. Il veut le payer en 18 mensualités. Combien va-t-il payer par mois ?

Construis la table de 18 pour t'aider.

Évaluer le nombre de chiffres du quotient

4 * **Indique le nombre de chiffres du quotient. Justifie ta réponse.**

Ex. : 482 divisé par 15
→ 2 chiffres car ***15 × 10*** *< 482 <* ***15 × 100***

a. 2 563 divisé par 38
b. 98 divisé par 23
c. 7 056 divisé par 52
d. 4 005 divisé par 81
e. 8 503 divisé par 19
f. 45 751 divisé par 67
g. 84 000 divisé par 78
h. 1 895 divisé par 16

Poser la division

5 * **Recopie et complète ces divisions.**

```
  5 8 4 | 1 4          8 7 8 | 1 9
- 5 6   | 4 •        - 7 6   | 4 •
    • • |                • • • |
  - • • |              - • • • |
    • • |                    • |

  2 4 2 5 | 2 3        1 3 4 4 | 2 4
- 2 3     | 1 • •    - 1 2 0   | 5 •
    • • • |                • • • |
  - • • • |              - • • • |
      • • |                    • |
```

6 * **a.** Reproduis et complète ce tableau.

Dividende	Diviseur	Quotient	Reste
225	15		
	23	9	3
1 312	32		

b. Vérifie tes opérations à l'aide de ta calculatrice.

7 * Une rame de l'Eurostar comporte 18 voitures offrant un total de 792 places assises. Combien de passagers peuvent s'asseoir dans une voiture ?

8 ** Un marcheur a parcouru 378 km à pied en trois semaines. Combien de kilomètres a-t-il parcourus en moyenne par jour ?

9 ** **Pose ces divisions et calcule-les.**

a. 456 divisé par 15
b. 786 divisé par 26
c. 3 740 divisé par 15
d. 2 356 divisé par 22

10 ** Pour les élections, 1 898 électeurs d'un village se rendent dans 13 bureaux de vote. Combien d'électeurs chaque bureau de vote va-t-il accueillir en moyenne ?

11 *** **Super cagnotte !** Le grand gagnant reçoit 800 000 € et le deuxième 180 000 €. Le troisième reçoit 16 fois moins que le 2e. Les 25 gagnants suivants se partagent la somme reçue par le 3e. Les 50 suivants se partagent 1 000 €.
Reproduis et complète ce tableau pour connaître la somme reçue par chaque gagnant.

Rangs	1er	2e	3e	Les 25 suivants	Les 50 suivants
Gains en €	800 000	180 000			

Défi À l'aide de ce schéma, trouve le poids du plus gros hamburger du monde !

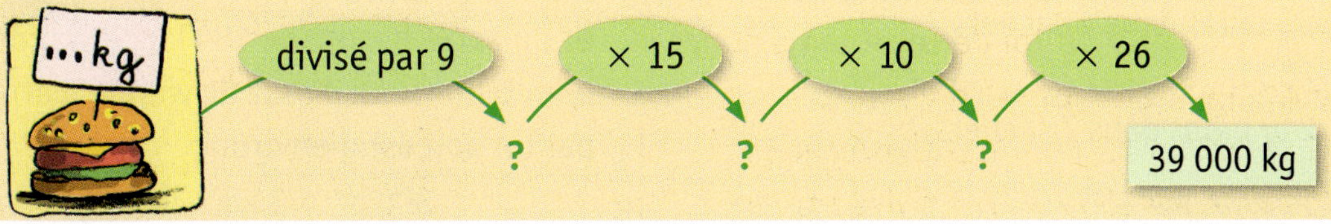

Révisions

Diviser sans poser l'opération

1 * **Recopie et complète.**

Ex. : 24 divisé par 3 = 8 car 8 × 3 = 24

a. 56 divisé par 8 = …
b. 90 divisé par 10 = …
c. 42 divisé par 6 = …
d. 44 divisé par 4 = …
e. 60 divisé par 12 = …
f. 130 divisé par 13 = …

2 * Combien de bonbons y aura-t-il dans chaque part si on partage un paquet de 48 bonbons en 6 ? en 8 ? en 4 ? en 12 ?

3 * **Encadre chaque dividende entre deux produits.**

*Ex. : 22 divisé par 5 → 5 × 4 < **22** < 5 × 5*

a. 59 divisé par 7
b. 26 divisé par 3
c. 48 divisé par 5
d. 86 divisé par 9

4 * **Recopie et complète les égalités.**

Ex. : 46 = (7 × 6) + 4

a. 38 = (6 × …) + …
b. 53 = (5 × …) + …
c. 43 = (4 × …) + …
d. 49 = (8 × …) + …
e. 82 = (9 × …) + …
f. 29 = (9 × …) + …

5 ** **Décompose le dividende pour calculer.**

Ex. : 65 divisé par 5 = 13
*car 65 = 50 + 15 = (5 × **10**) + (5 × **3**)*

a. 108 divisé par 9
b. 42 divisé par 3
c. 78 divisé par 6
d. 57 divisé par 3

6 ** **Combien de billes y aura-t-il dans chaque sachet si l'on range :**

a. 63 billes dans 8 sachets ?
b. 32 billes dans 4 sachets ?
c. 253 billes dans 25 sachets ?
d. 210 billes dans 7 sachets ?

Indique le reste si besoin.

7 ** **Construis la table de 14, puis aide-toi de cette table pour trouver le résultat des divisions.**

a. 42 divisé par 14
b. 84 divisé par 14
c. 154 divisé par 14
d. 1 540 divisé par 14

8 ** **Construis la table de 25, puis aide-toi de cette table pour trouver le résultat des divisions.**

a. 2 500 divisé par 25
b. 100 divisé par 25
c. 200 divisé par 25
d. 225 divisé par 25
e. 300 divisé par 25
f. 450 divisé par 25

9 ** Si Franck paye en 36 mois son canapé qui coûte 432 €, combien paiera-t-il par mois ?

Construis la table de 36 pour t'aider.

Évaluer le nombre de chiffres du quotient

10 * **Encadre le dividende pour connaître le nombre de chiffres du quotient.**

Ex. : 785 divisé par 4
*→ 3 chiffres car **4** × **100** < 785 < **4** × **1 000***

a. 56 divisé par 3
b. 745 divisé par 8
c. 360 divisé par 5
d. 529 divisé par 9
e. 5 231 divisé par 7
f. 1 786 divisé par 6

11 * **Cherche le nombre de chiffres du quotient.**

a. 56 divisé par 4
b. 162 divisé par 9
c. 782 divisé par 7
d. 489 divisé par 4

12 ** **Choisis la bonne réponse en évaluant le nombre de chiffres du quotient.**

a. Un zoo a besoin de 189 kg de viande pour 6 lions. La masse de viande mangée par un lion est d'environ :

300 g | 3 kg | 30 kg

b. Une file de 60 fourmis mesure 180 mm de long. La taille d'une fourmi est d'environ :

3 mm | 300 mm | 30 mm

c. Six éléphants boivent 3 650 litres d'eau. La quantité bue par un éléphant est d'environ :

6 L | 60 L | 600 L

13 ** **Cherche le nombre de chiffres du quotient.**

a. 104 cartes réparties entre 12 joueurs
b. 630 € divisés entre 25 gagnants
c. 4 500 mots répartis sur 56 pages
d. 8 600 km parcourus en 80 jours

Poser la division

14 * **Pose ces divisions et calcule-les.**

a. 450 divisé par 5
b. 639 divisé par 3
c. 1 294 divisé par 2
d. 4 242 divisé par 6

15 * Un directeur d'école doit répartir les 168 élèves de CM1 en 6 classes. Combien d'élèves de CM1 y aura-t-il par classe ?

16 * Un livreur de pizzas doit distribuer 175 pizzas dans la soirée. Combien de voyages devra-t-il effectuer s'il transporte les pizzas par 5 ?

17 * **Reproduis et complète ce tableau.**

Dividende	Diviseur	Quotient	Reste
1 266	6		
	8	145	3
4 263	8		

18 ** Un stade accueille 3 600 spectateurs répartis sur 3 étages. Il y a 6 tribunes par étage. Combien de spectateurs peut-il y avoir par étage ? et par tribune ?

19 ** **Pose ces divisions et calcule-les.**

a. 523 divisé par 11
b. 964 divisé par 17
c. 456 divisé par 24
d. 756 divisé par 18

20 ** **Le poulailler déborde !** Les poules ont pondu 354 œufs. Pour les ranger, combien faudra-t-il :

Indique le reste.

a. de boîtes de 12 œufs ?
b. de boîtes de 24 œufs ?
c. de boîtes de 30 œufs ?

21 ** En 2010, le Paris-Dakar offrait une course de 8 246 km en 14 étapes à travers l'Argentine. Quelle était la longueur moyenne d'une étape ?

22 ** 23 candidats ont payé pour participer à un tournoi de pétanque. La recette finale est de 828 €. Combien chaque joueur a-t-il payé ?

23 ** **Reproduis et complète ce tableau.**

Dividende	Diviseur	Quotient	Reste
394	13		
	27	8	3
7 216	16		

24 *** En 2008, la France a produit 5 628 milliers de tonnes de fruits. À combien s'élève la production de fruits par mois (en milliers de tonnes) ?

Calcul

Additionner des nombres décimaux

Cherchons

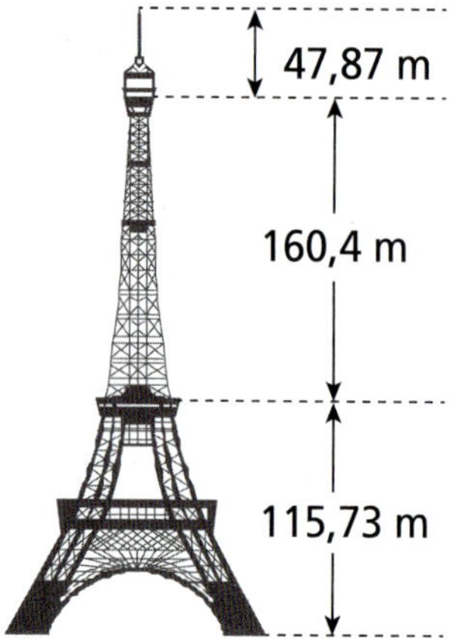

→ **Calcule la hauteur totale de la tour Eiffel en mètres.**

→ **Comment vas-tu poser cette addition avec des nombres décimaux ?**

Pour poser une addition avec des nombres décimaux, on **applique les mêmes règles que pour les nombres entiers.**

- On évalue un **ordre de grandeur du résultat** :
  Ex. : 46,7 + 4,25 c'est proche de 47 + 4 = 51.
- On **aligne les unités** avec les unités, **les dizaines** avec les dizaines…
- On **aligne les chiffres de la partie décimale** : dixièmes avec dixièmes, centièmes avec centièmes…
  La virgule est aussi alignée et replacée au résultat.

	Partie entière		Partie décimale	
	¹4	6,	7	0
+		4,	2	5
	5	0,	9	5

Additionner en ligne

1 * **Calcule ces additions en ligne.**

a. 15,2 + 4
b. 23,4 + 5
c. 5,6 + 12
d. 4,2 + 5,3

2 * **Regroupe les nombres qui donnent des nombres entiers, puis calcule.**

Ex. : 5,5 + 4 + 2,5 = (5,5 + 2,5) + 4 = 12

a. 1,5 + 7 + 3,5
b. 7 + 6,4 + 1,6 + 2
c. 2,7 + 4 + 5,3
d. 1,1 + 9 + 8,9 + 1,3

3 * **Recopie et complète les égalités.**

a. 0,5 + … = 1
b. 0,8 + … = 1
c. 0,6 + … = 1
d. 0,3 + … = 1
e. 7,5 + … = 10
f. … + 1,5 = 10
g. … + 9,5 = 10
h. … + 3,5 = 10

4 ** **Associe les nombres dont la somme est égale à 5.**

2,5	1,5	0,5	3,9	2,2
2,8	2,5	3,5	4,5	1,1

5 ** Voici le poids des pièces en euros :

5 c	10 c	20 c	50 c	1 €	2 €
3,9 g	4,1 g	5,7 g	7,8 g	7,5 g	8,5 g

a. Combien pèsent ensemble :
– 1 pièce de 10 centimes et 1 pièce de 2 euros ?
– 1 pièce de 5 centimes et 1 pièce de 1 euro ?

b. Olivier a 35 centimes dans sa poche : quelle masse cela représente-t-il ? Trouve deux solutions.

Évaluer un résultat

6 * **Arrondis les nombres à l'unité la plus proche, puis évalue un ordre de grandeur des résultats.**

Ex. : 42 + 12,7 → 42 + 13 = 55

a. 5,9 + 2	**e.** 15 + 8,9
b. 1,8 + 7,3	**f.** 45,8 + 1,6
c. 8,7 + 10,9	**g.** 9,7 + 12,1
d. 13 + 9,8	**h.** 4,2 + 4,9

7 ** **Aide le serveur à évaluer rapidement le total de chaque addition.**

a.	b.	c.
7,90 €	1,10 €	8,10 €
2,80 €	2,20 €	5,10 €
1,90 €	11,80 €	1,90 €
2,10 €	3,90 €	2,00 €
-------	-------	-------

Quelle note est la plus chère ?

Poser l'addition

8 * **Évalue le résultat des additions, puis calcule-les.**

45,95 + 42,56	120,35 + 456,15
152,30 + 45,36 + 41,05	125,86 + 23,45 + 2,04

9 * **Pose ces additions et calcule-les.**

Vérifie tes résultats à l'aide de ta calculatrice.

a. 12,8 + 45,02 + 13,4
b. 420 + 52,56
c. 192,5 + 65,8
d. 560,23 + 52,45 + 32,14
e. 120,4 + 75,12 + 89 + 96,01

10 * Dans le panier du Petit Chaperon rouge, il y a une galette de 1,2 kg et un petit pot de 0,18 kg contenant 0,25 kg de beurre. Le panier vide pèse 0,95 kg. Quelle masse pèse-t-il lorsqu'il est plein ?

11 ** Dans un saladier, Lucien verse :
– 1,75 litre de jus d'orange ;
– 0,85 litre de jus de cassis ;
– 0,25 litre de jus de mangue ;
– 0,75 litre d'eau pétillante.
Son saladier peut contenir 2,3 litres. Son super cocktail va-t-il déborder ?

12 ** Elsa a 50 € : elle veut s'acheter deux articles de cette vitrine. Lesquels peut-elle choisir ? Cherche toutes les solutions possibles.

13 *** Voici l'itinéraire de la course des garçons de café à Tournus.

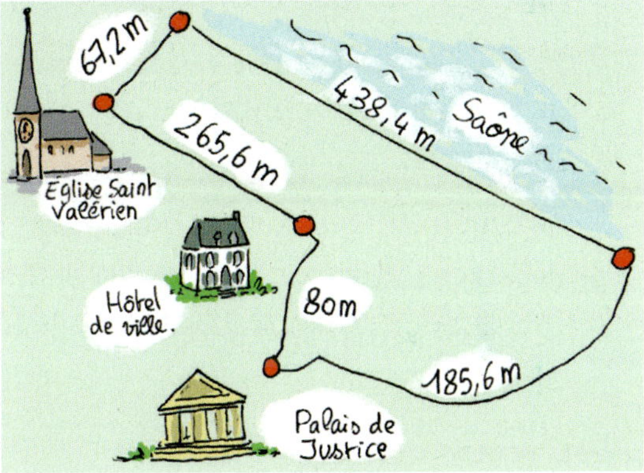

Combien de mètres doivent-ils parcourir sans renverser leur plateau ?

Défi Labynombre

Trouve le chemin qui te permet d'arriver à 25 en additionnant les nombres des cases. **Attention :** tu ne peux pas te déplacer en diagonale.

Regroupe d'abord les nombres décimaux qui donnent des nombres entiers.

➡	12,5	1,25	3	7,8	
	5,5	0,25	0,6	0,35	➡ 25
	2	1,75	4	0,65	

Soustraire des nombres décimaux

Cherchons

Mouna et Elliot participent au marathon de Paris, d'une longueur de 42,2 km. Mouna est déjà arrivée à la tour Eiffel alors qu'Elliot n'est qu'à Notre-Dame.

→ **Calcule la différence de distance entre les deux amis.**

→ **Comment vas-tu poser l'opération ?**

→ **Que devras-tu rajouter à un nombre ?**

Pour **poser une soustraction avec des nombres décimaux** :

- on évalue d'abord un **ordre de grandeur du résultat** :
  Ex. : 357,6 – 24,25, *c'est proche* de 357 – 24 = 333.
- on **aligne les unités** avec les unités, **les dizaines** avec les dizaines, **les centaines** avec les centaines…
- on **aligne aussi les chiffres de la partie décimale** : dixièmes avec dixièmes, centièmes avec centièmes…
- on **complète la partie décimale avec des zéros** pour qu'il y ait le même nombre de chiffres dans chaque nombre.

	Partie entière			Partie décimale	
	3	5	7,	6	[1]0
–		2	4, [+1]	2	5
	3	3	3,	3	5

Soustraire en ligne

1 * **Calcule ces soustractions en ligne.**

a. 6,5 – 2
b. 8,1 – 5
c. 6,6 – 3
d. 9,8 – 8
e. 2,7 – 1,5
f. 8,2 – 1,1
g. 6,5 – 2,2
h. 5,3 – 2,2

2 * **Calcule ces soustractions en ligne.**

Vérifie ton résultat avec l'addition.
Ex. : 1 – 0,6 = 0,4 → 0,6 + 0,4 = 1

a. 1 – 0,5
b. 1 – 0,2
c. 1 – 0,7
d. 1 – 0,8
e. 1 – 0,9
f. 10 – 5,5
g. 10 – 4,5
h. 10 – 3,5
i. 10 – 8,5
j. 10 – 6,5

3 ** **Quelle monnaie me sera rendue si je donne :**

a. 2 € pour un paquet de bonbons à 1,30 € ?
b. 5 € pour un journal à 1,50 € ?
c. 10 € pour un manga à 7,50 € ?
d. 20 € pour une figurine à 18,50 € ?
e. 50 € pour un jeu vidéo à 45,50 € ?

4 ** **Calcule ce qu'il manque dans chaque récipient pour que sa contenance soit égale à 1 L.**

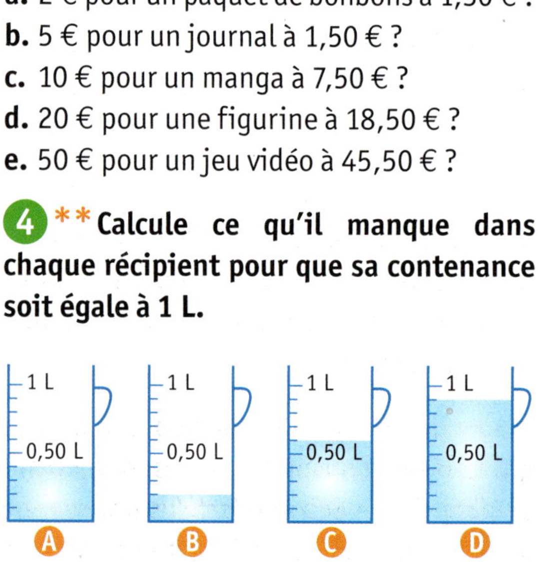

Évaluer un résultat

5 * **Arrondis ces nombres à l'unité la plus proche, puis calcule un ordre de grandeur des résultats.**

Ex. : 42 – 8,7 → 42 – 9 = 33

a. 6 – 1,8
b. 9,9 – 5
c. 60,1 – 8
d. 12 – 5,9
e. 14,2 – 1
f. 89 – 21,1

6 ** **Évalue les nouveaux prix.**

Ex. : 499 – 29,99 → 500 – 30 = 470 €

Article	Prix initial	Réduction
Machine à laver	499 €	29,99 €
Grille-pain	36,60 €	5,90 €
Robot ménager	98,40 €	17,99 €
Lot de 60 couverts	40 €	6,99 €

Poser la soustraction

7 * **Évalue les résultats des soustractions, puis calcule-les.**

```
    3 3 2,2          4 1 2,9 6
– 1 1 2,7 6      –     7 2,7 2

    1 8 3,6 5        5 3 7,4 4
–     3 0,5 7    – 1 4 4,0 8
```

8 * **Pose ces soustractions et calcule-les.**

Vérifie tes résultats à l'aide de ta calculatrice.

a. 709,5 – 126,9
b. 420,4 – 15,68
c. 615,8 – 125,36
d. 453,12 – 48,56
e. 769,4 – 45,23
f. 8 510 – 2 456,23

9 * En 1960, un Français jetait en moyenne 0,2 tonne de déchets par an. En 2010, il en jetait 0,460 tonne. De combien la quantité de déchets jetée par personne a-t-elle augmenté ?

10 ** Le dragon de Komodo est le plus grand lézard du monde : il mesure 2,50 m ! Son cousin, le *Sphaerodactylus ariasae*, ne mesure que 1,6 cm. Quelle est la différence de taille entre les deux lézards ? Convertis la taille du 2nd lézard avant de faire ton calcul.

Dragon de Komodo.

11 ** Observe ce tableau.

Œuf de poule	Œuf d'autruche
4,25 cm	17,5 cm
0,150 kg	1,8 kg

a. Calcule la différence de poids en kilogramme entre l'œuf de poule et l'œuf d'autruche.
b. Calcule la différence de taille entre l'œuf de poule et l'œuf d'autruche.

12 *** Voici le tableau de croissance d'Achille depuis sa naissance.

	Poids en kg	Taille en cm
1er mois	4,210	52,5
2e mois	4,650	58
3e mois	5,6	60,5
4e mois	6,2	65
5e mois	7,250	68,5
6e mois	8,8	69

a. Combien de kilogrammes a-t-il pris entre le 1er mois et le 6e mois ?
b. De combien de centimètres a-t-il grandi entre le 1er et le 6e mois ?
c. Au cours de quel mois a-t-il pris le plus de poids ?
d. Au cours de quel mois a-t-il grandi le plus ?

Défi **Qui suis-je ?**

Si on m'ajoute 0,1 je deviens 2.
Si on me retire 0,3 je deviens 4.
Si on me retire 0,2 je deviens 6.
Si on m'ajoute 0,5 je deviens 8.

Multiplier un nombre entier par un nombre décimal

Les dimensions d'un ballon de football sont exprimées dans des mesures anglo-saxonnes : officiellement, un ballon de foot doit avoir une circonférence de 28 pouces et une masse de 15 onces.

1 pouce = 2,54 cm   1 once = 28,35 g

Cherchons

→ **Cherche la circonférence d'un ballon de football en centimètres et sa masse en grammes : quelle opération vas-tu utiliser ?**
Peux-tu évaluer tes résultats ?

→ **Comment vas-tu faire pour calculer avec la virgule ?**

▶ Pour **multiplier un nombre entier par un nombre décimal** :

– on évalue un **ordre de grandeur du résultat** avec des nombres entiers :
128 × 3,2 *c'est proche de* 130 × 3 = 390.

– on commence par **effectuer la multiplication comme avec des nombres entiers**, sans prendre en compte la virgule ;

– on ajoute la virgule au résultat pour qu'il y ait le même nombre de chiffres après la virgule que dans le nombre décimal multiplié.

▶ **Les doubles à connaître :**
0,5 × 2 = 1,0 ou 1   1,25 × 2 = 2,50 ou 2,5

128 × 3,2

	1	2	8
×		3	2
	2	5	6
3	8	4	0
4	0	9	6

	1	2	8
×		3,	2
	2	5	6
3	8	4	0
4	0	9,	6

1 chiffre après la virgule

Multiplier sans poser l'opération

1 * **Calcule sans poser.**

a. 0,5 × 2
b. 0,5 × 3
c. 0,5 × 4
d. 1,5 × 2
e. 1,5 × 3
f. 2,5 × 3

2 * **Calcule le double de ces nombres.**

Le double de 7,4 c'est le double de 7 + le double de 0,4.

a. 3,2
b. 0,4
c. 2,3
d. 3,3
e. 4,2
f. 4,4

Placer la virgule au résultat d'un produit décimal

3 * **Choisis le résultat qui convient parmi les propositions.**

Observe la place de la virgule.

a. 2,3 × 5 → 1,15 | 11,5 | 115
b. 26 × 3,4 → 8,84 | 88,4 | 884
c. 42,8 × 11 → 4,708 | 47,08 | 470,8
d. 15,23 × 12 → 182,76 | 1 827,6 | 18 276

Évaluer un produit décimal

4 ** **Choisis un ordre de grandeur des produits parmi les propositions.**

Ex. : 6,3 × 19 → 6 × 20 = 120

a. 40,3 × 2 →	8	80	400
b. 3,8 × 50 →	2	20	200
c. 12 × 8,9 →	9	90	900
d. 60 × 9,9 →	600	6 000	60

Poser la multiplication

5 * **Pose et calcule.**

a. 456 × 2,8
b. 234 × 16,4
c. 45,13 × 65
d. 148 × 5,8
e. 45,6 × 74
f. 705 × 1,23

6 * **Pose et calcule.**

Vérifie tes résultats à l'aide de ta calculatrice.

a. 0,89 × 7
b. 0,23 × 12
c. 0,43 × 496
d. 75 × 0,45
e. 17 × 0,85
f. 754 × 0,56

Observe tes résultats. Que remarques-tu ?

7 * **Calcule le total de la commande.**

Commande	Prix en € à l'unité	Quantité
Cahiers	2,80	52
Flûtes	15,65	24
Crayons	0,24	20

8 * Un bébé prend 6 biberons de lait de 0,12 litre par jour. Combien de litres de lait faut-il prévoir par semaine ?

9 ** Sur cette voiture américaine, le compteur de vitesse indique 56 miles/heure.

1 mile équivaut à 1,6 km.

Le chauffeur dépasse-t-il la vitesse autorisée (90 km/heure) ?

10 ** Inventé en 1870, le grand bi est l'ancêtre de la bicyclette. Grâce à sa grande roue de 1,70 m de diamètre, on pouvait avancer de 8,40 m en un seul coup de pédale ! Combien de mètres pouvait-on parcourir en 15 coups de pédale ?

Le grand bi

11 *** Observe ces tarifs de courriers postaux.

Poids jusqu'à :	Tarifs en euros	
	Union européenne et Suisse	Reste du monde
200 g	3,50	5
400 g	5,80	6,80
800 g	7,50	9,80
1 200 g	10	12
1 600 g	11,50	15
2 000 g	12,40	16,65

Chaque jour, une société envoie :
– 75 colis de 400 g en Suisse ;
– 14 colis de 1 600 g en Allemagne ;
– 29 colis de 1 200 g aux États-Unis ;
– 12 colis de 800 g en Australie.

a. Calcule le total des frais de chaque type d'envoi.
b. Calcule les frais totaux pour cinq jours.

Défi Une puce mesure 1,5 mm de hauteur. Elle peut sauter jusqu'à 340 fois sa taille.
Quelle hauteur (en centimètres) peut atteindre son saut ?
Et toi, si tu pouvais sauter 340 fois ta taille, quelle hauteur atteindrais-tu ?

Multiplier un nombre décimal par 10, 100, 1 000

Les dix locataires de cet immeuble doivent payer chacun une taxe d'ascenseur de 1,75 € par mois et ce durant dix mois de l'année.

Cherchons

→ **Cherche le montant de la taxe pour les dix locataires pour un mois. Pour dix mois.**

→ **Quelles opérations vas-tu faire ? Que remarques-tu avec la virgule ?**

→ **Si 100 locataires habitaient cet immeuble, quel montant par mois trouverais-tu ?**

Pour **multiplier un nombre décimal par 10, 100, 1 000**, on décale la virgule vers la droite en fonction du nombre de zéros du multiplicateur. Si c'est nécessaire, on complète avec des zéros.

5,35 × 10 = **53,5**

1 zéro — On décale la virgule de 1 rang vers la droite.

5,35 × 100 = **535**

2 zéros — On décale la virgule de 2 rangs vers la droite.

5,35 × 1 000 = **5 350**

3 zéros — On décale la virgule de 3 rangs vers la droite. On complète avec un zéro.

Multiplier un nombre décimal par 10

1 * **Multiplie par 10.**

Décale la virgule vers la droite.

a. 12,6
b. 25,15
c. 75,23
d. 5,45
e. 45,6
f. 2,36
g. 103,75
h. 14,70

2 * **Recopie et complète.**

Vérifie tes multiplications une fois complétées.

a. 10 × ... = 45
b. 10 × ... = 4,5
c. 10 × ... = 84
d. 10 × ... = 8,4
e. 10 × ... = 123
f. 10 × ... = 12,3

3 * **Combien coûtent :**

a. 10 peluches à 2,15 € l'unité ?
b. 10 jeux à 12,50 € l'unité ?
c. 10 bonbons à 0,05 € l'unité ?
d. 10 ballons à 0,12 € l'unité ?

4 ** **Mesure ce rectangle.**

Quelles seraient ses dimensions en centimètres s'il était 10 fois plus grand ?

5 ** Sur une feuille à petits carreaux, trace un carré 10 fois plus grand qu'un carré de 0,2 cm de côté.

Multiplier un nombre décimal par 10, 100, 1 000

6 * **Multiplie par 100.**

a. 1,23 – 4,75 – 36,12 – 4,56

b. 7,89 – 0,45 – 7,86 – 7,23

7 * **Recopie et calcule.**

a. 2,5 × 100 **d.** 1,25 × 100

b. 0,50 × 1 000 **e.** 0,56 × 1 000

c. 7,45 × 100 **f.** 75,1 × 1 000

8 * **Reproduis et complète ce tableau.**

Nombre d'enveloppes	Prix à l'unité	Prix du paquet
10	0,02 €	
100	0,08 €	
1 000	0,09 €	

9 ** **Recopie et complète.**

a. Le prix d'un CD vierge est de 0,23 €.
Un lot de 100 CD coûte ... €.

b. Une feuille de papier pèse 4,98 g.
1 000 feuilles de papier pèsent ... g.

c. Un carreau mesure 18,5 cm. Une frise de 10 carreaux mesure ... cm.

10 ** Savais-tu qu'un château fort était actuellement en construction en France ? Voici l'aspect qu'aura le château de Guédelon une fois terminé.

Ce schéma est 1 000 fois plus petit que la future taille du château. Quelles seront ses dimensions réelles en mètres ?

11 *** Ce tableau affiche le prix des carburants dans une grande surface.

	Gazole	Super
Prix au litre en €	1,16	1,36

a. Calcule le prix d'un plein de gazole pour une camionnette dont le réservoir est de 100 L.

b. Un motard a besoin de 10 L de super pour une durée de 10 jours. À combien revient sa facture d'essence pour un mois (30 jours) ?

Défi

Taille d'un ouistiti :
0,15 m

Poids d'un lion :
0,15 t

Vitesse d'un paresseux :
0,320 km à l'heure

Une baleine est **1 000 fois plus lourde** qu'un lion. Un gorille est **10 fois plus grand** qu'un ouistiti et un faucon pèlerin se déplace **1 000 fois plus vite** qu'un paresseux.

a. Combien de tonnes pèse une baleine ?

b. À quelle vitesse se déplace un faucon pèlerin ?

c. Quelle est la taille du gorille ?

Calcul

Calculer un quotient décimal

Cherchons

Eli et ses 7 amis ont gagné 250 euros.

→ **Cherche la part que chacun touchera.**

→ **Quelle opération as-tu effectuée ?**

→ **Comment peux-tu trouver le résultat au centime près ?**

- Lorsque l'on divise et qu'il y a un reste, on peut continuer la division pour obtenir un **résultat plus précis** : on calcule alors un **quotient décimal**.

  ① On calcule la partie entière du dividende :
  61 divisé par 5 = 12. Il reste 1.

  ② On calcule la partie décimale du dividende **en plaçant une virgule et un zéro** car 61 = 61,0.
  On abaisse le 0. 10 divisé par 5 = 2.
  Cela fait 2 dixièmes au quotient.

	6	1,	0	5
–	6	0	↓	12, 2
		1	0	
	–	1	0	
			0	

  ③ On trouve alors un quotient décimal : 61 divisé par 5 = 12,2.

- On peut trouver un **quotient décimal au dixième près, au centième près**…
  ATTENTION ! Certaines divisions n'ont pas de quotient exact.
  Ex. : 10 divisé par 3 → 3,3333…

- **Les moitiés et quarts à connaître :**
  1 divisé par 2 = 0,5 3 divisé par 2 = 1,5
  1 divisé par 4 = 0,25 2 divisé par 4 = 0,5

Diviser sans poser l'opération

1 * **Calcule la moitié de ces nombres.**

La moitié de 19,
c'est la moitié de 18 + la moitié de 1.
9 + 0,5 = 9,5

3 – 5 – 7 – 9 – 15 – 17 – 13 – 27 – 51 – 103

2 * **Vrai ou faux ?**

a. 2,75 est la moitié de 5.
b. 1,25 est la moitié de 2,5.
c. 2,5 est la moitié de 5.
d. 1,5 est la moitié de 4.
e. 1,75 est la moitié de 3.

3 * Léna et Sabrina ont 11 €. Quelle glace peuvent-elles s'offrir pour que chacune en ait une ?

4 ** **Recopie et complète.**

a. moitié de 1 m : … m
b. moitié de 3 m : … m
c. quart de 1 m : … m
d. quart de 2 m : … m

Poser la division

5 * **Recopie ces divisions et complète-les pour trouver leur quotient décimal.**

```
  6 8, • | 8             3 1 2, • | 5
- 6 4    | 8, •        - 3 0      | 6 2, •
    4 •                    1 2
  - • •                  - 1 0
      •                      2 •
                           - • •
                               •

  1 5 8, • | 4           2 1 0, • | 4
- 1 2      | 3 9, •    - 2 0      | 5 2, •
    3 8                    1 0
  - 3 6                  -   8
      2 •                    2 •
    - • •                  - • •
        •                      •
```

6 * **Recopie ces divisions et calcule le quotient au dixième près.**

```
  1 4 | 3          1 2 3 | 5

1 4 7 | 6        1 2 3 4 | 5
```

7 * **Calcule la hauteur des étages de chaque bâtiment.**

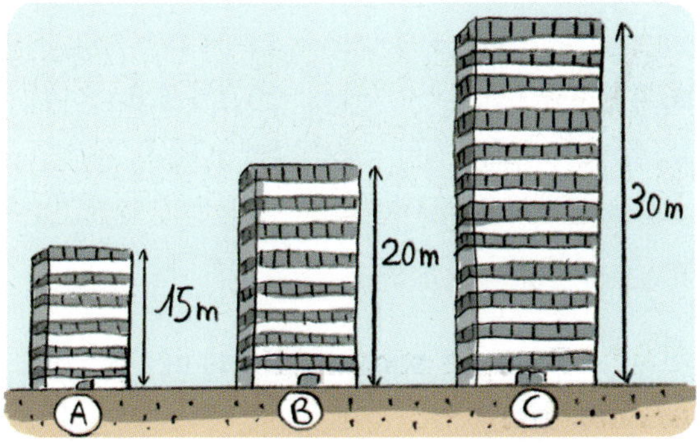

6 étages 8 étages 12 étages

Quelle règle d'architecture sur la hauteur des étages peux-tu en déduire ?

8 * Cinq amis se partagent ces frais lors d'un voyage.

	Essence	Péage	Restaurant	Hôtel
Prix en € pour le groupe	93	33	152	175

Calcule la part payée par chacun en euros.

9 ** **Recopie ces divisions et calcule le quotient au centième près.**

```
4 8 9 | 4        1 2 4 9 | 4

1 5 8 | 8        3 0 0 5 | 4
```

10 ** Le Giro est le tour d'Italie en cyclisme. Sa longueur totale est de 3 480 km et il comporte 21 étapes. Quelle est la longueur moyenne d'une étape (au dixième près) ?

11 *** Un vigneron a récolté 1 700 litres de vin. Une bouteille contient 75 cL.

a. Combien de bouteilles va-t-il remplir entièrement ?

b. Quelle quantité de liquide restera-t-il ? (Indique ton résultat au centième de litre près.)

Défi L'origami est un art au Japon. Il consiste à plier une feuille pour obtenir une sculpture en papier. Pour réaliser ce papillon, on doit plier en 8 parties égales cette feuille carrée de 15 cm de côté. Calcule le périmètre en centimètres de chaque partie.

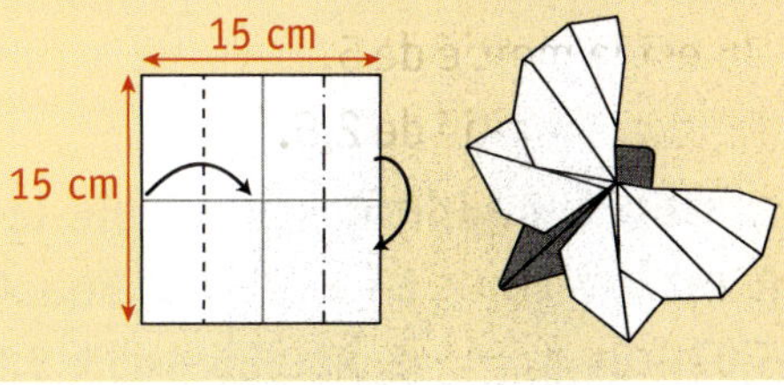

Calcul

Révisions

Additionner en ligne

1 * **Calcule ces additions en ligne.**

a. 5,5 + 4 d. 2,2 + 6 g. 3,7 + 4
b. 10,5 + 4 e. 7 + 2,5 h. 10 + 7,8
c. 5,2 + 4 f. 2 + 6,9 i. 0,7 + 4

2 * **Regroupe les nombres qui donnent des nombres entiers, puis calcule.**

Ex. : 1,2 + 5 + 3,8 = (1,2 + 3,8) + 5 = 10

a. 1,1 + 2,5 + 6,5
b. 1,3 + 1,6 + 1,7 + 2,4
c. 1,5 + 4,7+ 2,3 + 0,2

3 * **Observe cette vitrine.**

Que va payer Thomas s'il achète :

a. un éclair et un millefeuille ?
b. un croissant et un éclair ?
c. un croissant et un pain au chocolat ?
d. un éclair, un millefeuille et un croissant ?

Évaluer le résultat d'une addition

4 * **Arrondis les nombres à l'unité la plus proche, puis évalue un ordre de grandeur des résultats.**

Ex. : 8,8 + 4,7 → 9 + 5 = 14

a. 6,9 + 3 e. 5 + 3,9
b. 1,2 + 7,1 f. 5,1 + 1,9
c. 6,7 + 1,9 g. 6,9 + 2,1
d. 1,3 + 9,8 h. 3,2 + 4,9

Poser l'addition

5 ** **Pose ces additions et calcule-les.**

a. 46,6 + 71,53 c. 78,02 + 37,56 + 4,3
b. 45,07 + 89,6 d. 860,25 + 45 + 3,96

6 ** **Calcule la largeur de ce terrain de football.**

Soustraire en ligne

7 * **Calcule ces soustractions en ligne.**

a. 8,6 – 4 d. 9,8 – 4,2
b. 6,4 – 2 e. 4,8 – 1,5
c. 9,8 – 2 f. 5,4 – 2,1

8 * Chaque enfant possédait 5 € au départ.

a. Martin a dépensé 2,80 €.
b. Paulo s'est acheté un journal à 3,10 €.
c. Marie a dépensé 4,90 €.
d. Fatou a pris des bonbons à 2,40 €.

Calcule ce qu'il reste à chacun.

Évaluer le résultat d'une soustraction

9 * **Arrondis les nombres à l'unité la plus proche, puis évalue un ordre de grandeur des résultats.**

Ex. : 16,8 – 4,1 → 17 – 4 = 13

a. 5,9 – 4,8 c. 25,1 – 3,8
b. 16,8 – 4,7 d. 56 – 12,9

Poser la soustraction

10 ** **Pose ces soustractions et calcule-les.**

a. 45,23 – 12,8 d. 8,07 – 4,5
b. 103,40 – 35,52 e. 56,03 – 18,21
c. 75,6 – 2,05 f. 145 – 68,42

11 ** Mme Rondeurs fait un régime. Elle pesait 68,5 kg au début du mois d'avril. Elle a noté le poids qu'elle a perdu chaque semaine.

	Poids perdu
Du 1er au 7 avril	1,2 kg
Du 8 au 15 avril	0,850 kg
Du 16 au 23 avril	0,650 kg
Du 24 au 30 avril	0,780 kg

Combien pèse-t-elle à la fin du mois ?

Multiplier sans poser l'opération

12 * **Calcule le double de ces nombres.**

Le double de 4,2, c'est le double de 4 + le double de 0,2.

0,2 – 0,3 – 0,5 – 1,1 – 2,3 – 4,2 – 3,21 – 10,03

Évaluer un produit décimal

13 * **Choisis un ordre de grandeur des produits parmi les propositions.**

Ex. : 40 × 6,9 → 40 × 7 = 280

a. 5 × 6,9 → 3,5 350 35
b. 30 × 4,7 → 150 15 1 500
c. 50 × 8,9 → 4,5 450 45
d. 70,3 × 4 → 2,8 28 280

Poser la multiplication

14 ** **Pose ces multiplications et calcule-les.**

a. 75 × 6,3
b. 74 × 2,42
c. 46 × 8,9
d. 75,24 × 63
e. 102 × 3,7
f. 95,04 × 53

15 ** En 2002, la France a abandonné le franc pour une nouvelle monnaie, l'euro. 1 euro équivaut à 6,56 francs. Combien aurait coûté en francs :

a. un abonnement au câble à 22 € ?
b. un téléphone portable à 45 € ?
c. un ordinateur à 1 563 € ?

Multiplier un nombre décimal par 10, 100, 1 000

16 * **Multiplie ces nombres par 10, puis par 100.**

a. 1,2 – 5,4 – 15,6 – 8,9 – 58,6 – 14,3
b. 5,75 – 8,74 – 6,78 – 46,23 – 812,45
c. 0,14 – 0,45 – 15,36 – 0,4 – 0,12 – 0,01

17 * Ce mois-ci, Jérôme le boulanger a vendu 1 000 baguettes à 0,90 €, 10 pains spéciaux à 3,50 € et 100 croissants à 1,80 €. Combien a-t-il gagné en tout ?

Diviser sans poser l'opération

18 * **Trouve la moitié de ces mesures.**

a. 9 m
b. 3 kg
c. 7 L
d. 1 L
e. 5 kg
f. 13 m

19 ** **Combien coûtent à l'unité :**

a. 2 stylos à 3 € ?
b. 2 boîtes de crayons de couleur à 13 € ?
c. 2 gommes à 1 € ?
d. 2 critériums à 5 € ?

Poser la division

20 * **Pose et calcule au dixième près.**

a. 45 divisé par 7
b. 148 divisé par 9
c. 29 divisé par 4
d. 60 divisé par 8
e. 75 divisé par 4
f. 149 divisé par 4

21 ** Marcel s'est acheté une nouvelle voiture à 8 733 €. Combien paiera-t-il en 6 mensualités ? en 12 mensualités ?

22 *** Les glaciers du Kilimandjaro, le plus haut sommet d'Afrique, ont perdu 1 700 cm d'épaisseur de neige depuis 40 ans ! Quelle épaisseur (en centimètres) ont-ils perdue en moyenne par an ?

Connaître le vocabulaire et les instruments de la géométrie

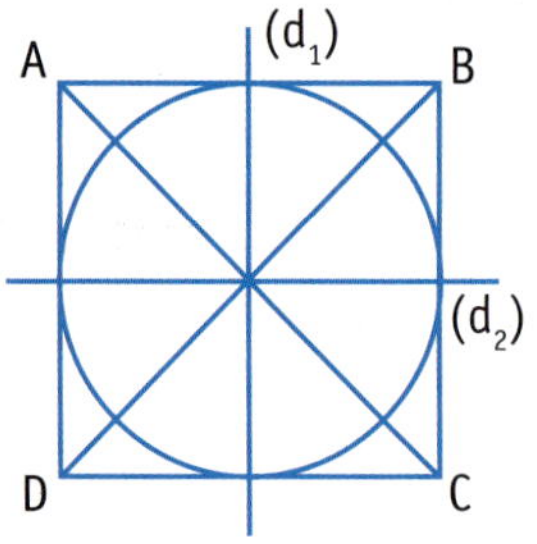

- *point*
- *sommet*
- *droite*
- *segment*
- *milieu*
- *côté*
- *triangle*
- *carré*
- *cercle*
- *centre*
- *diagonale*
- *angle*

Cherchons

→ **Thomas veut reproduire la figure. Quels instruments va-t-il utiliser ?**

→ **S'il la décrit, quels mots va-t-il utiliser ?**

En **géométrie**, il faut être attentif lors de la lecture des consignes et très précis quand on utilise le **vocabulaire** :

un point A	**une droite (d)**	**des points alignés**
× A	(d)	A B C
un segment [AB]	**le milieu I de [AB]**	**un angle $\hat{A}$ formé par deux demi-droites**
A B	A I B Le signe I signifie que [AI] et [BI] ont la même longueur.	$\hat{A}$

La figure ABCD a **4 sommets** : les points A, B, C, D.
Elle a **4 côtés** : les segments [AB], [BC], [CD] et [DA].

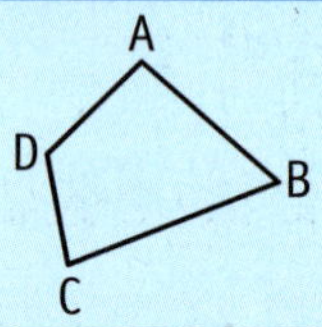

La **règle** sert à mesurer, tracer et vérifier un alignement de points.
L'**équerre** sert à vérifier des angles droits et à tracer.
Le **compas** sert à tracer des cercles, à comparer des longueurs et à les reporter.

Connaître le vocabulaire

1 * **Quel élève a bien lu la consigne ?**

« Trace un carré ABCD et place le milieu I du segment [BC]. »

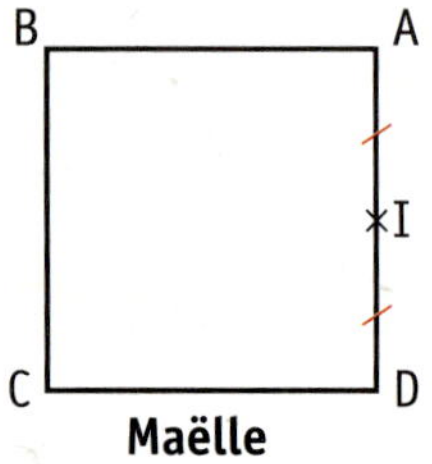

Maëlle

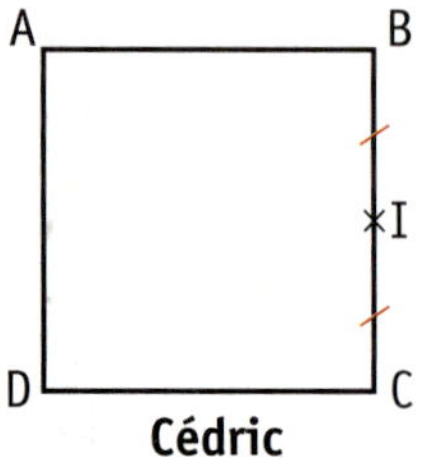

Cédric

2 * **Quelle consigne a été donnée pour réaliser ce tracé ?**

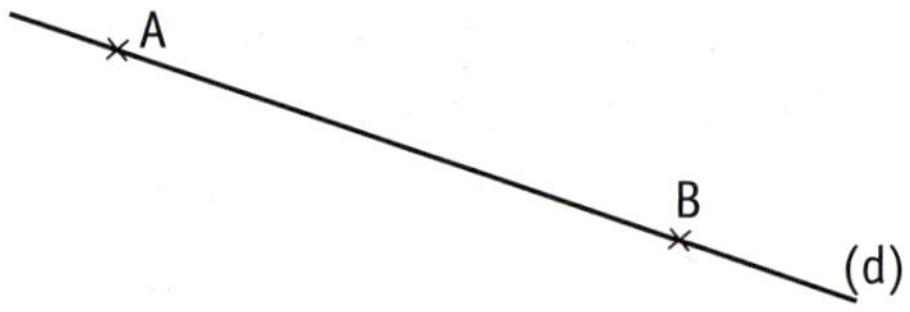

a. *« Trace un segment [AB] de 4 cm et place son milieu D. »*

b. *« Trace une droite (d). Marque deux points A et B sur cette droite tels que AB = 4 cm. »*

3 ** **Vrai ou faux ?**

a. Un segment est limité par 2 points.
b. Les côtés d'un carré sont des segments.
c. On peut mesurer une droite.
d. Si quatre points sont sur la même droite, ils sont alignés.
e. Un angle est un point.
f. Les sommets d'un quadrilatère sont des points.

4 ** **Associe le codage à ce qu'il désigne.**

A •	• une droite
(a) •	• un segment
[AB] •	• un point

5 ** Observe cette figure.

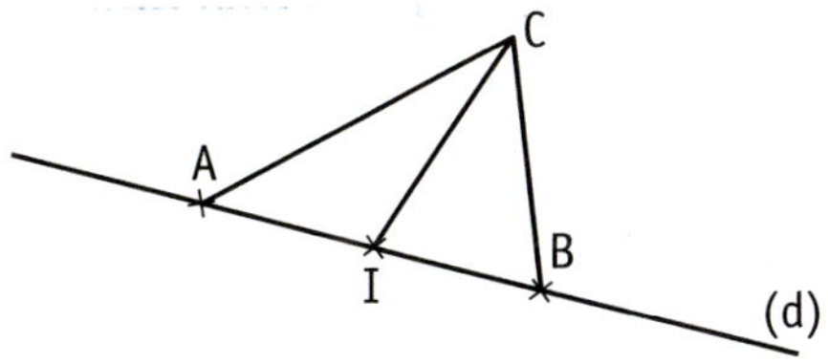

Recopie et complète avec les mots :

un sommet *un point* *un segment*
une droite *le milieu*

a. (d) est … .
b. [AB] est … .
c. I est … de [AB].
d. C est … .
e. C est … du triangle ACB.

6 ** **Trace un segment [CD] de 4 cm. Place son milieu I. Trace une droite (a) qui passe par I.**

Connaître et utiliser les instruments de la géométrie

7 * **Quels instruments a-t-on utilisés pour réaliser ces figures ?**

A

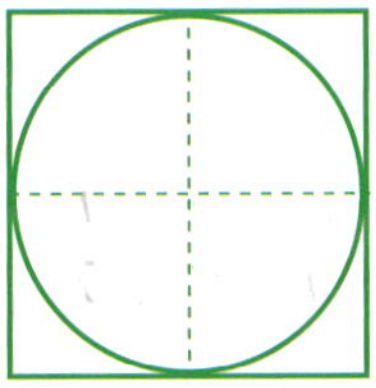

B

8 ** **Quel(s) instrument(s) dois-tu utiliser pour :**

a. tracer une droite ?
b. tracer un arc de cercle ?
c. construire un carré ?
d. comparer des longueurs ?

9 ** **Cet angle est-il droit ? Vérifie-le à l'aide de ton équerre.**

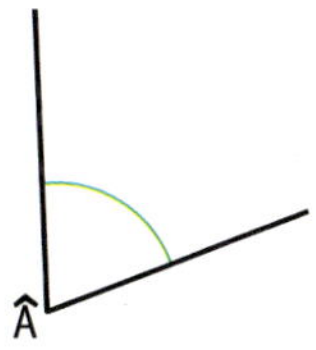

10 ** **Quel est le segment le plus long ? Aide-toi de ton compas.**

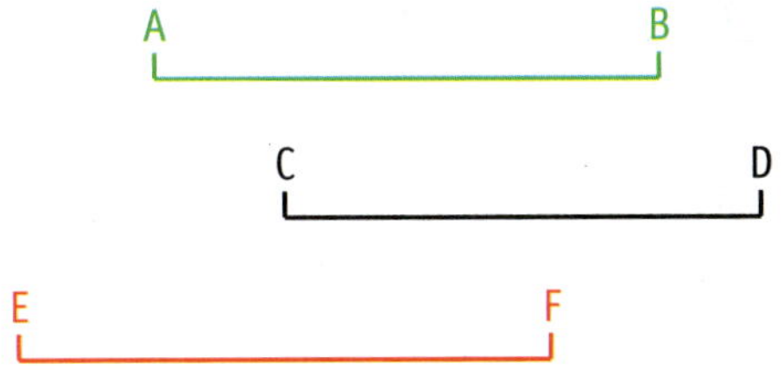

11 *** **Reproduis cette figure.**

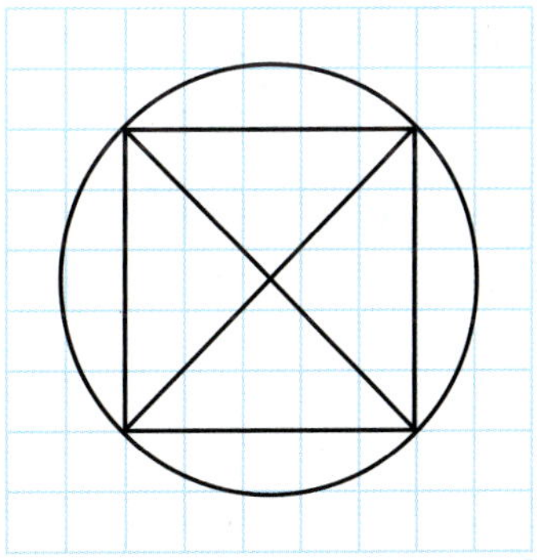

Défi **Sur une feuille blanche, reproduis cette figure aux dimensions de ton choix.**

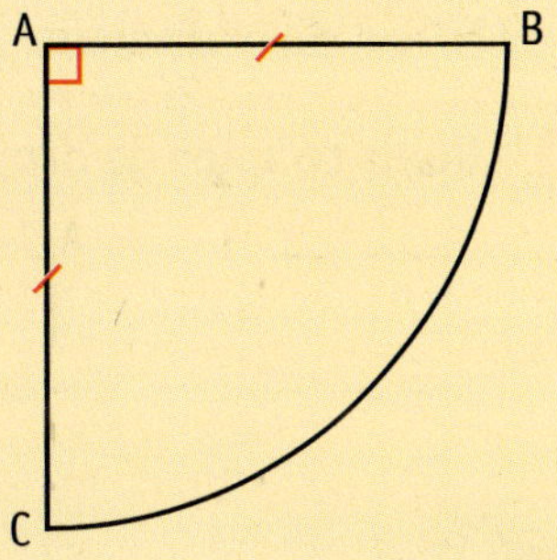

Identifier et tracer des droites perpendiculaires

Sur cette piste de ski, on a planté des piquets pour le super slalom.

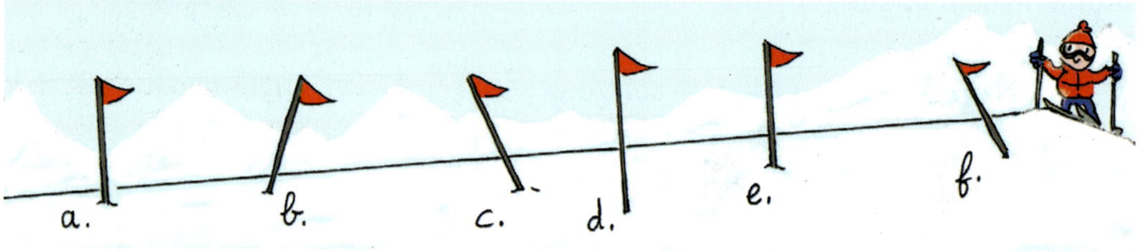

Cherchons

→ **Quels piquets forment un angle droit avec la piste ?**

→ **Comment peux-tu le vérifier ?**

▸ **Deux droites sont perpendiculaires si elles se coupent en formant des angles droits.**

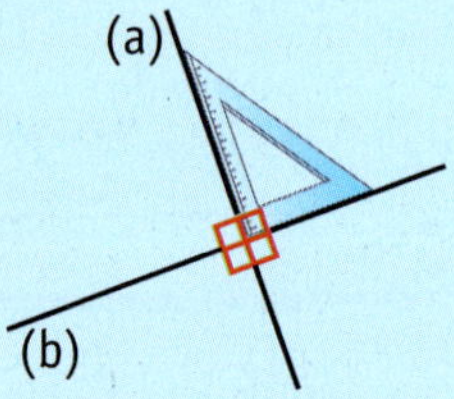

Les droites (a) et (b) sont perpendiculaires.
On note (a) ⊥ (b).

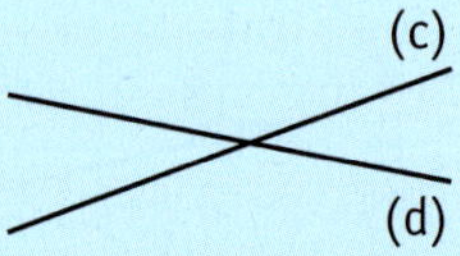

Les droites (c) et (d) ne sont pas perpendiculaires.

▸ Pour **vérifier** que deux droites sont perpendiculaires, on utilise l'**équerre**.

▸ Pour **tracer des droites perpendiculaires** :

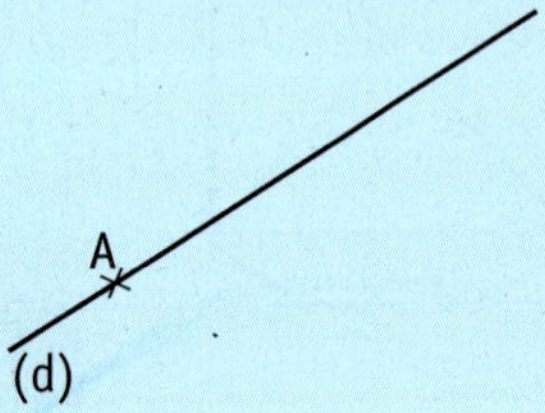

1 On trace une droite. On marque un point sur la droite.

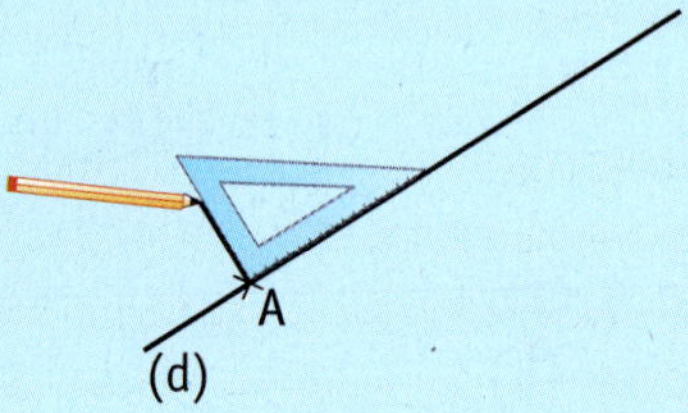

2 On place l'angle droit de l'équerre. On trace la seconde droite.

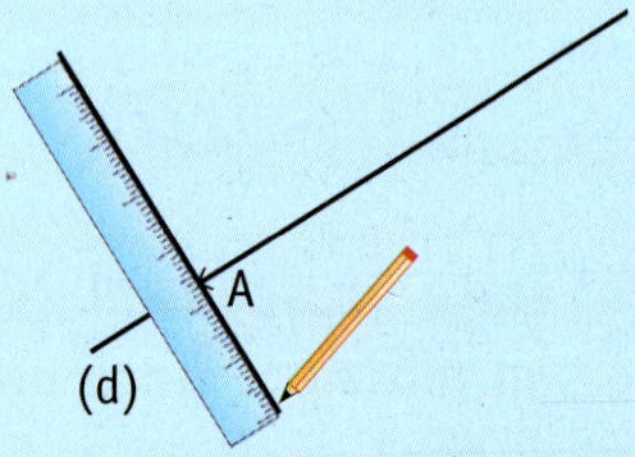

3 On prolonge la seconde droite avec la règle.

Identifier des droites perpendiculaires sans instruments

1 * **Quels couples de droites sont perpendiculaires ?**

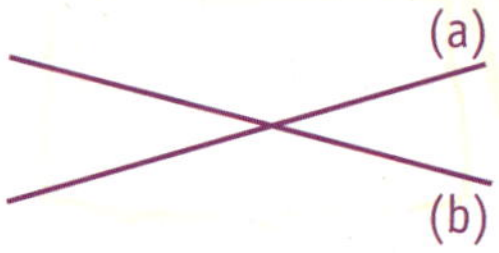

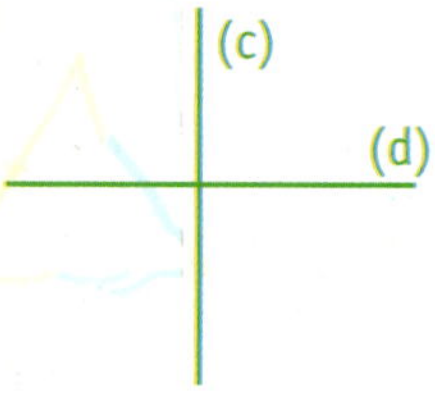

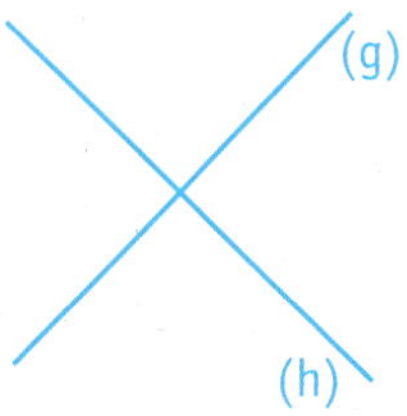

Vérifier que deux droites sont perpendiculaires

2 * **a.** Sur ce plan, identifie les angles droits à l'aide de ton équerre et nomme-les.

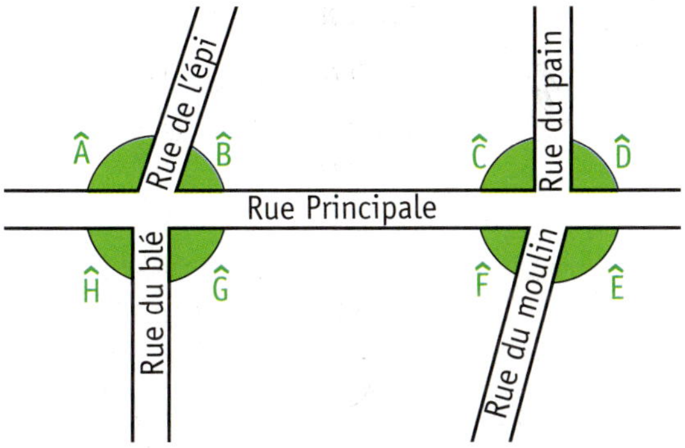

b. Indique les rues qui sont perpendiculaires entre elles.

3 ** **À l'aide de ton équerre, cherche les droites perpendiculaires à la droite rouge.**

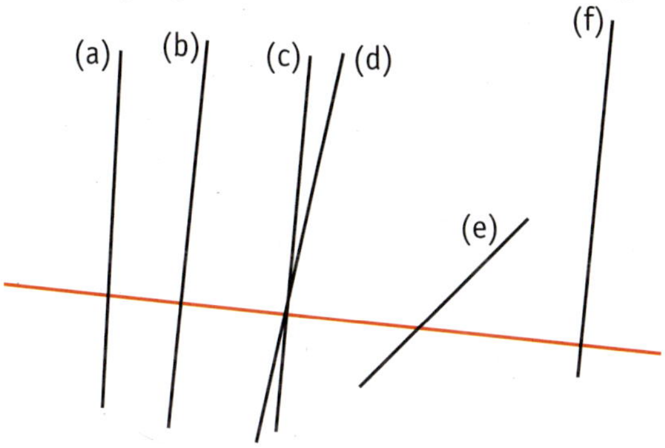

4 ** Sur une feuille à petits carreaux :

- Trace un carré ABCD de 4 carreaux de côté.
- Trace un rectangle EFGH de 4 carreaux de long sur 3 carreaux de large.
- Trace leurs diagonales. Sont-elles perpendiculaires ?

Tracer des droites perpendiculaires

5 * **Trace deux droites comme ci-dessous.**

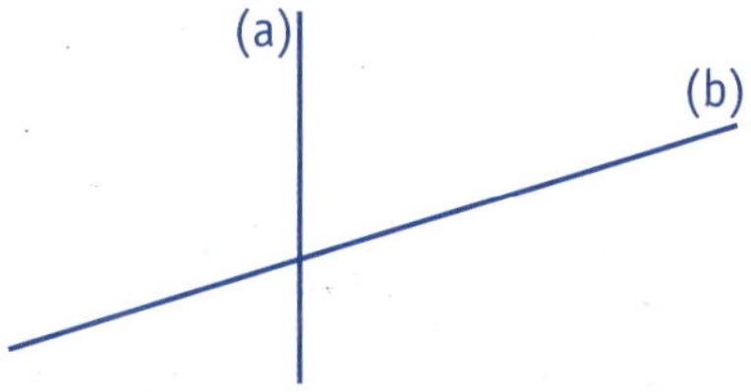

Trace une droite perpendiculaire à chacune d'elles.

6 ** Sur une feuille blanche :

- Trace une droite (d).
- Sur cette droite, marque 3 points : A, B et C.
- Trace trois droites perpendiculaires à (d) qui passent par chacun de ces points.

7 ** **a.** Sur une feuille blanche, trace une droite (d) et marque deux points A et B comme sur la figure ci-dessous.

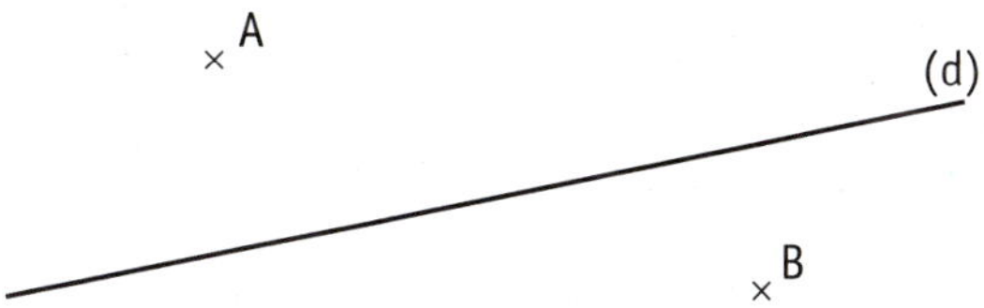

b. Trace une droite (a) perpendiculaire à (d) passant par A.
c. Trace une droite (b) perpendiculaire à (d) passant par B.
d. Marque un point C où tu veux et trace la droite (c) perpendiculaire à (d) passant par C.

8 *** Sur une feuille blanche :

- Trace une droite (d). Sur cette droite, place deux points A et B, tels que AB = 3 cm.
- Trace une droite (d_1) perpendiculaire à (d) passant par le point B.
- Trace une droite (d_2) perpendiculaire à (d) passant par le point A.
- Marque un point E sur (d_2), 2 cm en dessous du point A.
- Marque un point F sur (d_1), 2 cm en dessous du point B.
- Relie les points E et F.

Quelle figure est formée par les points ABFE ?

Défi **Reproduis cette figure.**

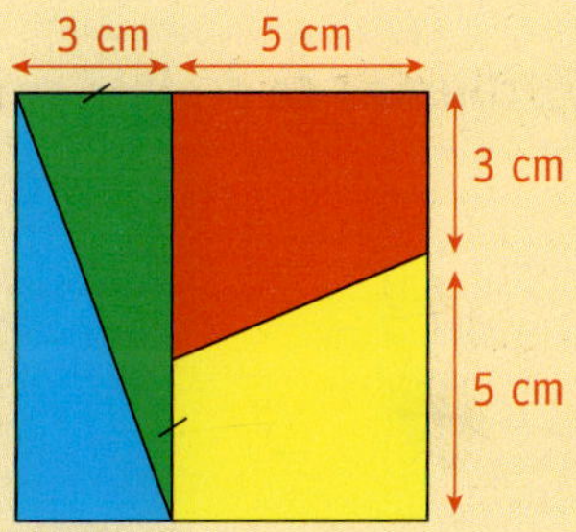

Identifier et tracer des droites parallèles

Cherchons

→ Lorsqu'il a découvert l'accrochage de ses tableaux, l'artiste s'est mis très en colère. Pourquoi ?

→ Sur quel tableau faudrait-il prendre exemple ? Pourquoi ?

→ Comment faire pour que tous les tableaux soient comme sur cet exemple ?

Deux droites parallèles ont toujours le même écartement : elles ne se coupent pas, même si on les prolonge.

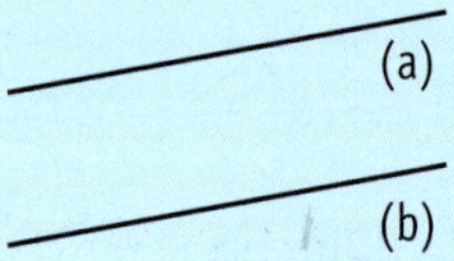

Les droites (a) et (b) sont parallèles.
On note (a) // (b).

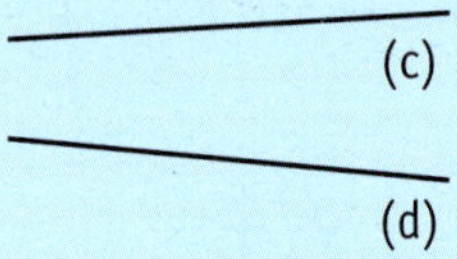

Les droites (c) et (d) ne sont pas parallèles.

Pour vérifier que les droites (a) et (b) sont parallèles, on place la règle et l'équerre de façon perpendiculaire à la droite (b) et on mesure l'écartement à deux endroits différents.

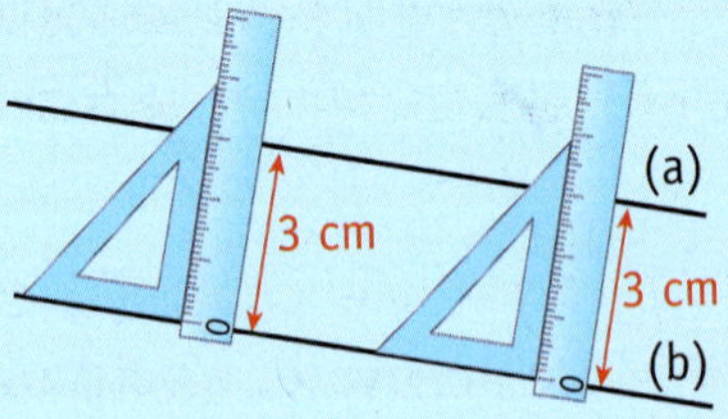

Pour tracer deux droites parallèles :

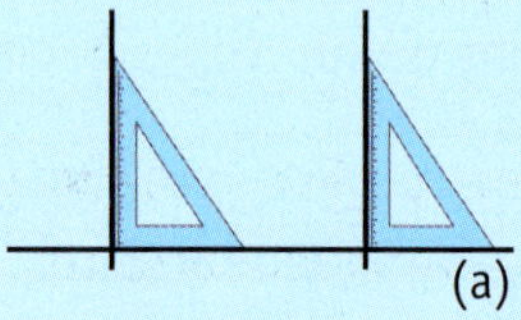

1 On trace une droite (a). Avec l'équerre, on trace deux droites perpendiculaires.

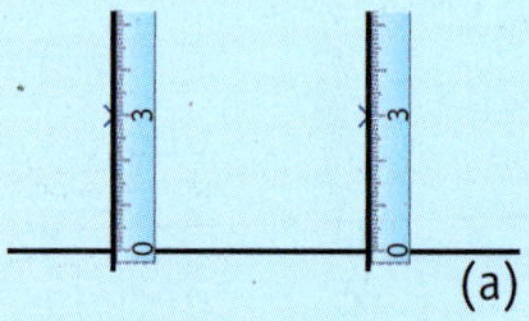

2 Avec la règle, on mesure deux fois le même écartement et on les signale par deux points.

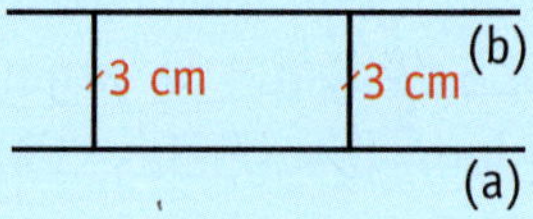

3 On trace une droite (b) passant par les deux points.

Identifier des droites parallèles sans instruments

1 * **Deux couples de droites sont parallèles. Lesquels ?**

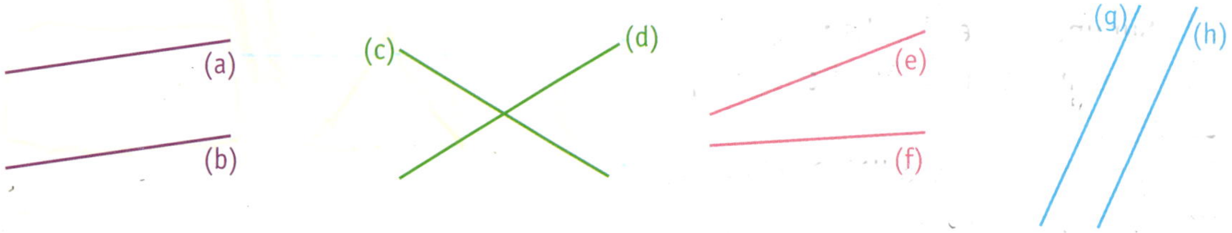

Vérifier que des droites sont parallèles

2 ** **Observe le plan des lignes de bus, puis réponds par vrai ou faux.**

a. Les lignes 2 et 4 sont parallèles.
b. La ligne 1 est parallèle à la ligne 4.
c. La ligne 2 n'est pas parallèle à la ligne 1.
d. Les lignes 3 et 5 sont parallèles.

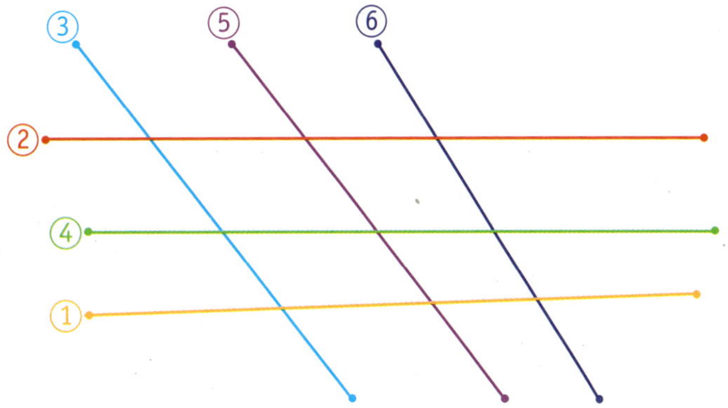

3 ** **À l'aide de ta règle et de ton équerre, cherche les droites parallèles à (d).**

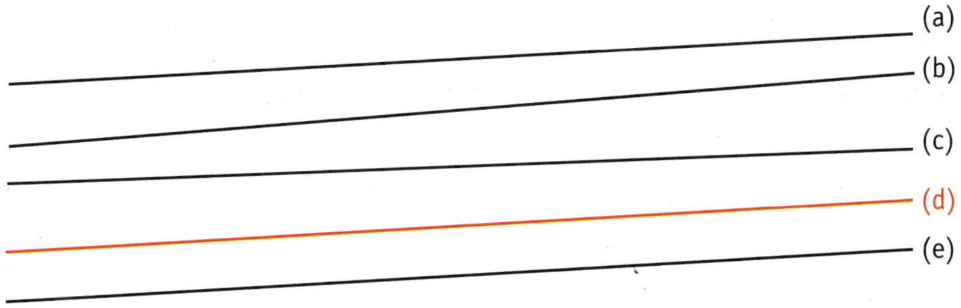

Tracer des droites parallèles

4 * **Trace deux droites parallèles (a) et (b) qui ont un écartement de 4 cm.**

5 ** Trace une droite (d) et place les points A et B comme sur la figure ci-dessous.

Trace une droite (e) parallèle à (d) passant par A et une droite (f) parallèle à (e) passant par B.
Que peux-tu dire de (d) et de (f) ?

6 ** Sur une feuille blanche :
- Trace une droite (a) et une droite (b) qui se coupent.
- Trace une droite (c) parallèle à (a) et une droite (d) parallèle à (b).

7 *** **Mesure, puis reproduis cette figure.**

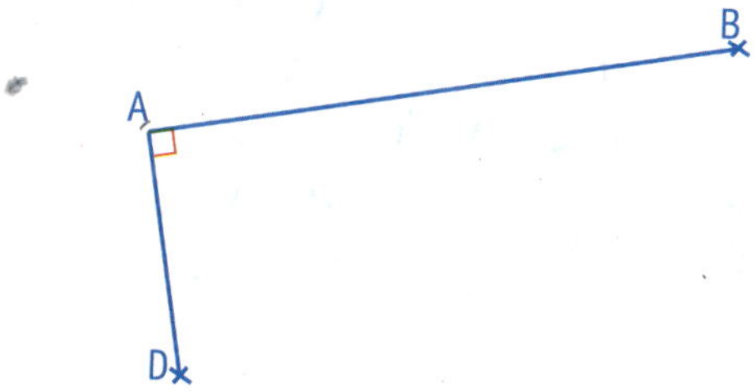

a. Trace le segment [DC] parallèle au segment [AB] d'une longueur de 5 cm.
b. Relie les points B et C. Quelle figure obtiens-tu ?
c. Que peux-tu dire de [AD] et de [BC] ?

Défi **Sur une feuille blanche, reproduis et poursuis cette frise à l'aide de tes instruments.**

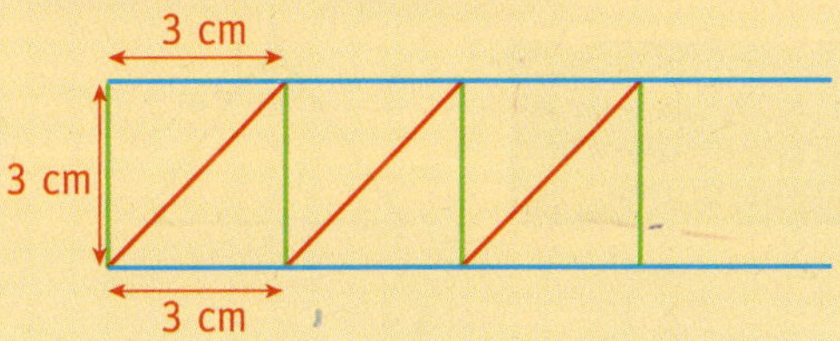

Identifier et tracer des axes de symétrie

Une classe de CM1 a visité les jardins de la villa Arnaga, à Cambo-les-Bains.
Des élèves les ont reproduits sur du papier calque et ont tracé des axes de symétrie.

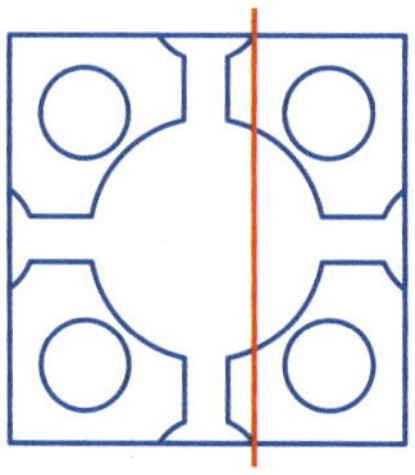
Antoine

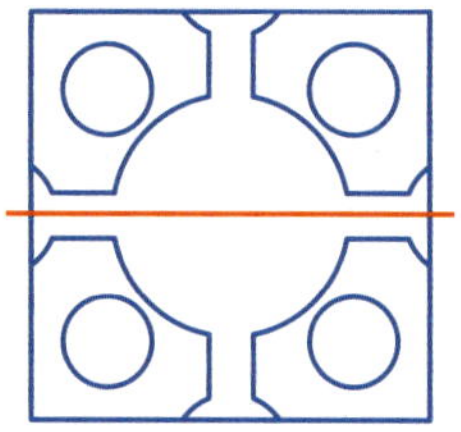
Cécile

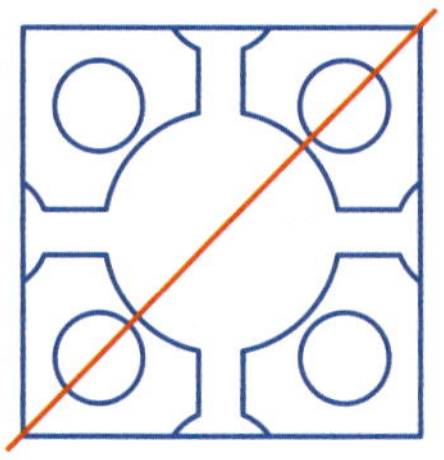
Tom

Cherchons

→ **Qu'observe-t-on si l'on plie chaque dessin le long de la droite rouge ?**
→ **Quels élèves ont tracé des axes de symétrie ? Pourquoi ?**
→ **Peux-tu trouver d'autres axes de symétrie ?**

- **L'axe de symétrie est une droite qui partage une figure en deux parties parfaitement superposables par pliage.**
- Une figure géométrique peut avoir plusieurs axes de symétrie ou n'en avoir aucun.

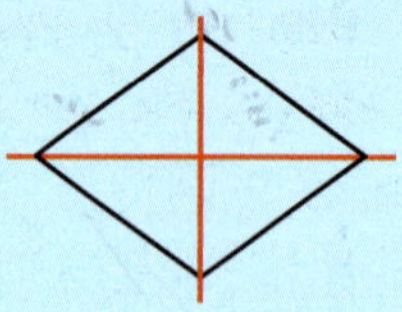
Cette figure a 2 axes de symétrie.

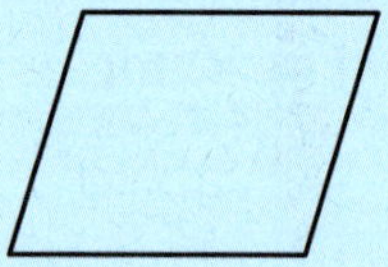
Cette figure n'en a aucun.

- **Deux figures peuvent être symétriques l'une par rapport à l'autre.** Elles sont alors à la même distance de l'axe. Si l'on décalque et si l'on plie sur l'axe, elles se superposent parfaitement.

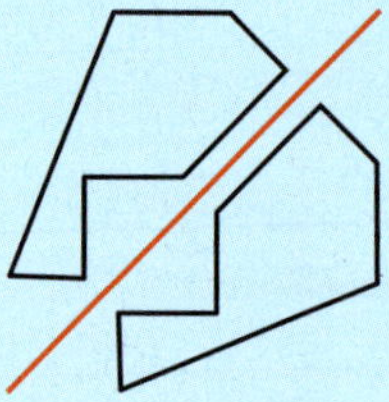

Identifier un axe de symétrie

1 * **Décalque ces figures, plie sur l'axe, puis indique si la droite est un axe de symétrie.**

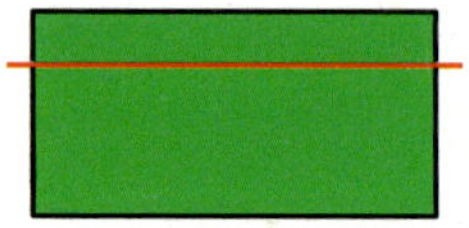
A

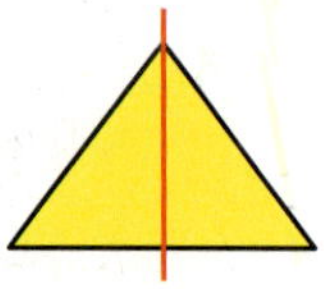
B

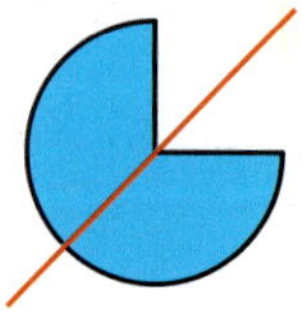
C

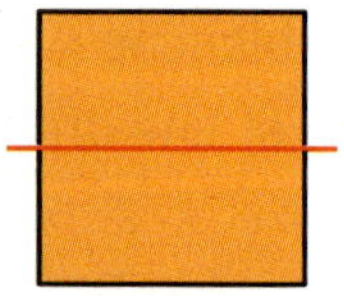
D

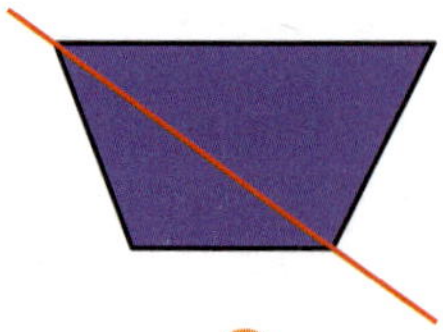
E

2 ** Quelles figures ont pour axe de symétrie la droite rouge ?

Tu peux décalquer les figures et l'axe.

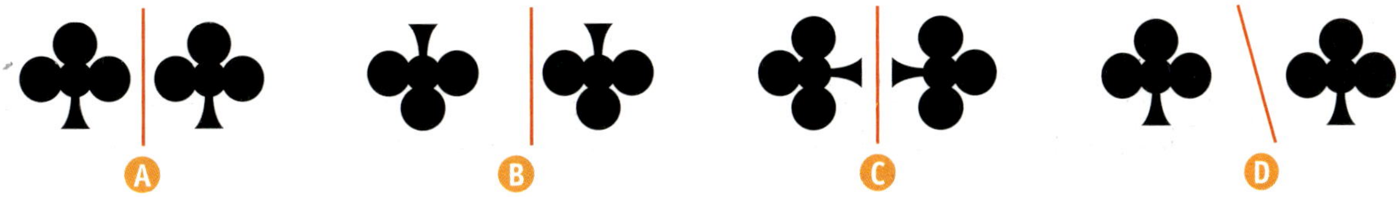

3 ** Quels nombres ont pour axe de symétrie la droite rouge ?

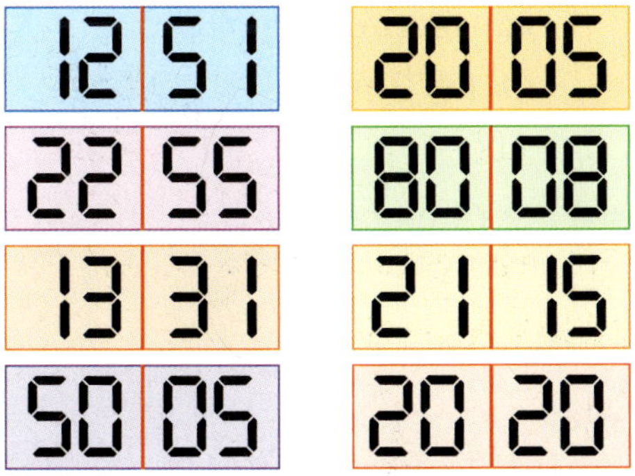

Tracer un axe de symétrie

4 * Décalque ces figures et cherche leur axe de symétrie par pliage.

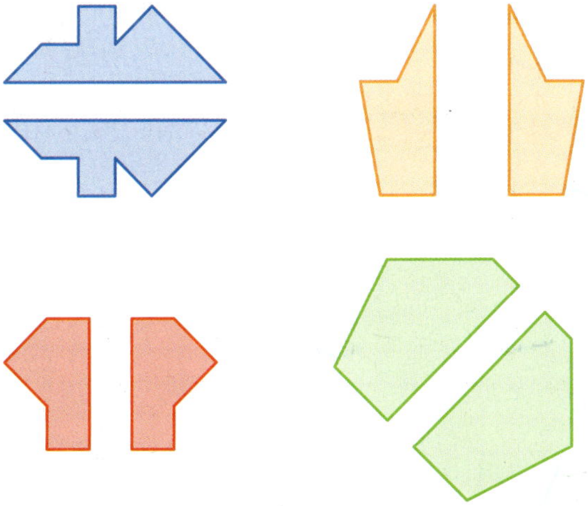

5 ** Reproduis ces figures et trace leur axe de symétrie.

6 *** Reproduis ces figures et trace leur(s) axe(s) de symétrie, quand c'est possible.

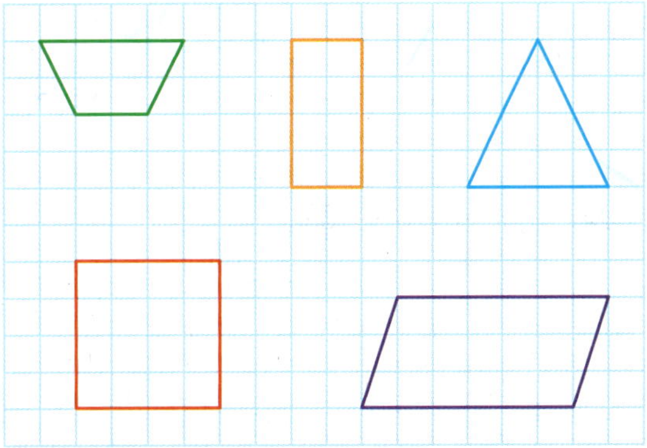

Défi Parmi ces napperons pliés, lequel correspond au modèle ?

Compléter une figure par symétrie

Cherchons

→ Ces deux portraits sont-ils symétriques ? Pourquoi ?

→ Quelles sont les différences ?

→ Comment ferais-tu pour construire le symétrique du portrait de gauche ?

On peut **construire le symétrique d'une figure** par rapport à un axe :

– **par pliage et découpage** :

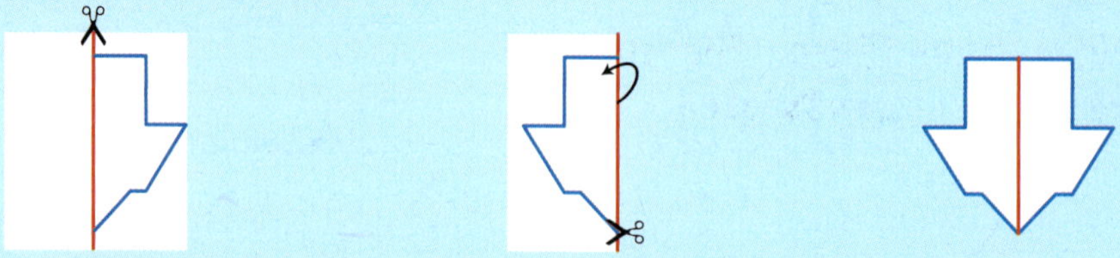

– **à l'aide de papier calque** :

– **en prenant des repères sur un quadrillage** et en reportant les points d'une figure :

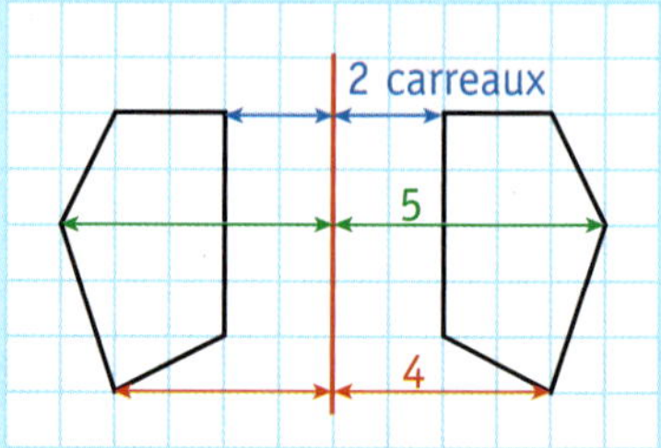

Vérifier qu'une figure est symétrique par rapport à une autre

1 * **Dans quels cas les figures sont-elles symétriques par rapport à l'axe rouge ?**

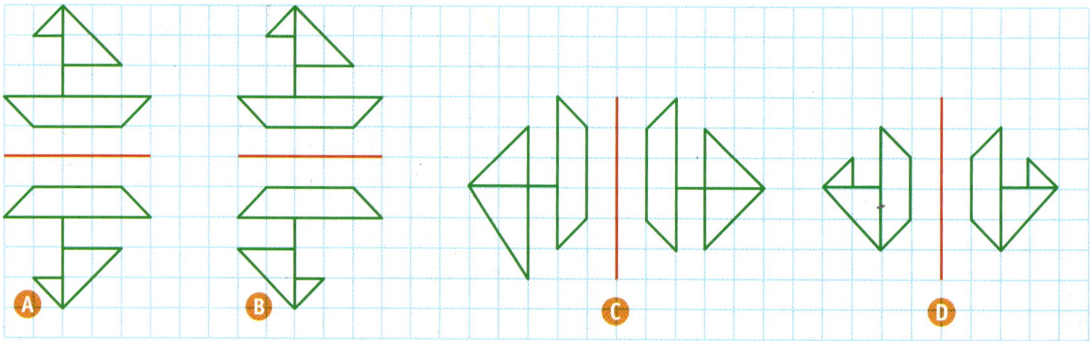

Construire le symétrique d'une figure par pliage et découpage

2 * **Reproduis ces figures. Plie sur l'axe et découpe pour obtenir leur symétrique.**

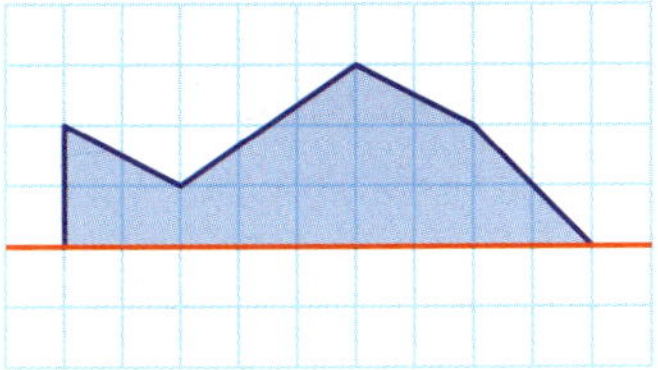

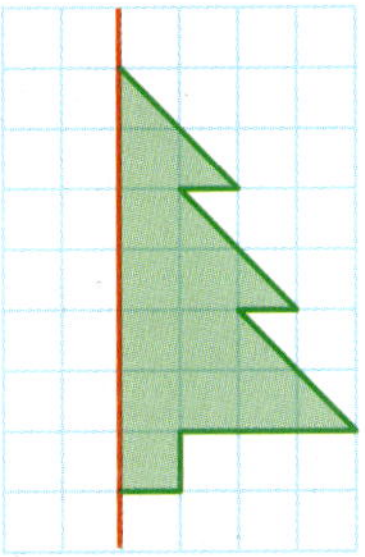

Construire le symétrique d'une figure à l'aide de papier calque

3 ** **Décalque cette figure. Plie sur l'axe, puis décalque son symétrique.**

Construire le symétrique d'une figure sur papier quadrillé

4 * **Reproduis ces figures et trace leur symétrique par rapport à l'axe rouge.**

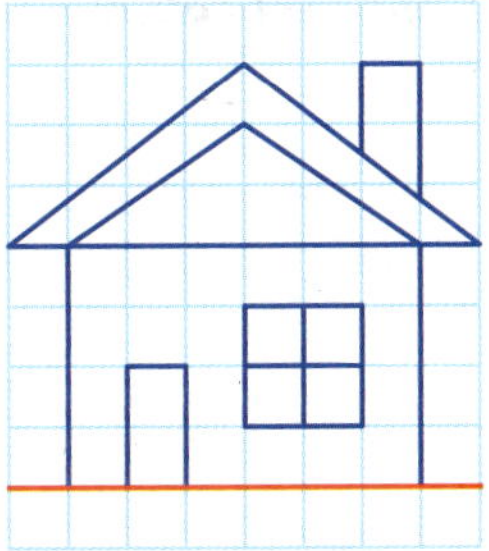

5 ** **Reproduis ces figures et trace leur symétrique par rapport à l'axe rouge.**

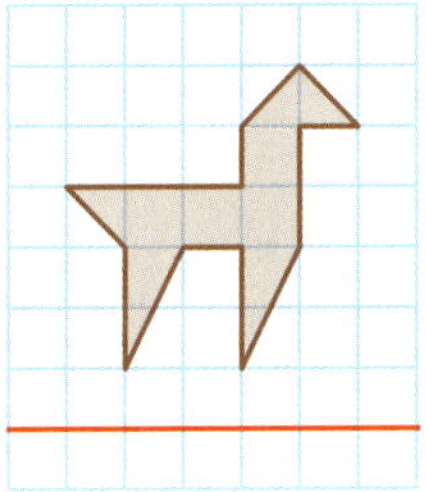

6 ** **Reproduis et poursuis cette frise.**

Chaque droite rouge est un axe de symétrie.

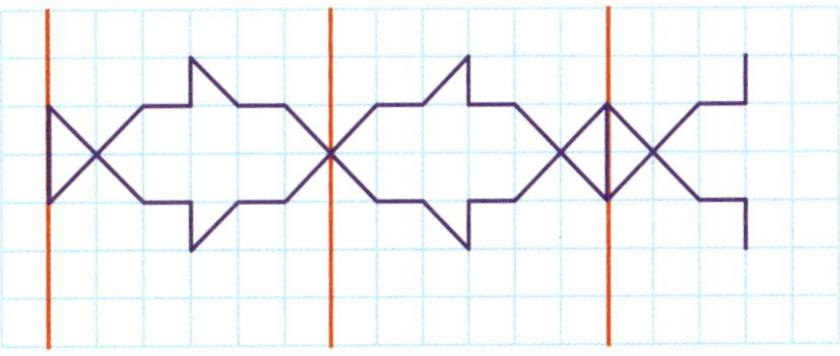

7 *** **Reproduis cette figure. Complète-la par symétrie par rapport à la droite (a), puis par rapport à la droite (b). Colorie-la de façon symétrique.**

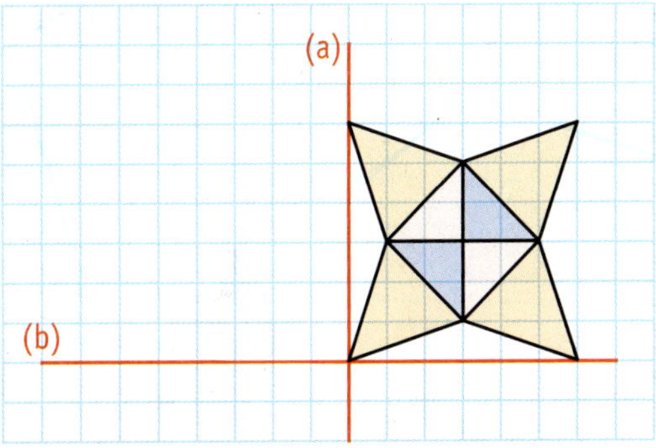

Défi Loan a plié cette feuille en deux et doit la découper en suivant les pointillés. Quelle figure obtiendra-t-elle ? Dessine-la sur une feuille à petits carreaux.

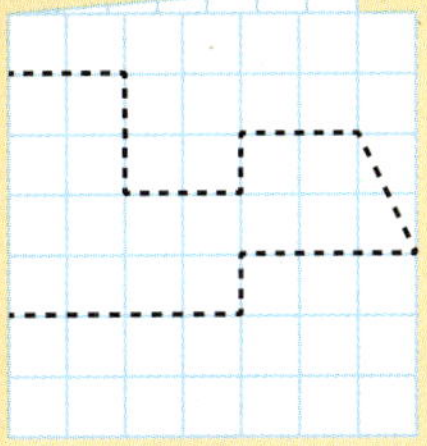

Révisions

Utiliser le vocabulaire et les instruments de la géométrie

1 * **Associe les définitions avec les mots suivants :**

segment *droite* *compas* *équerre*

a. Je suis un morceau de ligne délimité par deux points.
b. Je sers à repérer les angles droits.
c. Je passe par des points alignés.
d. Je sers à comparer des longueurs.

2 ** **Reproduis cette figure.**

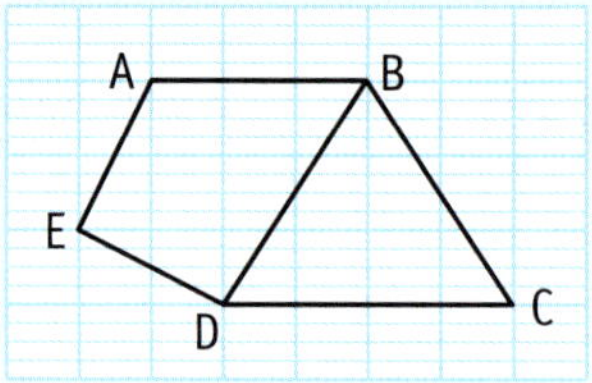

a. Place le point I milieu de [DC].
b. À l'aide de ton compas, cherche quel est le segment le plus long : [BC] ou [AB].

Identifier et tracer des droites perpendiculaires

3 * **À l'aide de ton équerre, cherche les droites perpendiculaires à la droite rouge.**

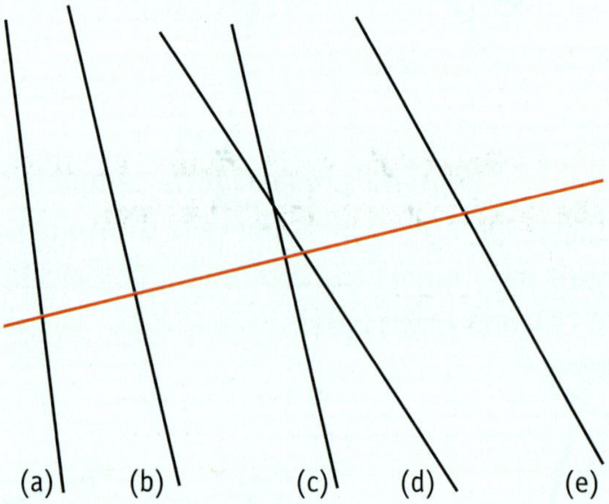

4 ** **Sur une feuille blanche, trace une droite (d) et marque deux points A et B comme sur la figure ci-dessous.**

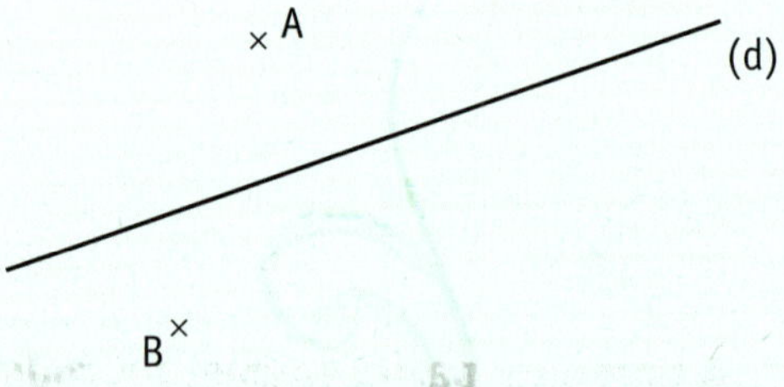

a. Trace une droite (e) perpendiculaire à (d) passant par A.
b. Trace une droite (f) perpendiculaire à (d) passant par B.

Identifier et tracer des droites parallèles

5 * **Observe ces droites, puis réponds par vrai ou faux.**

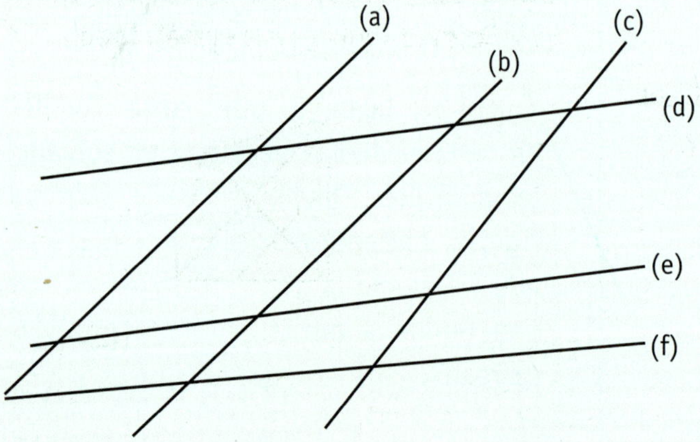

Utilise ta règle et ton équerre pour vérifier que les droites sont parallèles.

a. La droite (a) est parallèle à la droite (b).
b. La droite (f) n'est pas parallèle à la droite (e).
c. La droite (d) est parallèle à la droite (e).
d. La droite (c) est parallèle à la droite (b).

6 ** **a.** Trace une droite (a) perpendiculaire à une droite (d).
Trace une droite (b) parallèle à (d) et une droite (e) parallèle à (a).
b. Que peux-tu dire à propos des droites (b) et (a) ? et des droites (e) et (d) ?

Identifier et tracer des axes de symétrie

7 * **Dans quel cas la droite rouge est-elle un axe de symétrie ?**

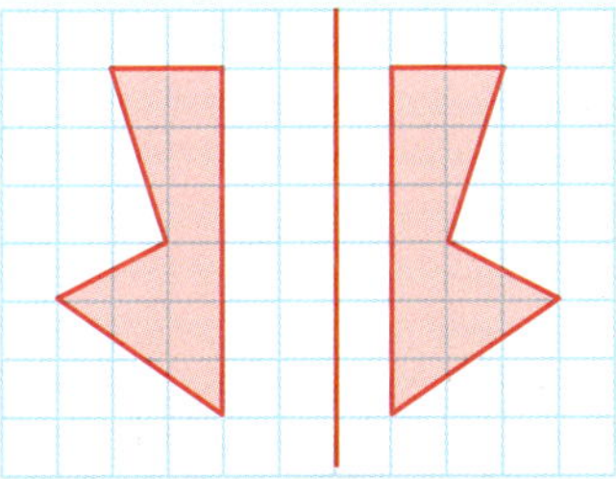

A

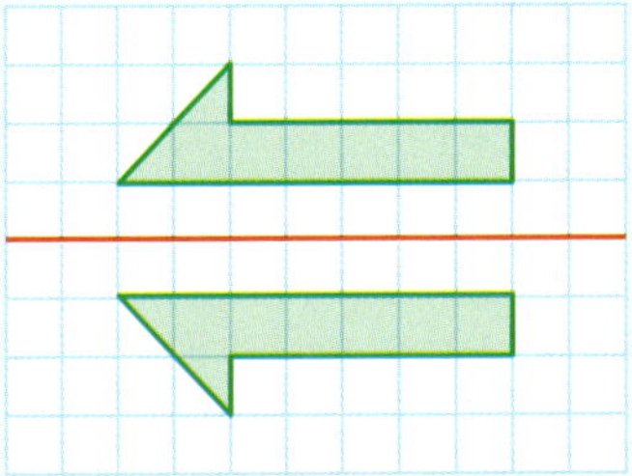

B

C

8 ** **Reproduis ces figures et trace les axes de symétrie quand c'est possible.**

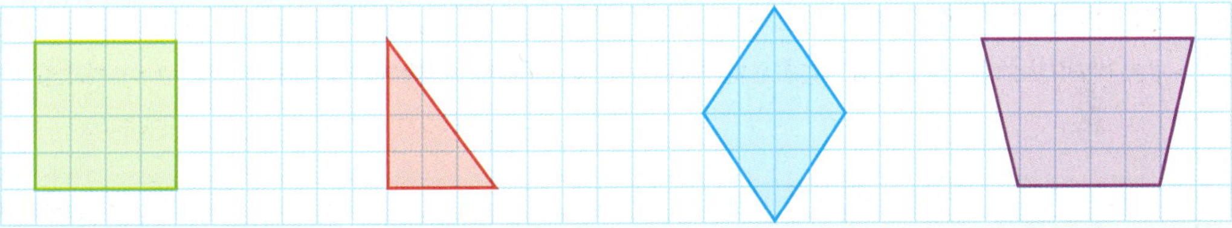

Compléter une figure par symétrie

9 * **À l'aide de papier calque, reproduis cette figure et complète-la par symétrie.**

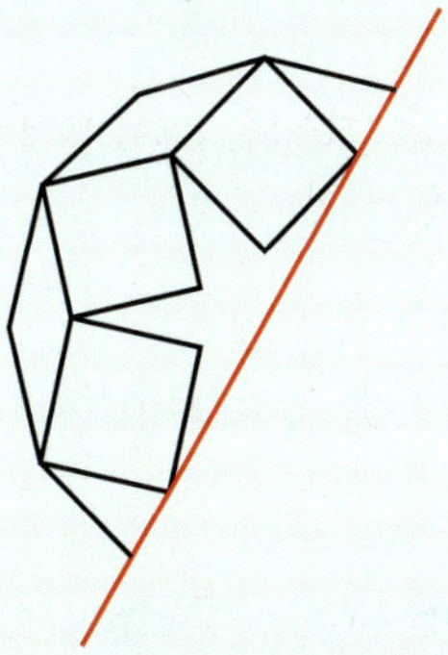

10 ** **Reproduis cette figure. Plie sur l'axe et découpe pour obtenir son symétrique.**

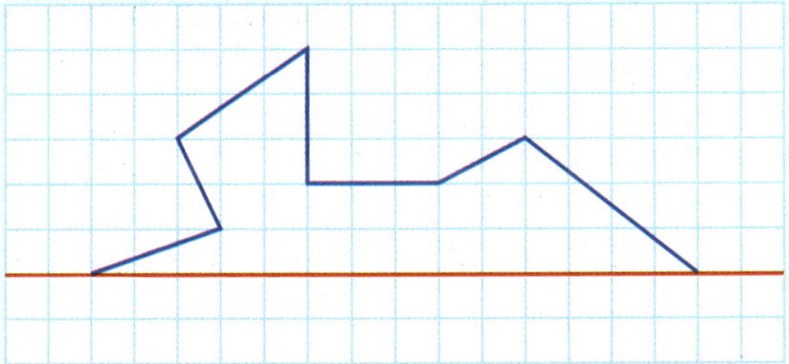

11 ** **Reproduis cette figure et trace son symétrique par rapport à l'axe.**

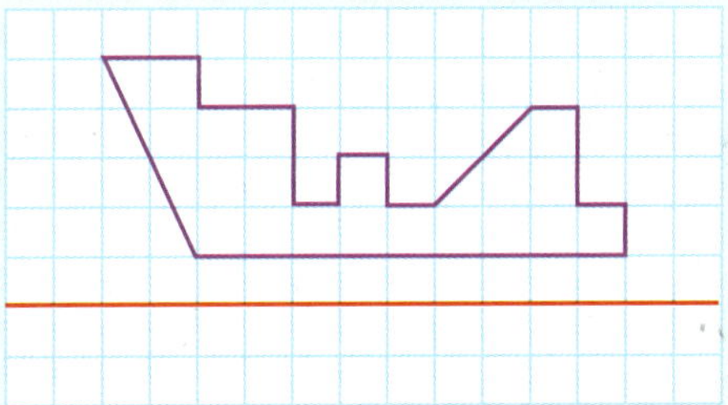

12 *** **Reproduis cette figure. Complète-la par symétrie par rapport à la droite (a), puis par rapport à la droite (b). Colorie-la de façon symétrique.**

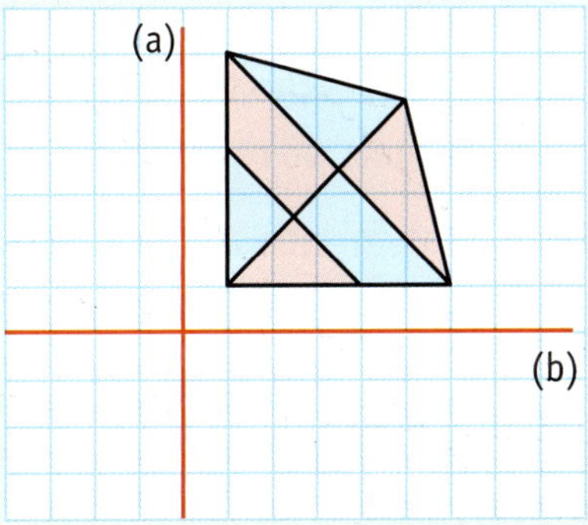

Décrire et reproduire des figures

Anne a tracé une figure. Voici sa description : « *La figure est formée d'un rectangle et d'un demi-cercle. On a tracé les diagonales du rectangle. Le centre du demi-cercle est le milieu d'une largeur du rectangle.* »

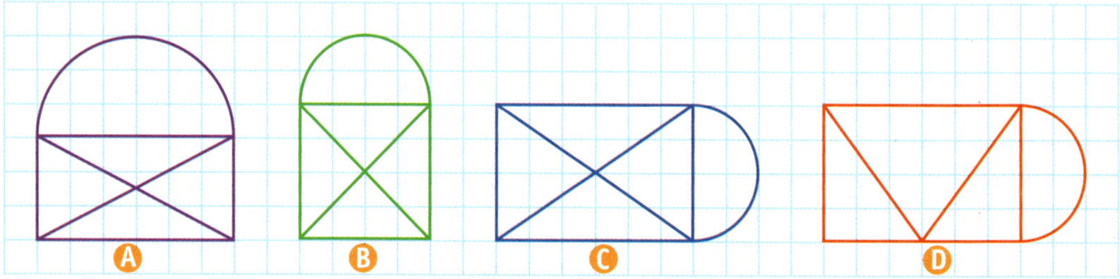

Cherchons

→ **Cherche la figure tracée par Anne. Quelles figures peut-on éliminer ? Pourquoi ?**

→ **À ton tour, choisis l'une des figures proposées et décris-la.**

Pour **décrire une figure**, il faut :
- **relever les informations** nécessaires à sa construction (propriétés, dimensions) ;
- **utiliser le vocabulaire** géométrique approprié.

Ex. :

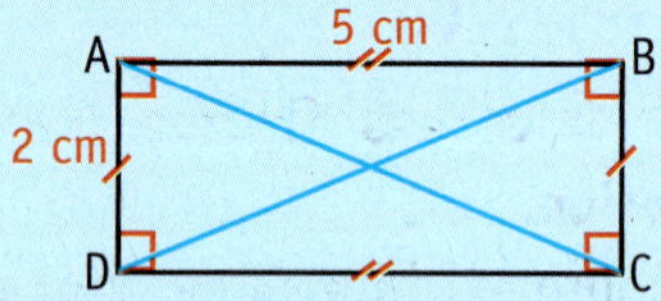

La figure ABCD est un rectangle de 5 cm de longueur sur 2 cm de largeur. Ses diagonales [BD] et [AC] sont tracées.

Pour **reproduire une figure**, il faut :
- **utiliser les outils** nécessaires (règle, équerre, compas…) ;
- **respecter les indications** données par le modèle ou la description.

Associer des figures et des descriptions

1 * **Quelle description correspond à cette figure ?**

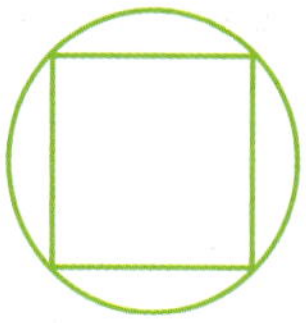

a. La figure est formée d'un rectangle et d'un cercle. Le cercle passe par les quatre sommets du rectangle.

b. La figure est formée d'un carré et d'un cercle. Le cercle est à l'intérieur du carré.

c. La figure est formée d'un cercle et d'un carré. Le cercle passe par les quatre sommets du carré.

2 * **Associe chaque figure à sa description.**

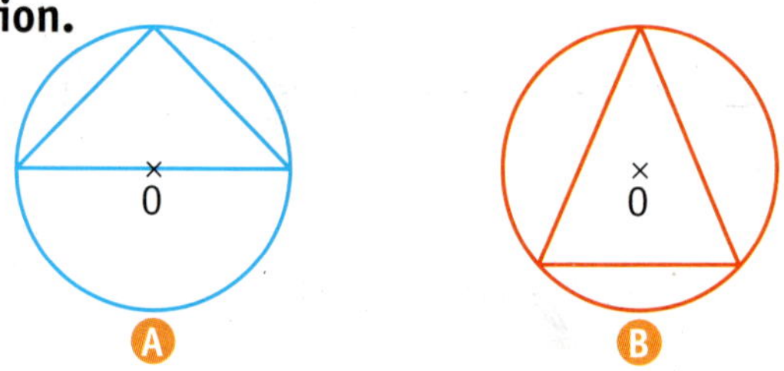

a. La figure est composée d'un triangle et d'un cercle. Un côté du triangle passe par le centre O du cercle.

b. La figure est composée d'un cercle et d'un triangle. Le cercle passe par tous les sommets du triangle.

Décrire une figure

3 * Observe cette figure.

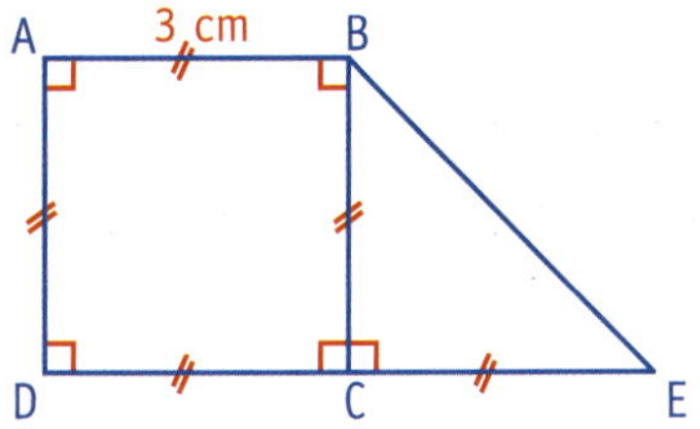

a. Comment s'appelle la figure ABCD ?
b. Quelle est la particularité du triangle BEC ?
c. Quelles sont les dimensions des côtés de la figure ABCD ? Quelle est la dimension du segment [CE] ?
d. Quels instruments sont nécessaires pour reproduire la figure ?

4 ** Observe cette figure.

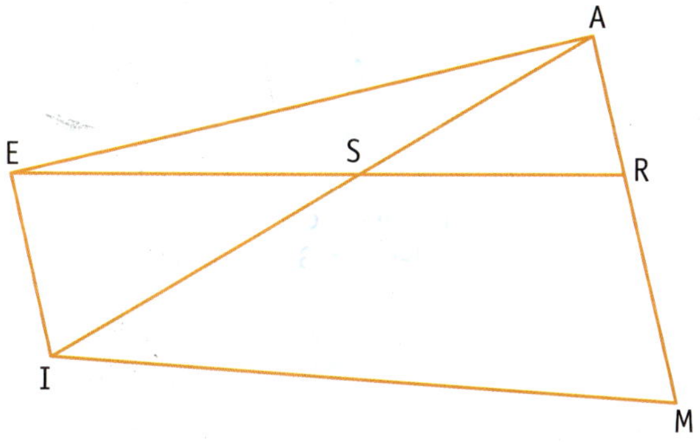

a. Les segments [ER] et [IM] sont-ils parallèles ?
b. Les segments [AM] et [EA] sont-ils perpendiculaires ?
c. Les points A, S et I sont-ils alignés ?
d. Le point R est-il situé au milieu du segment [AM] ?

5 ** **Décris cette figure.**

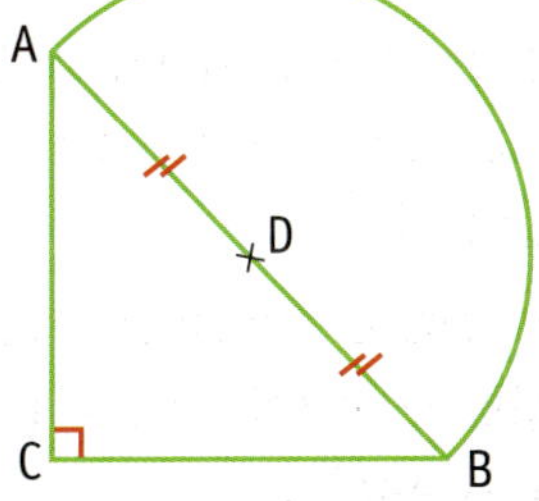

Reproduire une figure

6 ** **a.** Quels instruments vas-tu utiliser pour reproduire cette figure ?

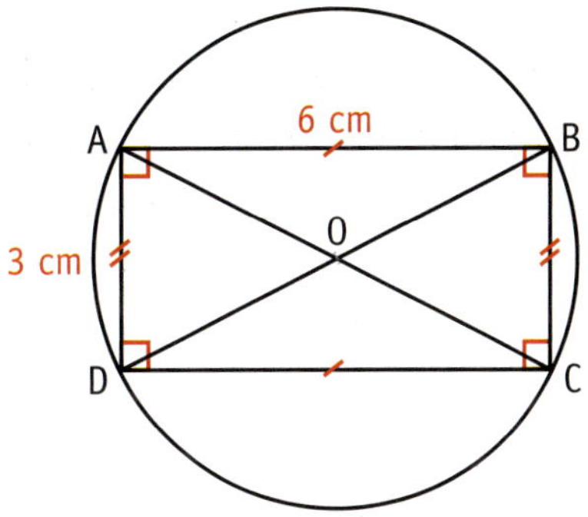

b. Reproduis la figure.

7 ** **a.** De quels instruments as-tu besoin pour tracer cette figure ?

La figure est un carré ABCD. Ses deux diagonales sont perpendiculaires et se coupent en leur milieu. Elles mesurent 8 cm.

b. Que vas-tu tracer en premier ?
c. Trace la figure.

8 *** **Trace ces figures d'après leur description.**
a. La figure est formée de deux carrés de 3 cm de côté qui ont un côté en commun. Ces deux carrés forment un rectangle. On a tracé une diagonale de ce rectangle.
b. La figure est un carré de 4 cm de côté, on a tracé ses deux diagonales et les deux segments qui relient les milieux de ses côtés opposés.

Défi **Reproduis cette figure.**

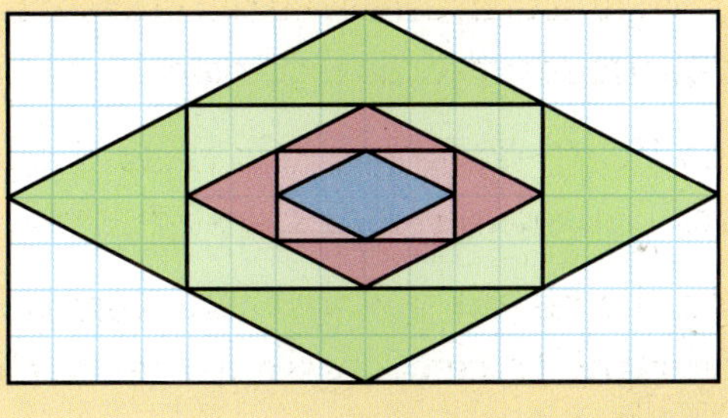

Identifier et construire des polygones

Magali a classé les figures de ce dessin en deux groupes :
– groupe 1 : figures A, B, D, F ;
– groupe 2 : figure C.

Cherchons

→ **Observe les figures de chaque groupe et définis leurs points communs.**

→ **Es-tu d'accord avec le classement de Magali ?**

→ **Dans quel groupe placerais-tu la figure E ?**

Un polygone est une figure formée par une ligne brisée et fermée.

La figure ABCDE est un polygone qui a cinq côtés.
E est un de ses sommets.
[AB] est un de ses côtés.
[AD] et [AC] sont des diagonales : elles relient deux sommets non consécutifs du polygone.

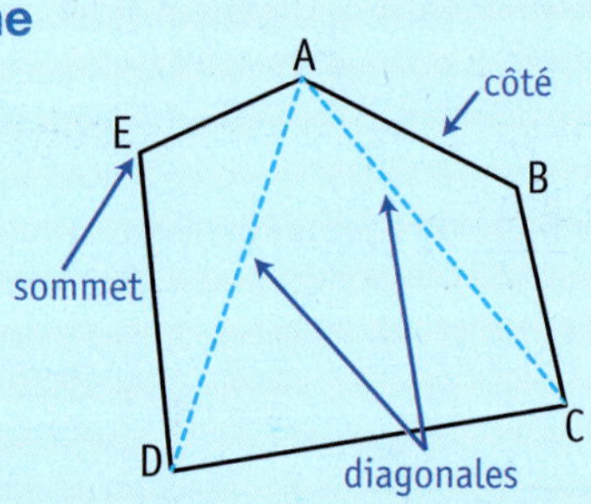

Les polygones ont des noms différents selon leur nombre de côtés.

Le triangle	Le quadrilatère	Le pentagone	L'hexagone	L'octogone
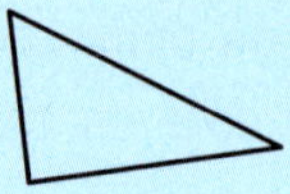	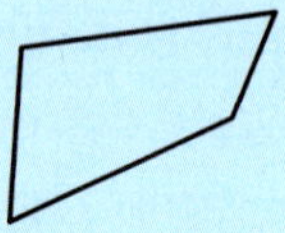	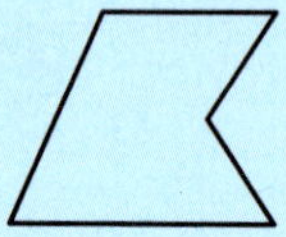	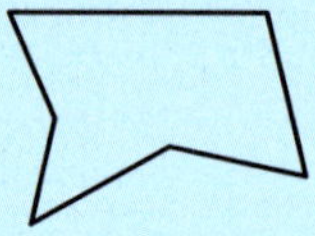	
3 côtés	4 côtés	5 côtés	6 côtés	8 côtés

Identifier des polygones

1 * **Parmi ces figures, lesquelles sont des polygones ?**

2 * **Vrai ou faux ?**

a. Le cercle est un polygone.
b. Un côté d'un polygone est un segment.
c. Le carré est un quadrilatère.
d. L'octogone a 8 côtés et 8 sommets.
e. Un polygone est une ligne brisée ouverte.
f. Un hexagone est un polygone à 6 côtés.
g. La diagonale est un segment qui relie deux sommets consécutifs.

Deux sommets consécutifs sont deux sommets qui se suivent.

3 * **Indique pour chaque polygone :**
– son nombre de côtés ;
– son nombre de sommets ;
– son nom.

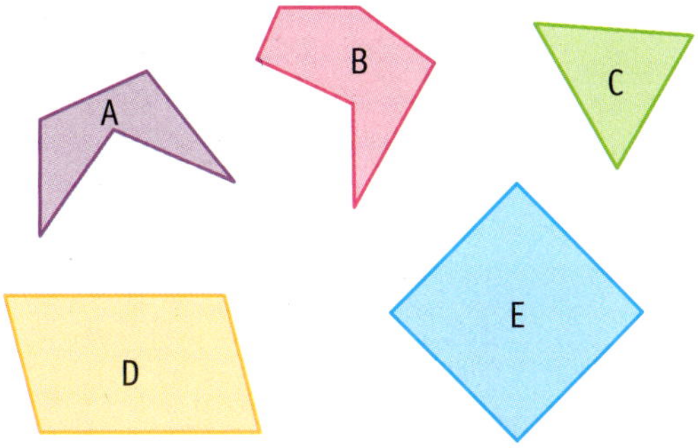

4 ** Sur ce plan de maison :

a. Quelles pièces ont la forme d'un triangle ? d'un quadrilatère ? d'un pentagone ? d'un hexagone ? d'un octogone ?

b. Comment appelle-t-on le polygone E ? le polygone F ?

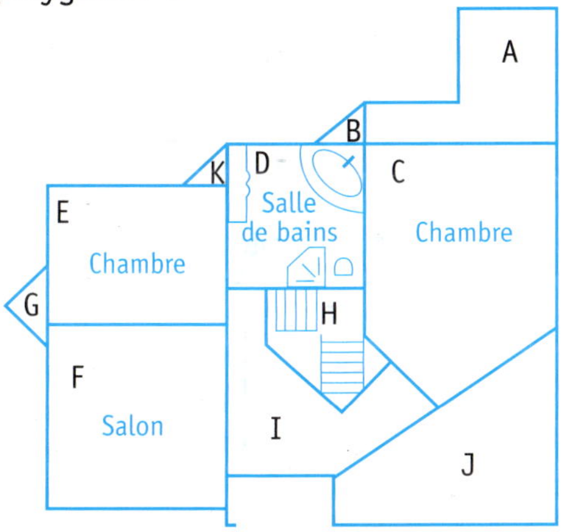

5 ** **Je suis un polygone, je possède quatre côtés et je n'ai pas deux côtés parallèles. Qui suis-je ?**

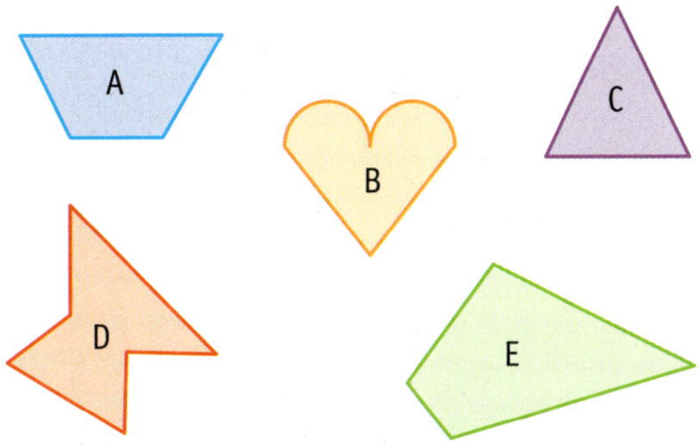

Tracer des polygones

6 ** **Reproduis et termine de tracer ces polygones pour obtenir :**

a. un triangle.
b. un pentagone.
c. un hexagone.
d. un quadrilatère.

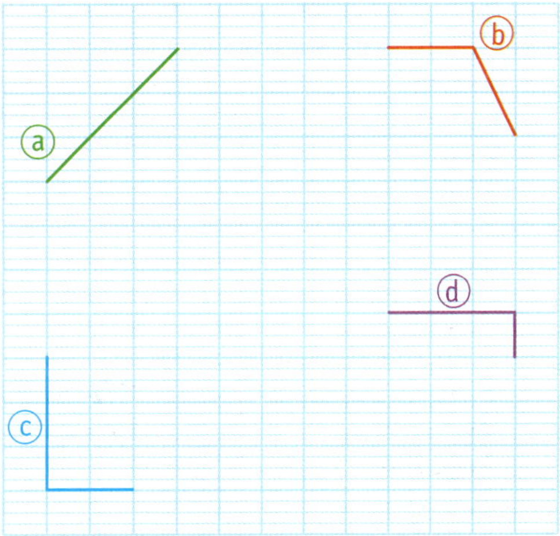

7 *** **Sur ton cahier, trace :**

a. un polygone qui possède cinq côtés ;
b. un polygone qui possède quatre côtés et au moins un angle droit ;
c. un polygone qui possède six côtés et au moins deux côtés parallèles ;
d. une figure qui n'est pas un polygone.

Défi **Reproduis cette grille de mots croisés et complète-la pour trouver le mot caché. Quand tu l'auras trouvé, rédige sa définition.**

1. Polygone à 8 côtés
2. Ligne brisée fermée
3. Point d'intersection de deux côtés d'un polygone
4. Segment qui joint deux sommets non consécutifs

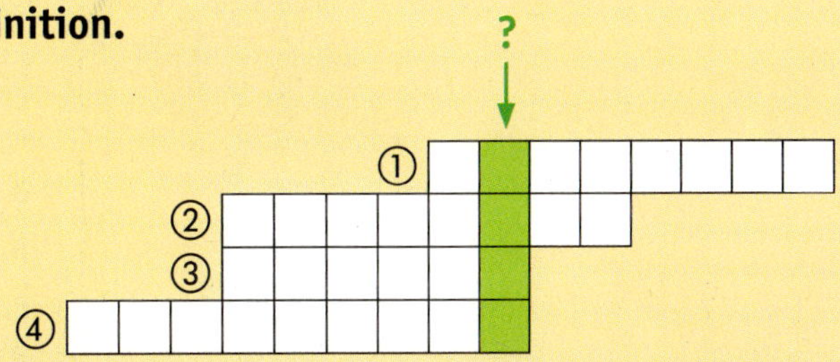

Géométrie

Identifier et construire des quadrilatères

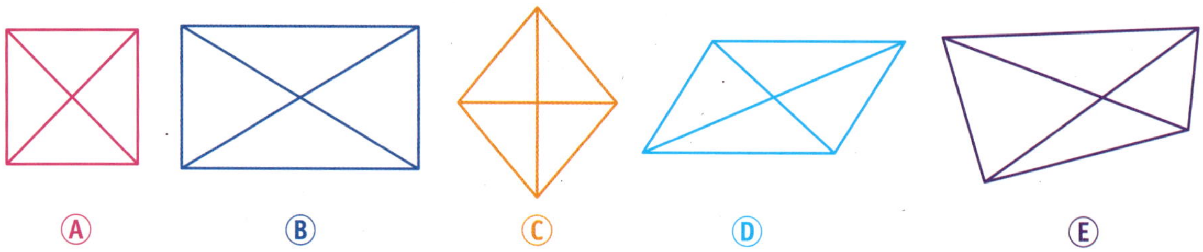

Cherchons

→ **Quel est le point commun entre toutes ces figures ?**

→ **Quel est le point commun entre les figures A, B, C et D ? et entre A et B ?**

- **Un quadrilatère est un polygone qui possède 4 côtés, 4 sommets et 4 angles.**

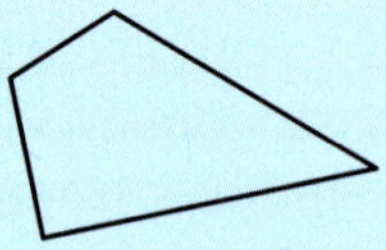

- Il existe des **quadrilatères particuliers.**

Le parallélogramme	Le rectangle
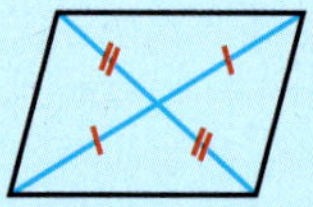 Ses côtés sont parallèles et égaux deux à deux. Ses diagonales se coupent en leur milieu.	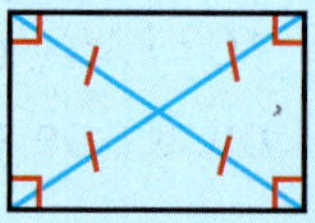 Il a 4 angles droits. Ses côtés sont parallèles et égaux deux à deux. Ses diagonales se coupent en leur milieu ; elles sont de même longueur.
Le carré	**Le losange**
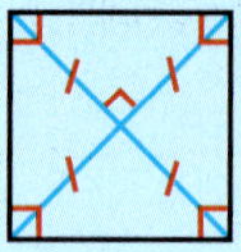 Il a 4 angles droits et 4 côtés égaux. Ses diagonales se coupent en leur milieu ; elles sont perpendiculaires et de même longueur.	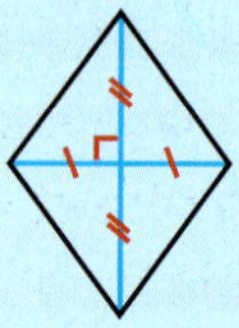 Il a 4 côtés égaux et n'a pas d'angles droits. Ses diagonales se coupent en leur milieu ; elles sont perpendiculaires.

Identifier des quadrilatères

1 * **Parmi ces figures, lesquelles sont des quadrilatères ?**

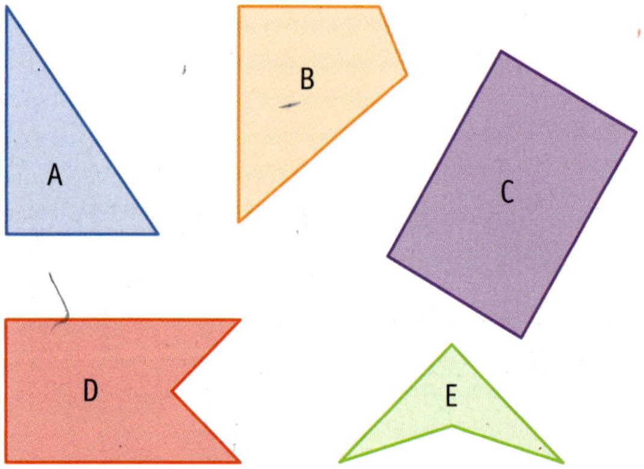

2 ** **Vrai ou faux ?**

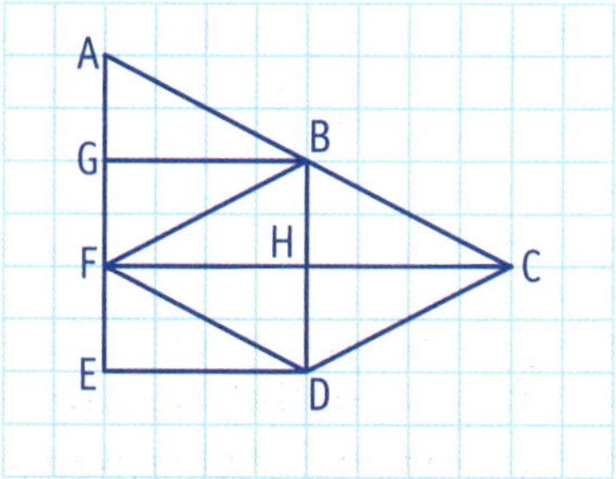

a. ABDF est un parallélogramme.
b. BCDF est un losange.
c. FCDE est un rectangle.
d. FACD est un rectangle.
e. GBDE est un carré.

3 ** **Reproduis ces quadrilatères, trace leurs diagonales, puis complète le tableau.**

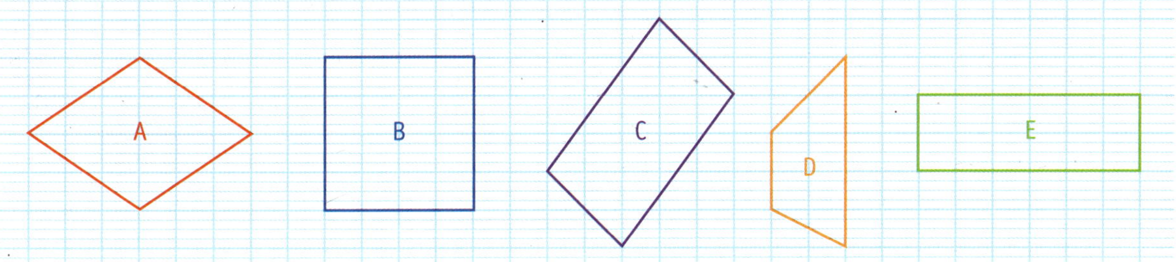

	Quadrilatères				
	A	B	C	D	E
Ses côtés sont tous de même longueur.					
Ses côtés opposés sont parallèles.					
Ses côtés sont de même longueur deux à deux.					
Ses diagonales se coupent en leur milieu.					
Ses diagonales sont de même longueur.					
Ses diagonales sont perpendiculaires.					

4 ** **Qui suis-je ?**

a. J'ai 4 côtés de même longueur. Mes côtés opposés sont parallèles.
J'ai 4 angles droits et mes diagonales se coupent en leur milieu.

b. J'ai 4 côtés de même longueur. Mes côtés opposés sont parallèles.
Je n'ai pas d'angle droit. Mes diagonales ne sont pas de même longueur.

Construire des quadrilatères particuliers

5 ** **Reproduis ces segments et utilise les propriétés des diagonales pour tracer :**

– un carré ABCD dont [AC] est une diagonale ;
– un losange EFGH dont [EF] est un côté et [EG] une diagonale ;
– un rectangle IJKL dont [IL] est un côté et [LJ] une diagonale.

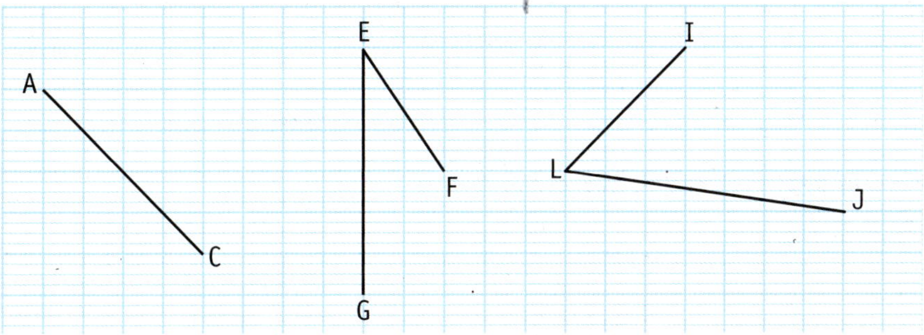

6 *** **Sur une feuille blanche, trace à l'aide de ta règle et de ton équerre :**

a. un rectangle dont les côtés mesurent 3 cm et 5 cm ;

b. un carré dont le côté mesure 5 cm ;

c. un losange dont les diagonales mesurent 4 cm et 2 cm.

Défi Reproduis ce carré sur une feuille blanche, puis découpe les quatre parties. Avec les pièces que tu obtiens, construis un rectangle.

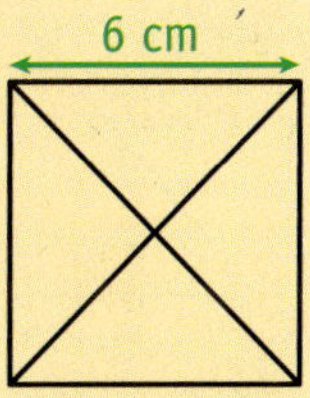

Identifier et construire des triangles

Cherchons

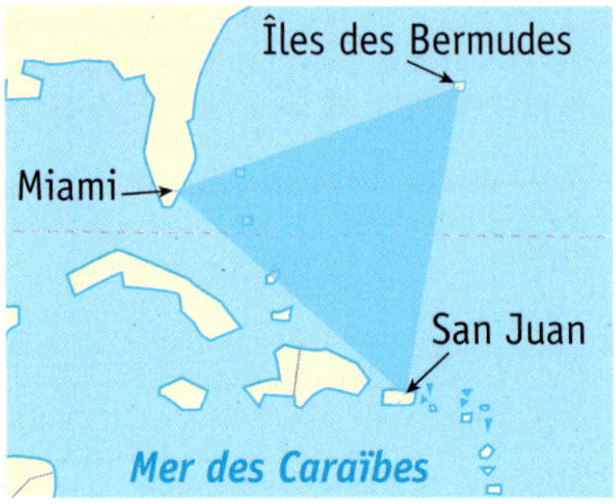

→ On appelle la zone bleu foncé dans l'océan Atlantique le triangle des Bermudes. Pourquoi ?

→ Mesure les côtés de ce triangle. Que remarques-tu ?

→ Sais-tu comment on appelle ce type de triangle ?

- **Un triangle est un polygone qui possède 3 côtés, 3 sommets et 3 angles.**

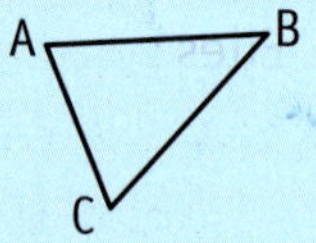

- Il existe des **triangles particuliers**.

Le triangle isocèle	Le triangle équilatéral	Le triangle rectangle
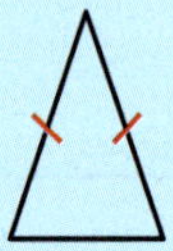 Il a deux côtés de même longueur.	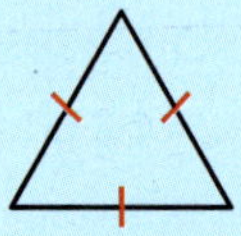 Il a trois côtés de même longueur.	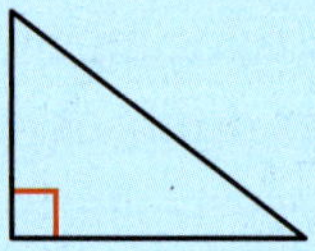 Il possède un angle droit.

Identifier des triangles

1 * **Mesure les côtés de chaque triangle et indique leur nature.**

Vérifie si les angles sont droits.

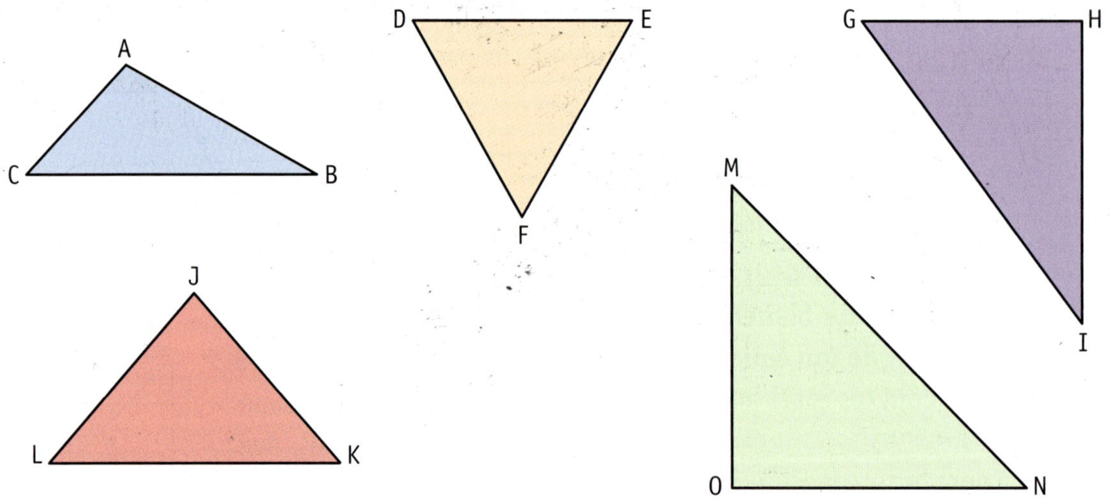

Que remarques-tu pour le triangle MNO ?

2 ** **Observe cette figure et réponds par vrai ou faux.**

a. FAB est un triangle rectangle.
b. BDF est un triangle isocèle.
c. ABG est un triangle quelconque.
d. BCD est un triangle isocèle rectangle.
e. AGF est un triangle équilatéral.
f. FDE est un triangle quelconque.

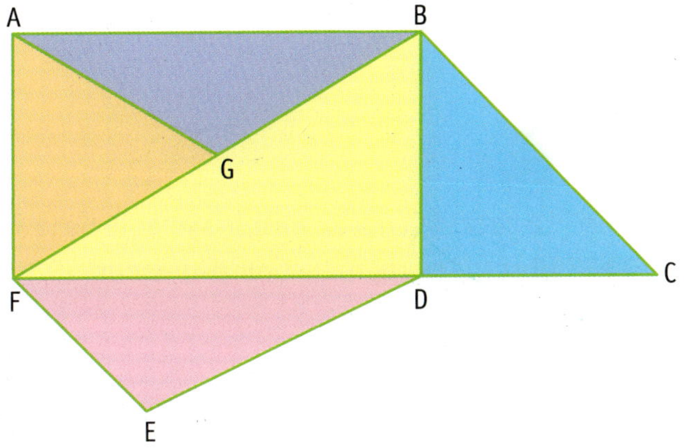

3 ** **a.** Trace un rectangle ABCD tel que AB = 5 cm et BC = 3 cm. Trace les diagonales du rectangle. Elles se coupent en O.
b. Colorie le triangle ABO en bleu et le triangle BCD en jaune. Quelle est la nature de ces deux triangles ? Justifie ta réponse.

Reproduire et construire des triangles

4 * Replace ces points sur ton cahier.

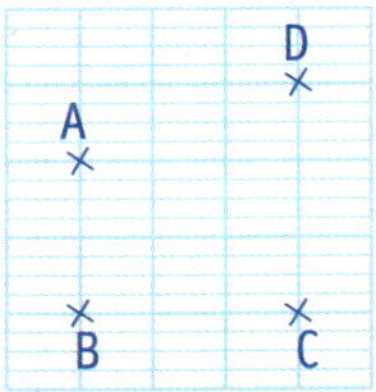

a. Quels points peux-tu relier pour construire un triangle rectangle ?
b. Quels points peux-tu relier pour construire un triangle isocèle ?
c. Si tu relies les points A, D et B, quel triangle obtiens-tu ?

5 ** **Reproduis ces triangles sur une feuille blanche.**

Observe bien le codage avant de tracer.

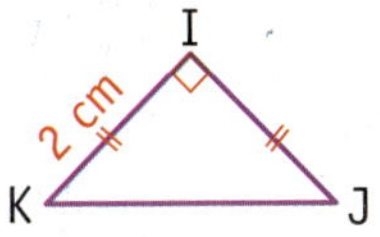

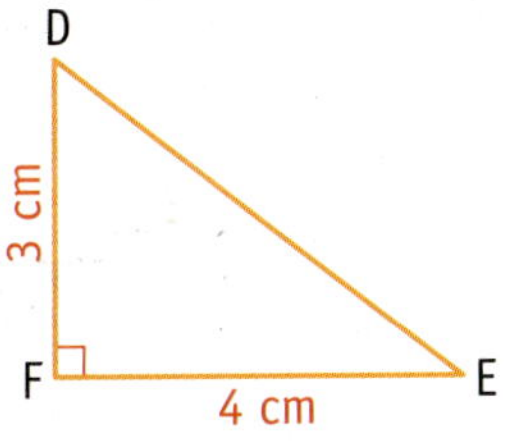

6 ** Comme sur la figure ci-dessous, trace un segment [AB]. Marque un point O au milieu de [AB]. Trace un demi-cercle de centre O et marque un point C.

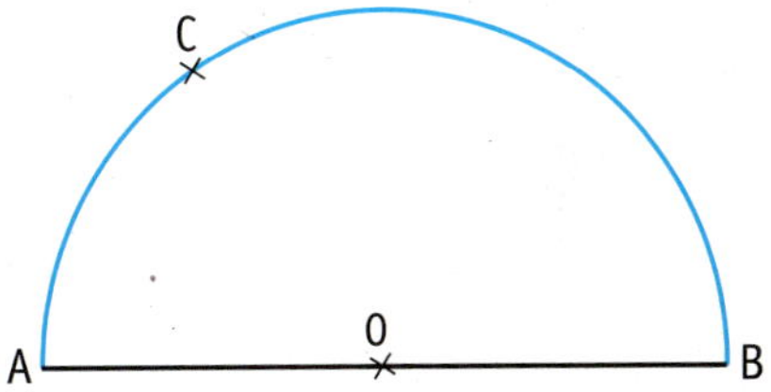

a. Trace le triangle ACO. Quelle est sa nature ?
b. Marque un point D sur le demi-cercle. Trace le triangle DBO. Que remarques-tu ?

7 *** **Sur une feuille blanche, trace :**
a. un triangle isocèle MNO dont les côtés [OM] et [ON] mesurent 5 cm ;
b. un triangle rectangle PQR dont le côté [RP] mesure 4 cm et le côté [RQ] mesure 5 cm et dont l'angle droit se trouve en R ;
c. un triangle quelconque STU dont au moins un côté mesure 6 cm.

Défi **Combien de triangles comptes-tu ?**

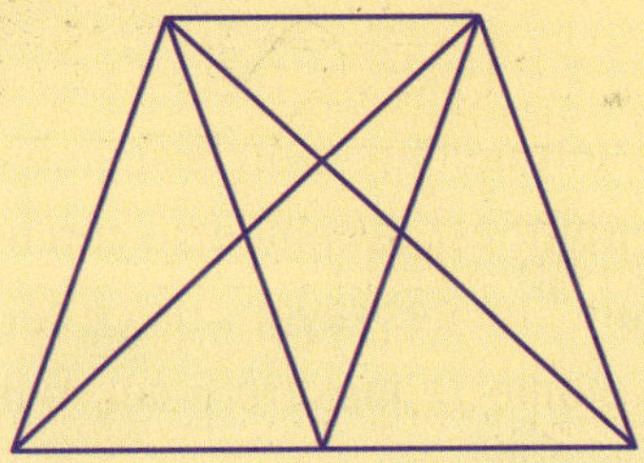

Géométrie

Construire des cercles

La cocarde tricolore est le symbole de la Révolution française.
Observe sa reproduction ci-dessous.

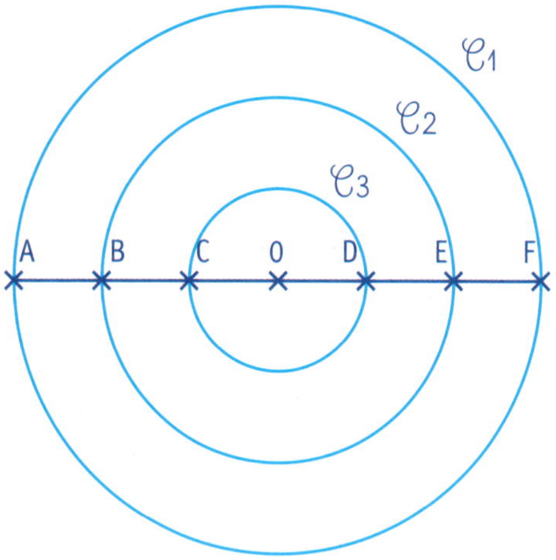

Cherchons

→ **Combien de cercles ont été tracés ?**

→ **Quel est le centre de tous les cercles ?**

→ **Quelle est la longueur du rayon du cercle C_1 ?**

→ **Quelle est la longueur du diamètre du cercle C_3 ?**

→ **Reproduis la cocarde à l'aide de ton compas.**

- **Un cercle est l'ensemble des points situés à égale distance d'un autre point : le centre du cercle.**
- Le **rayon** est la distance entre un point du cercle et le centre. *Ex. :* le rayon [OA].
- Le **diamètre** est un segment reliant deux points opposés du cercle et passant par le centre. *Ex. :* le diamètre [BC]. Sa longueur est le double de celle du rayon.
- Pour **construire un cercle**, on utilise un compas. La pointe du compas détermine le centre du cercle et l'écartement détermine son rayon.

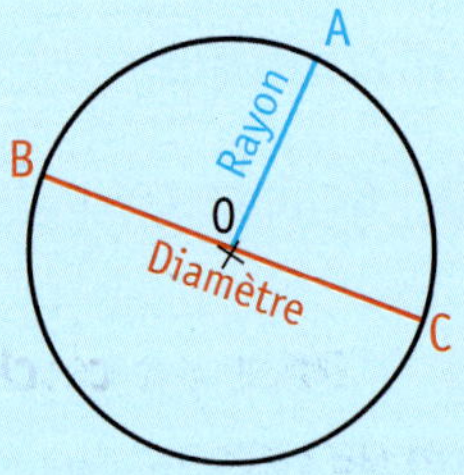

Connaître le vocabulaire

1 * Observe ce cercle.

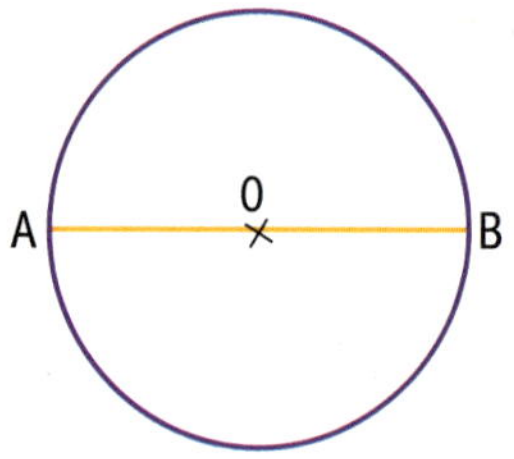

a. Comment nomme-t-on le segment [AB] ?
b. Quel point est le centre du cercle ?
c. Nomme l'un des rayons de ce cercle.
d. Si le diamètre mesure 6 cm, quelle sera la mesure du rayon ?

2 * **Vrai ou faux ?**

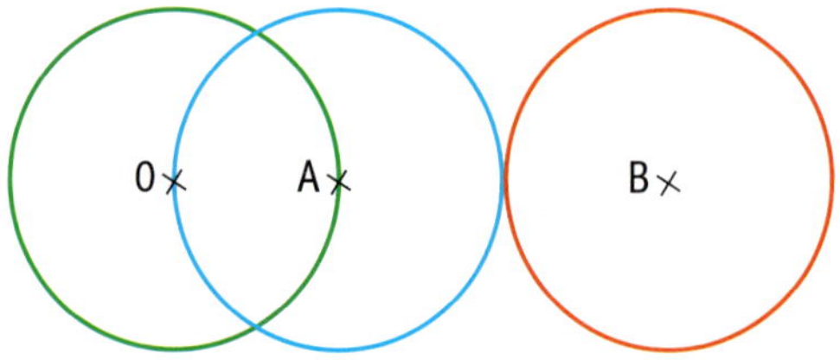

a. Le point B est le centre du cercle rouge.
b. Le point A est le centre du cercle vert.
c. Le rayon du cercle bleu est [AO].
d. Le cercle bleu et le cercle vert se coupent en deux points.
e. Le cercle rouge et le cercle vert ont un point en commun.

3 ** **Associe chaque affirmation à la figure correspondante.**

a. « J'ai tracé le cercle de centre D et de diamètre [OC]. »

b. « J'ai tracé le cercle de centre O et de rayon [OD] ; C et D ne sont pas alignés. »

c. « J'ai tracé le cercle de centre O et de diamètre [DC]. »

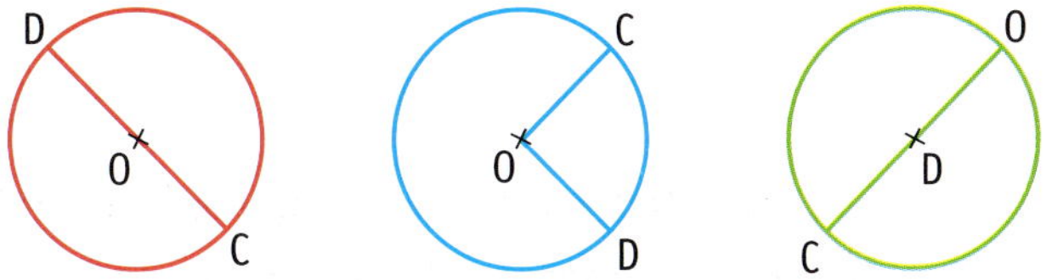

Reproduire et construire des cercles

4 * **Reproduis cette figure sur ton cahier à l'aide de ta règle et de ton compas.**

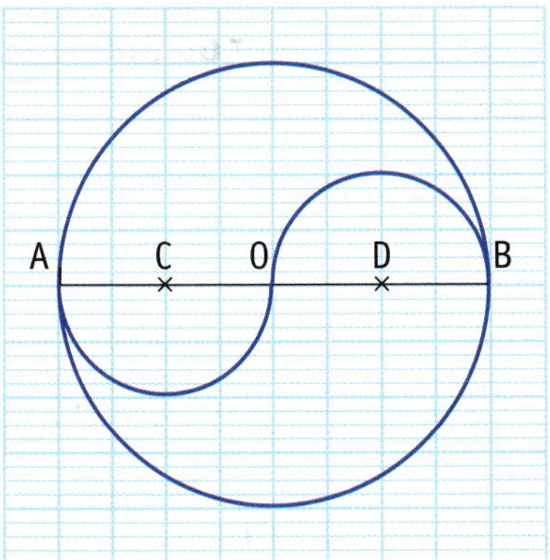

5 * **Trace un cercle de centre O et de 3 cm de rayon.**

6 * **Trace un cercle de centre O et de 6 cm de diamètre.**

7 ** **Reproduis cette figure à l'aide de tes instruments.**

Commence par tracer le carré.

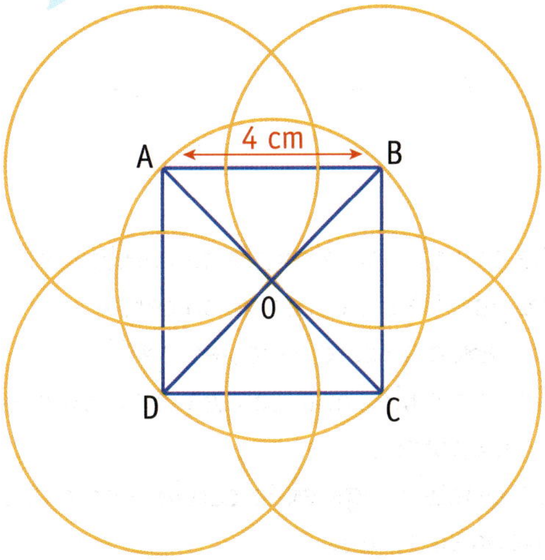

8 ** **Construis la figure suivante.**

- Trace un cercle de 4 cm de rayon.
- Trace un diamètre [AB] de ce cercle.
- Sur ce diamètre, marque un point C situé à 3 cm de A et un point D situé à 3 cm de B.
- Trace le cercle de centre C et rayon [AC].
- Trace le cercle de centre D et rayon [BD].

9 *** **Construis la figure suivante.**

- Sur une droite, place les points A, B et C tels que AB = 3 cm et BC = 6 cm. B est placé entre A et C.
- Trace le cercle de centre A et passant par B.
- Trace le cercle de diamètre [BC].
- Trace le cercle de centre B et d'un rayon de 6 cm.

Que constates-tu ?

Défi **Reproduis cette figure à l'aide de ta règle et de ton compas. Colorie-la.**

Commence par chercher le centre des cercles.

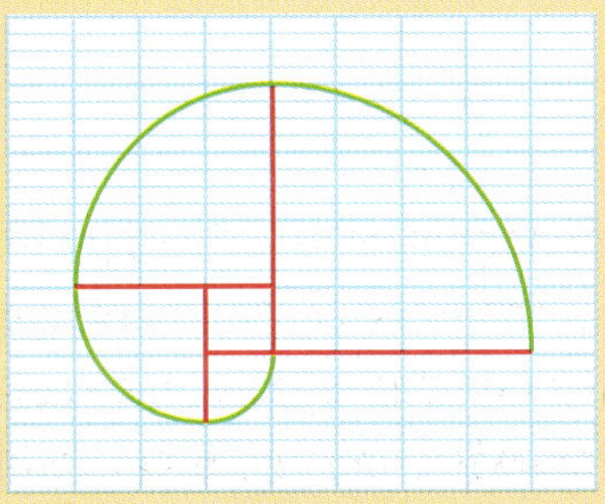

Tracer une figure selon un programme de construction

Lis ces trois programmes de construction.

Programme 1
Trace un carré ABCD.
Trace un cercle de diamètre [AB].
Trace la diagonale [BD] du carré.

Programme 2
Trace un carré ABCD.
Trace un demi-cercle de diamètre [AB] à l'extérieur du carré.
Trace la diagonale [AC].

Programme 3
Trace un carré ABCD.
Trace un demi-cercle de diamètre [AB] à l'extérieur du carré.
Trace la diagonale [BD].

Cherchons

→ **Trace à main levée les figures correspondant à chaque programme en utilisant le codage.**

→ **À quel message cette figure correspond-elle ?**

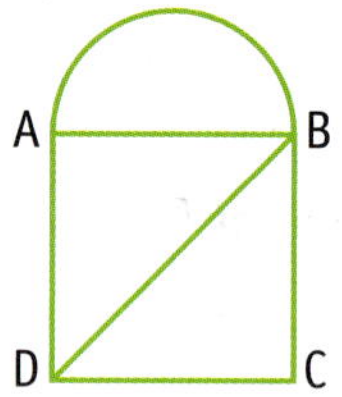

Pour construire une figure géométrique, on peut suivre un programme de construction. Pour cela, il faut :
- connaître le vocabulaire spécifique à la géométrie ;
- connaître les propriétés des figures ;
- lire l'ensemble des indications avant de commencer, puis les suivre pas à pas ;
- vérifier que l'on a les instruments nécessaires à la construction de la figure.

Avant de construire la figure, on peut faire un dessin à main levée.
Ex. : « Trace un carré ABCD de 3 cm de côté.
Trace un demi-cercle de diamètre [AB] à l'extérieur du carré.
Trace les diagonales [AC] et [BD] du carré. »

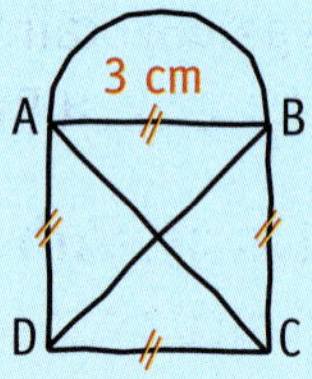

Lire un programme de construction

1 * **Trouve le programme de construction qui permet de construire la figure.**

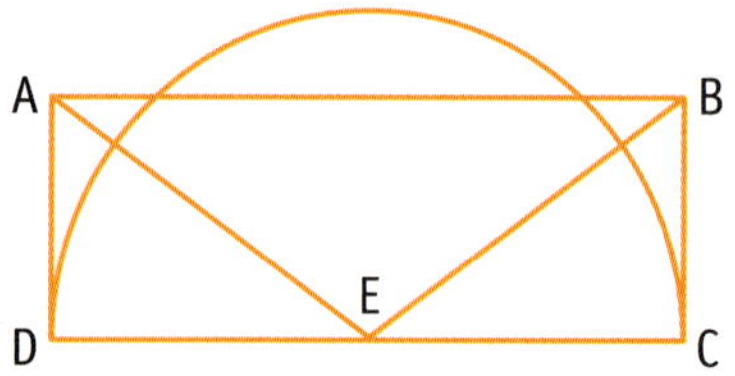

a. *Trace un rectangle ABCD.*
Marque le point E au milieu de [DC].
Trace les segments [AE] et [BE].
Trace le demi-cercle de centre E et de diamètre [AD].

b. *Trace un rectangle ABCD.*
Marque le point E au milieu de [DC].
Trace les segments [AC] et [BD].
Trace le demi-cercle de centre E et de diamètre [DC].

c. *Trace un rectangle ABCD.*
Marque le point E au milieu de [DC].
Trace les segments [AE] et [BE].
Trace le demi-cercle de centre E et de diamètre [DC].

2 * **Le programme de construction de cette figure a été mélangé. Réécris les phrases dans l'ordre.**

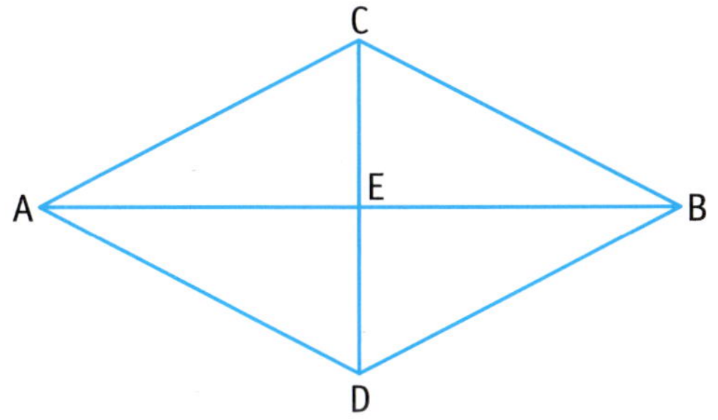

a. *Trace le segment [CD] passant par E et perpendiculaire à [AB]. CD = 3 cm. E est son milieu.*
b. *Trace un segment [AB] de 6 cm de longueur.*
c. *Trace le quadrilatère ACBD.*
d. *Marque le point E au milieu de [AB].*

Construire une figure d'après un programme de construction

3 * **Suis ce programme de construction.**
- Sur une feuille, trace un cercle de centre O et d'un rayon de 4 cm.
- Trace un diamètre [AB]. Trace un diamètre [CD] perpendiculaire à [AB].
- Trace le carré ACBD.

4 ** **Lis attentivement ce programme de construction, puis trace la figure.**
- Trace un carré ABCD de 6 cm de côté.
- Trace les diagonales du carré et marque le point E à leur intersection.
- Marque :
– le point F au milieu de [AB] ;
– le point G au milieu de [BC] ;
– le point H au milieu de [DC] ;
– le point I au milieu de [DA].
- À l'extérieur du carré, trace 4 demi-cercles :
– de centre F et de diamètre [AB] ;
– de centre G et de rayon [BG] ;
– de centre H et d'un rayon de 3 cm ;
– de centre I et d'un diamètre de 6 cm.
- Trace le cercle de centre E et d'un rayon de 6 cm.
- Colorie la figure.

Rédiger un programme de construction

5 ** **Recopie et complète le programme de construction de cette figure.**

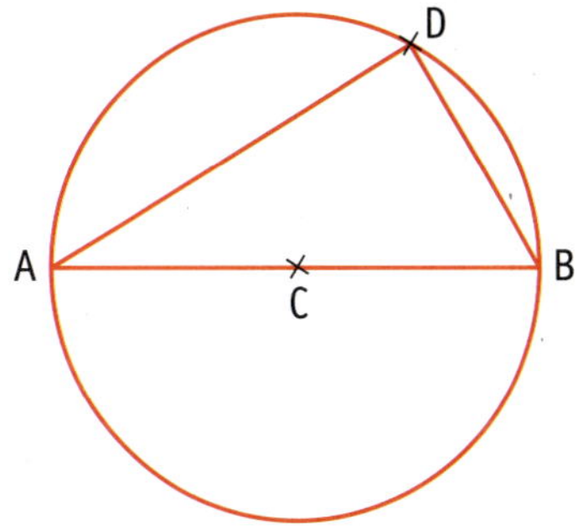

- Trace un segment [AB] de 4 cm.
- Marque le point C au ... de [AB].
- Trace un ... de centre C et de diamètre ... .
- Marque le point ... sur le cercle.
- Trace le ... ADB.

6 *** **Rédige le programme de construction de cette figure.**

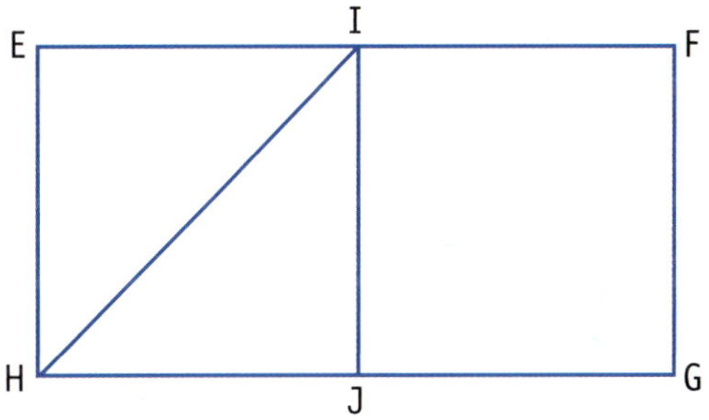

Défi Paul a dessiné la figure suivante à main levée. Il veut la faire reproduire à Aurélie qui ne l'a pas vue.

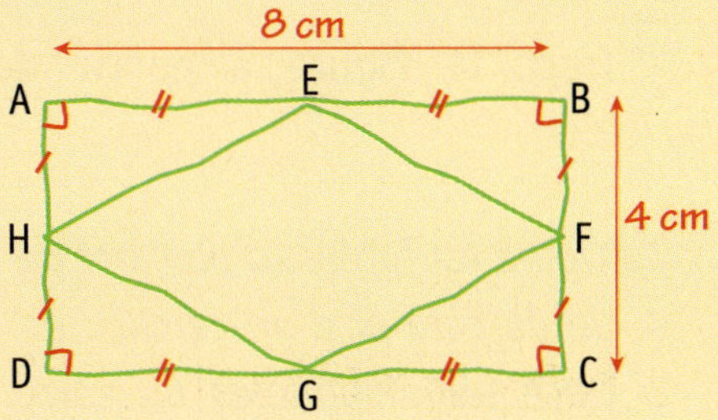

Rédige les consignes que Paul doit donner à Aurélie pour qu'elle puisse construire la figure.

Géométrie

Révisions

Décrire et reproduire des figures

1 * Observe cette figure.

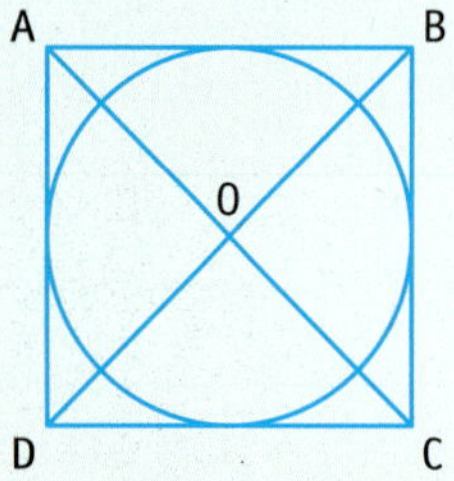

a. Quels instruments a-t-on utilisés pour la tracer ?
b. Comment s'appelle la figure ABCD ?
c. Quel point marque le centre du cercle ?
d. Nomme 3 points alignés.
e. Nomme 2 segments parallèles.
f. Que peux-tu dire des segments [AC] et [BD] ?

2 ** **Reproduis cette figure à l'aide de tes instruments.**

Aide-toi du codage.

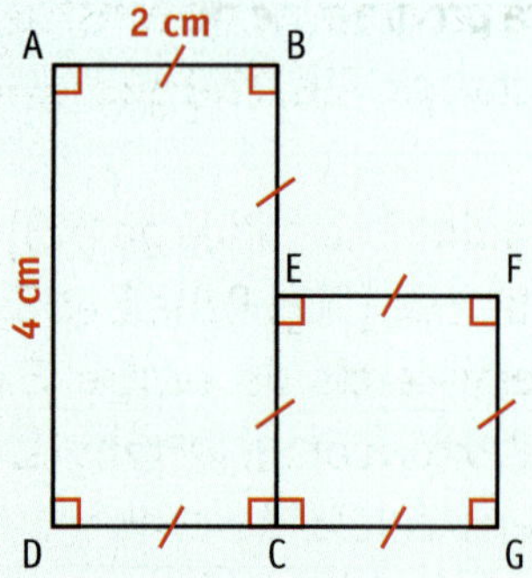

3 ** **Trace la figure à partir de sa description.**

La figure est formée d'un carré de 4 cm de côté et d'un cercle : on a tracé les diagonales du carré qui se coupent en O. Le cercle de centre O passe par les sommets du carré.

Identifier et construire des polygones

4 * **Parmi ces figures, lesquelles sont des polygones ?**

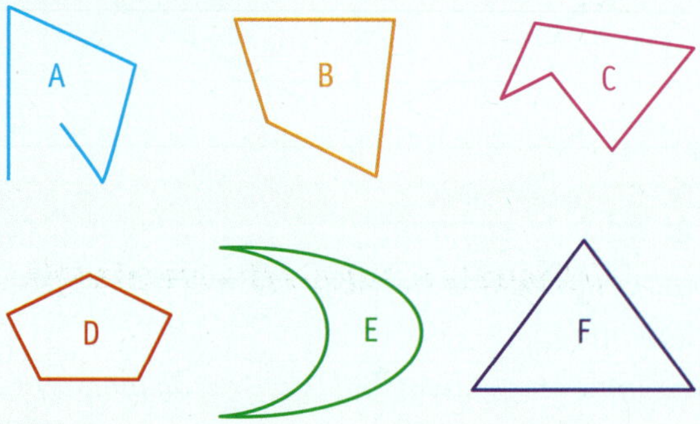

5 * **Pour chaque polygone, indique :**
– son nombre de côtés ;
– son nombre de sommets ;
– son nom.

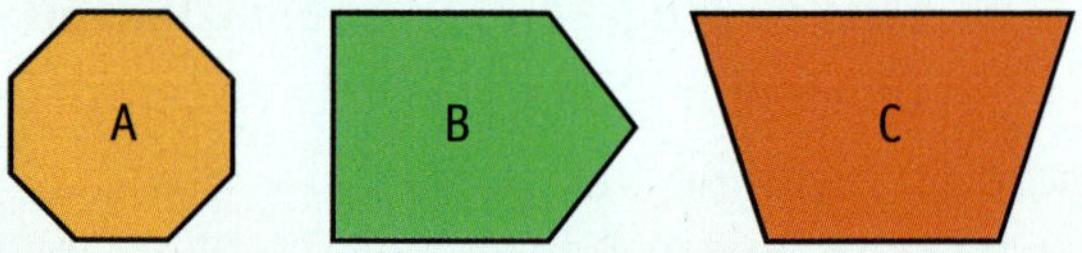

6 ** **Sur une feuille blanche, trace un quadrilatère, un hexagone et un triangle.**

Identifier et construire des quadrilatères

7 * **Vrai ou faux ?**

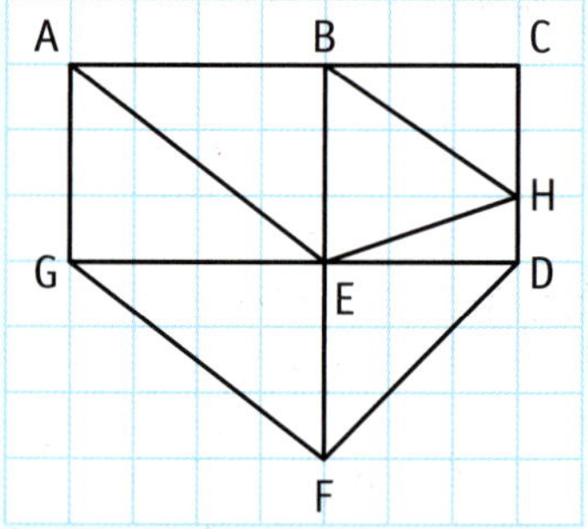

a. AEFG est un losange.
b. ACDG est un rectangle.
c. ABHE est un parallélogramme.
d. BCDE est un carré.

8 ** **Reproduis ces quadrilatères en respectant les indications de codage.**

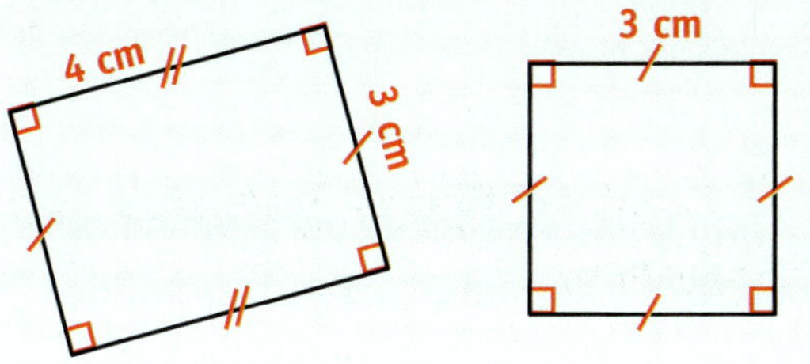

Identifier et construire des triangles

9 * **Indique la nature de chaque triangle.**

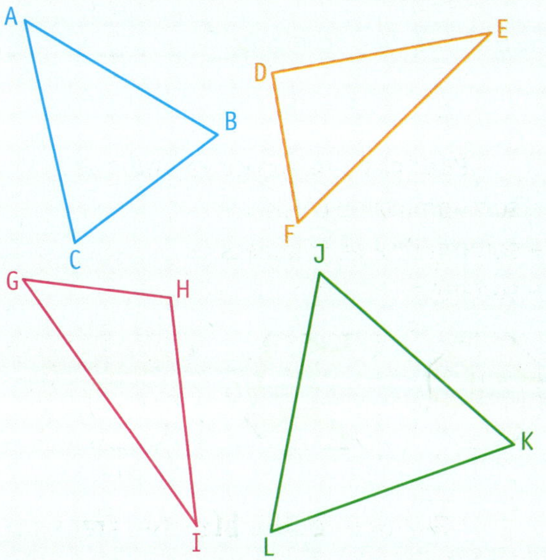

10 ** **À l'aide de tes instruments, trace :**

a. un triangle isocèle DEF dont les côtés [DE] et [EF] mesurent 4 cm ;

b. un triangle rectangle isocèle GHI dont les côtés [HI] et [IG] mesurent 3 cm et dont l'angle droit se trouve en I.

Construire des cercles

11 * **a.** Reproduis ce cercle.

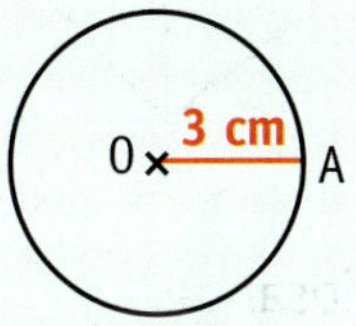

b. Quel point est le centre du cercle ?

c. Trace en vert un diamètre du cercle : combien mesure-t-il ?

12 * **Trace un cercle de centre O et d'un diamètre de 8 cm.**

13 ** **Reproduis cette figure.**

Commence par chercher le centre des cercles.

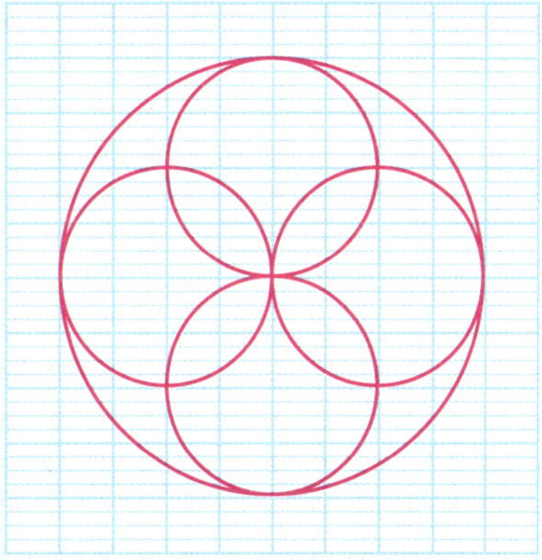

Tracer une figure à partir d'un programme de construction

14 * **Suis ce programme de construction.**

- Trace un carré ABCD de 5 cm de côté.
- Trace les diagonales du carré.
- Trace le cercle de centre A et de 3 cm de rayon.

15 ** **Suis ce programme de construction.**

- Trace un rectangle ABCD tel que AB = 8 cm et BC = 4 cm.
- Marque un point E au milieu de [AB] et un point F au milieu de [DC]. Relie E et F.
- Trace le demi-cercle de centre E et de rayon [EB] à l'extérieur du rectangle.
- Trace le demi-cercle de centre F et de diamètre [DC] à l'extérieur du rectangle.

Rédiger un programme de construction

16 *** **Rédige le programme de construction de cette figure.**

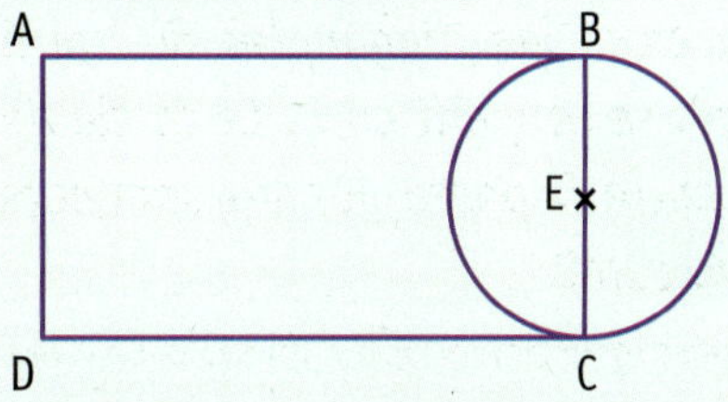

Identifier des solides

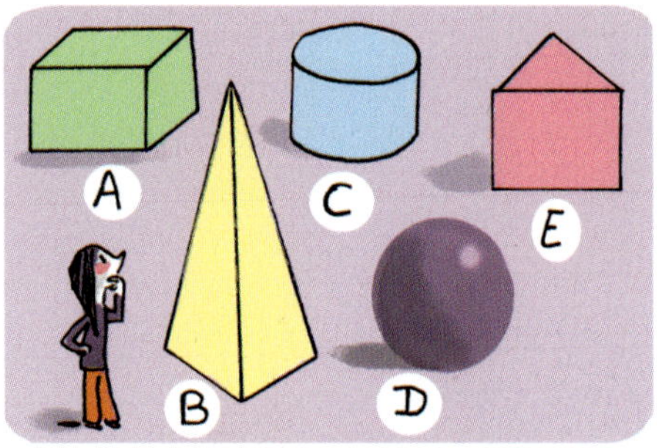

Cherchons

- → Connais-tu le nom de certains de ces solides ? Connais-tu d'autres solides ?
- → Lia veut classer ces solides. Comment peut-elle faire ?
- → Parmi ces solides, lequel a six faces, douze arêtes et huit sommets ?

Les formes géométriques en volume s'appellent des solides.

Un **polyèdre** est un solide délimité uniquement par des **polygones**. Il comporte des **faces**, des **arêtes** et des **sommets**.

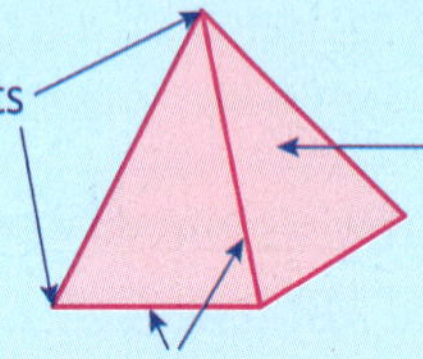

Ce solide est un polyèdre.

Ce solide n'est pas un polyèdre.

Un polyèdre qui a deux faces parallèles et superposables est un solide droit.
Exemples de solides droits :

Le cube	Le pavé droit	Le prisme
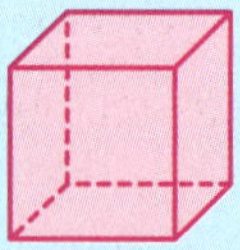	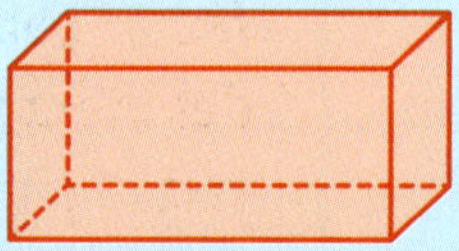	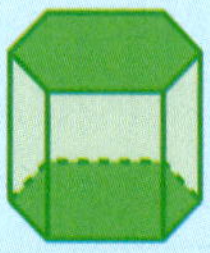 
6 faces 8 sommets 12 arêtes	6 faces 8 sommets 12 arêtes	2 faces identiques (les bases)

Identifier des solides

1 * **Retrouve les polyèdres parmi ces solides.**

A

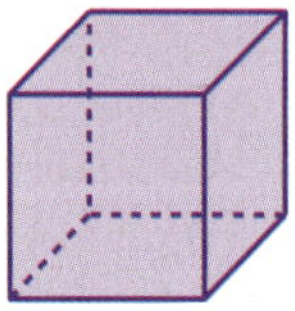
B

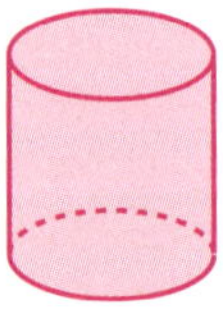
C

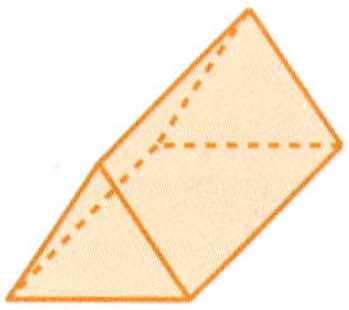
D

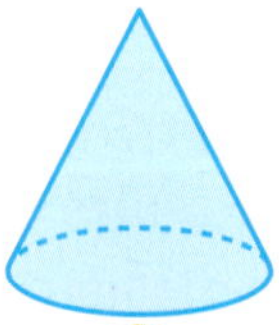
E

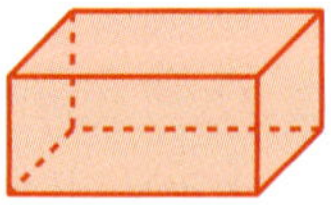
F

2 ** **Identifie les solides droits.**

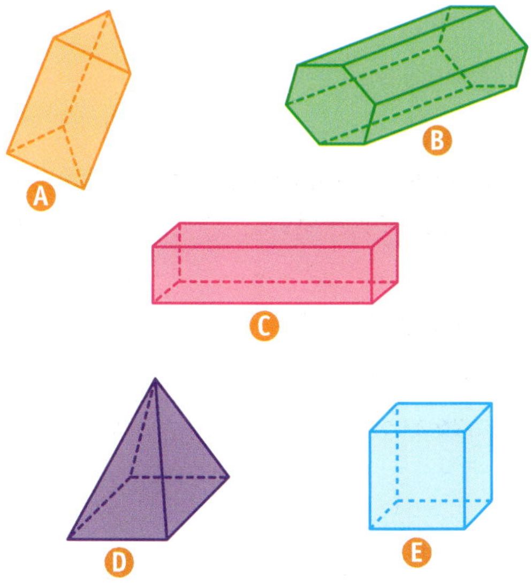

Décrire des solides

3 * **Reproduis ce tableau et classe les solides selon la forme de leurs faces.**

	Solide
Faces carrées	
Faces rectangulaires	
Faces triangulaires	
Faces hexagonales	

Un solide peut avoir des faces de formes différentes.

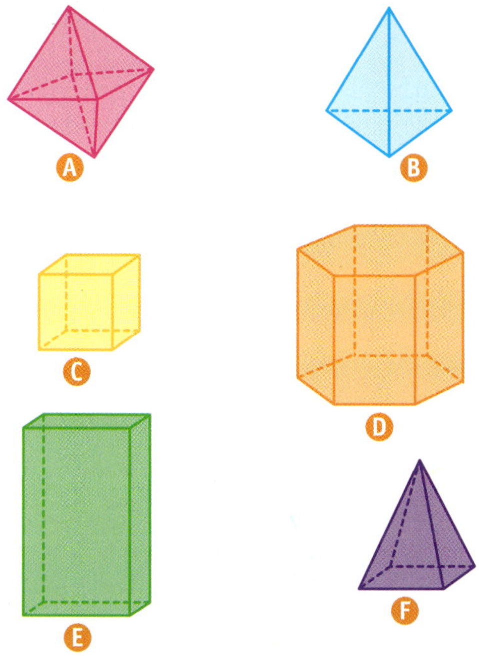

4 ** **Pour chaque solide, indique son nombre de faces, de sommets et d'arêtes.**

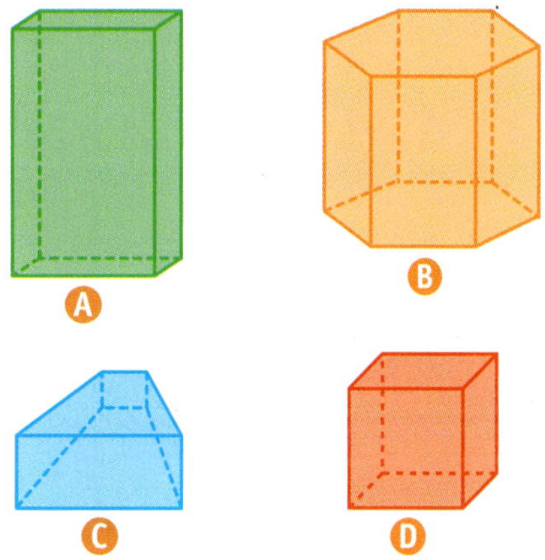

5 ** Observe ce prisme.

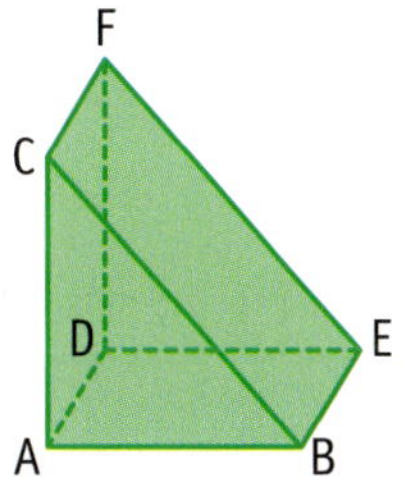

a. Quelle est la face opposée à ACB ?
b. Quel polygone forme la face CFEB ?
c. Quelle arête est parallèle à FE ?

6 *** **Qui suis-je ?**
a. Je suis un solide droit : mes deux faces parallèles et superposables sont des hexagones et mes autres faces sont rectangulaires.
b. Toutes mes faces sont des carrés.
c. J'ai 6 faces et 12 arêtes. Toutes mes faces sont des rectangles.

Défi On veut compléter cette construction pour former un grand cube. Combien manque-t-il de cubes jaunes ? de cubes verts ? de cubes orange ?

Identifier et compléter des patrons de solides

Pour fabriquer un dé, Luc a le choix entre ces quatre patrons.

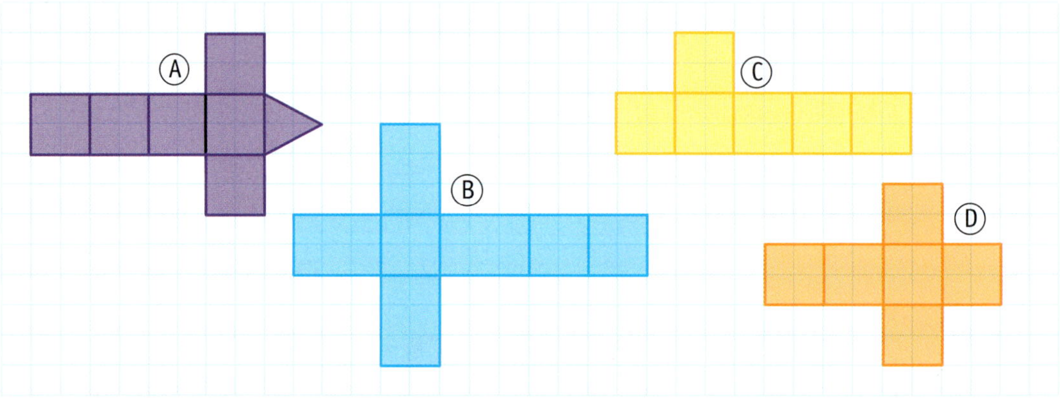

Cherchons

→ **Quel patron doit-il choisir ?**

→ **Quels sont les deux patrons que tu as pu éliminer rapidement ? Pourquoi ?**

→ **Comment as-tu choisi entre les deux derniers ?**

- **Pour construire un solide, on utilise un patron :**
  c'est une représentation à plat que l'on découpe et que l'on plie pour reconstituer le solide.

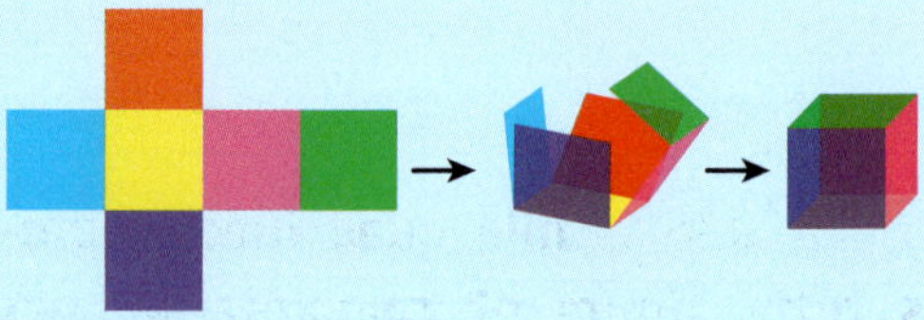

- **Certains solides peuvent avoir plusieurs patrons.**
  Ex. : Le cube a onze patrons ; en voici quelques-uns :

- **Pour reconnaître le patron d'un solide**, il faut connaître :
  – le nombre de faces du solide ;
  – la forme et la position de ses faces.

Identifier le patron d'un solide

1 * **Associe chaque solide à son patron.**

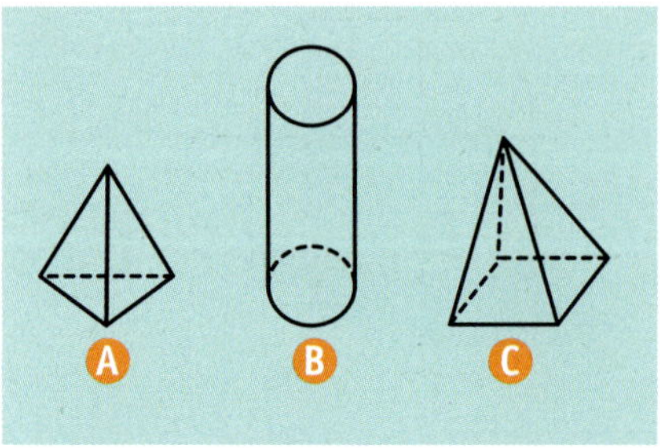

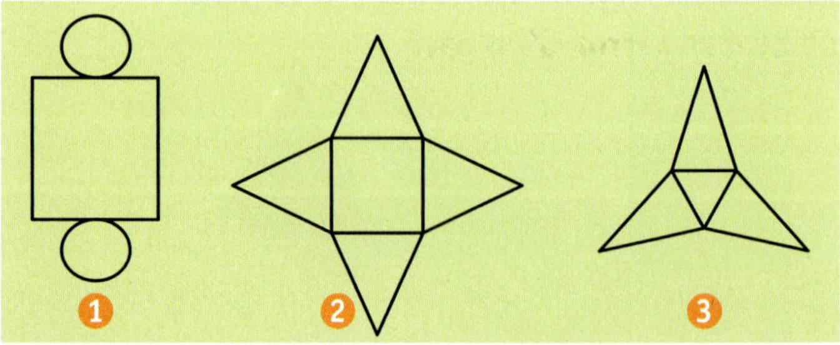

Reconnaître les patrons du cube et du pavé

2 * Indique dans chaque cas s'il s'agit d'un patron de cube ou de pavé.

3 ** Il y a deux intrus parmi ces patrons du pavé droit. Retrouve-les.

Pour t'aider, tu peux reproduire ces patrons, les découper et les construire.

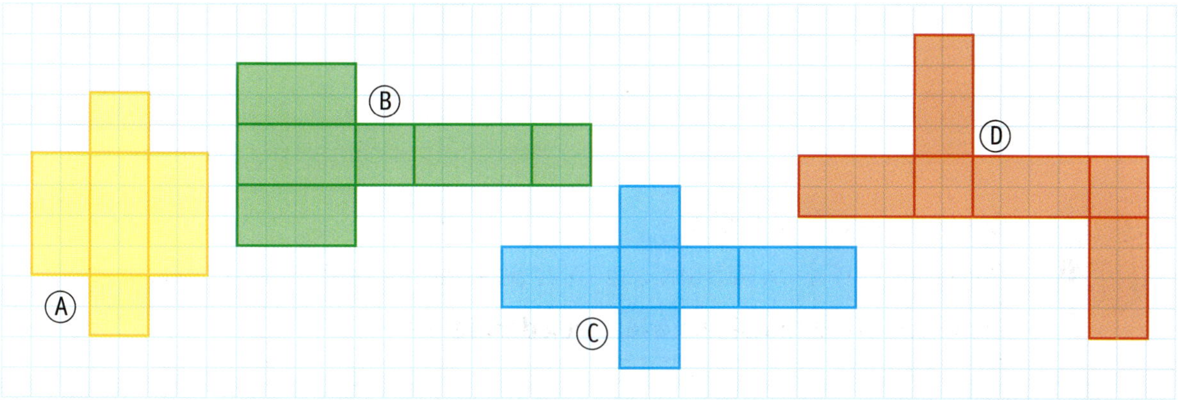

Compléter des patrons de solides

4 * Sur une feuille quadrillée, reproduis cette figure et complète-la pour obtenir le patron d'un cube.

5 * Sur une feuille quadrillée, reproduis cette figure et complète-la pour obtenir le patron d'un pavé.

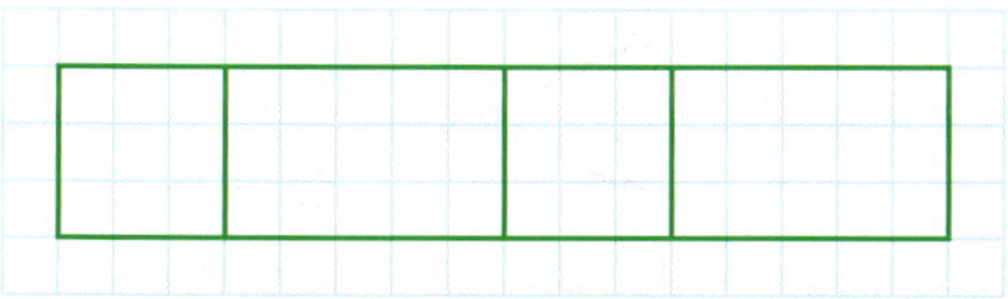

6 ** Aide-toi des modèles de la leçon pour trouver deux autres patrons de cube. Dessine-les sur du papier quadrillé.

Il y a 7 solutions possibles.

Défi Théo a collé ces gommettes sur les faces de son dé.

En lançant le dé, voici ce qu'il obtient.

Comment a-t-il placé les gommettes pour construire son dé ? Reproduis ce patron, découpe-le et complète-le.

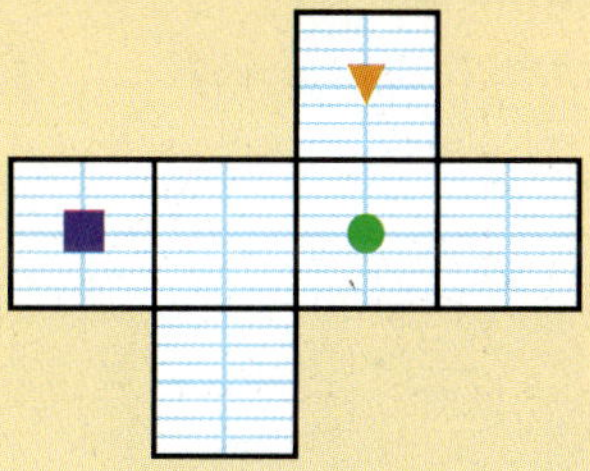

Révisions

Identifier des solides

1 * **Recopie et complète les phrases avec les mots :**

faces *polyèdre* *volume*

Un solide est une forme géométrique en … . Si toutes ses faces sont des polygones, c'est un … .
Les solides droits ont deux … parallèles et superposables.

2 ** Observe ces solides.

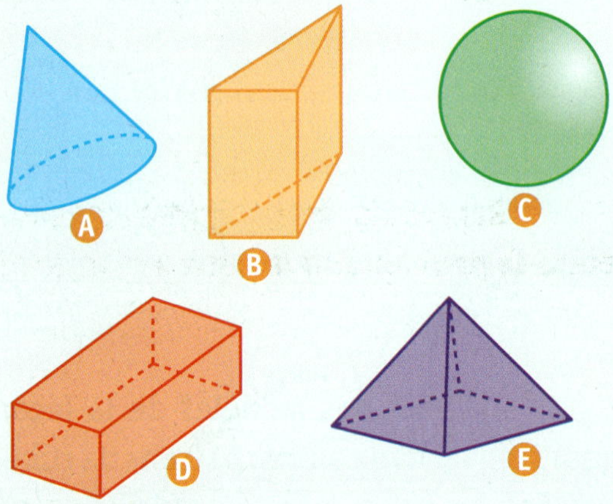

a. Retrouve les polyèdres parmi les solides.
b. Retrouve les solides droits parmi les polyèdres.

3 ** **Vrai ou faux ?**

a. La sphère est un polyèdre.
b. Le cube est un polyèdre.
c. Le cylindre est composé de trois polygones.
d. Le prisme est un solide droit.
e. Le cône n'est pas un polyèdre.

Décrire des solides

4 * **Associe chaque lettre du dessin à l'un de ces mots :**

sommet *arête* *face*

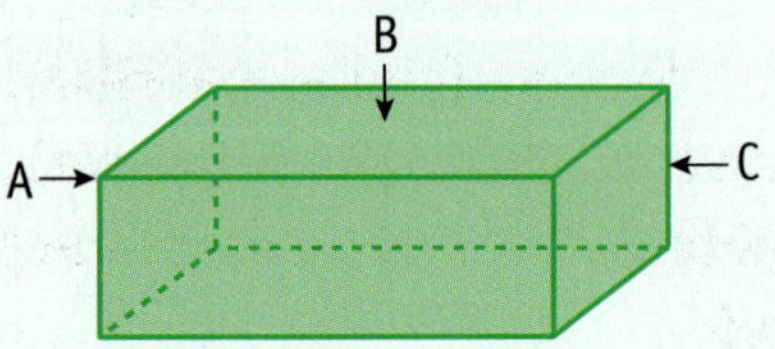

5 ** Observe ces solides.

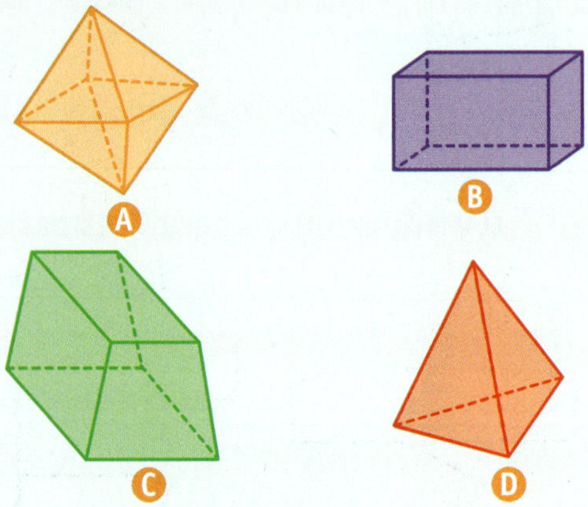

Reproduis et complète ce tableau.

Solide	A	B	C	D
Nombre de faces				
Nombre de sommets				
Nombre d'arêtes				

6 ** **Observe ce solide. De combien de cubes est-il formé ?**

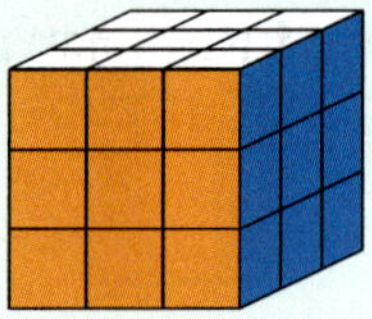

7 ** Observe ce pavé droit.

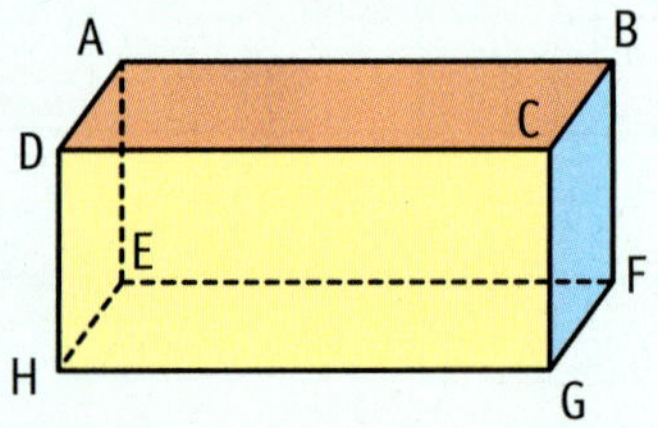

a. Quel est le polygone qui forme la face orange ? Nomme-le avec des lettres.
b. Quelle est la face opposée à la face bleue ?
c. Quelle arête sépare la face jaune de la face bleue ?
d. Quel sommet est commun aux arêtes [AB] et [BF] ?

Identifier le patron d'un solide

8 * **Associe chaque solide à son patron.**

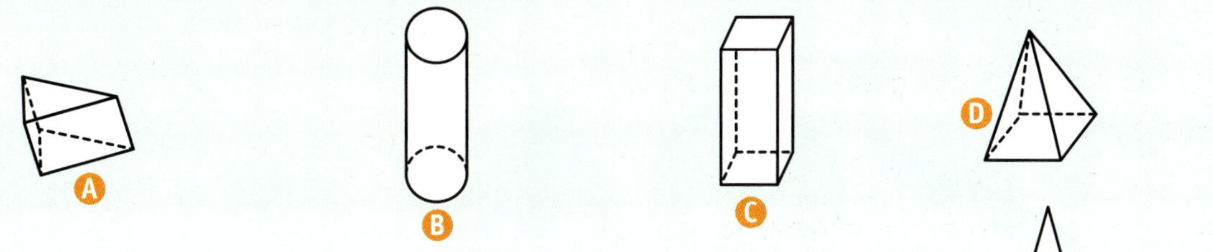

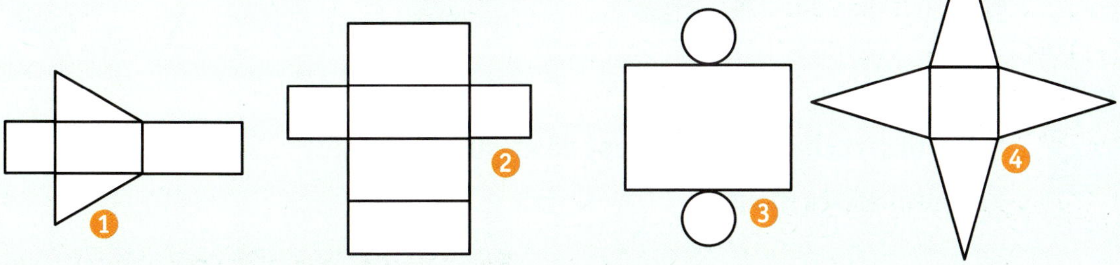

9 * **Tous ces patrons permettent de construire le même solide. Lequel ?**

10 ** **Il y a un intrus parmi ces patrons de cube. Retrouve-le.**

Pour t'aider, tu peux reproduire ces patrons, les découper et les construire.

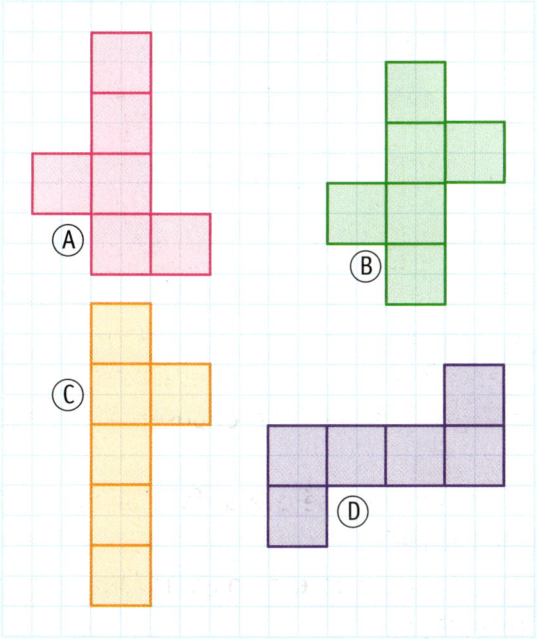

Compléter un patron de cube ou de pavé

11 ** **Reproduis cette figure et complète-la pour obtenir le patron d'un pavé.**

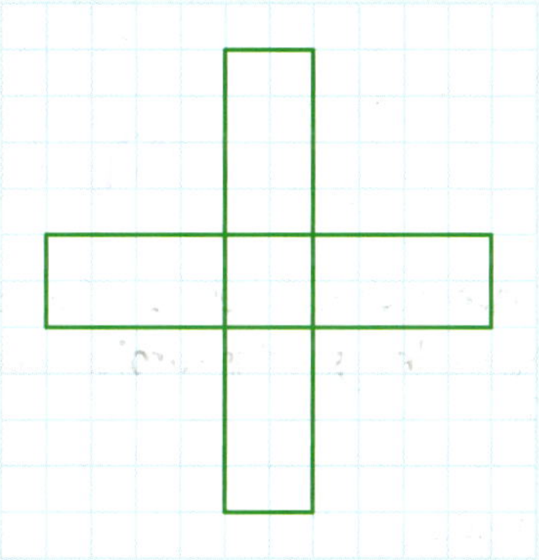

12 ** **Reproduis cette figure et complète-la pour obtenir le patron d'un cube.**

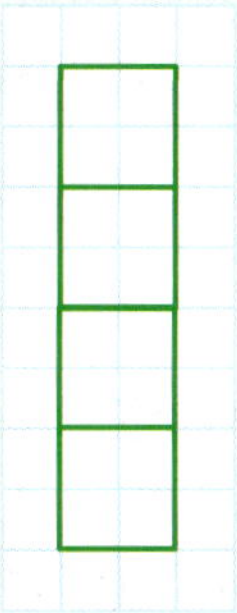

13 *** **Sur une feuille quadrillée, trace un carré de 5 carreaux de côté, puis complète la figure pour obtenir un patron de pavé.**

Connaître les instruments de mesure

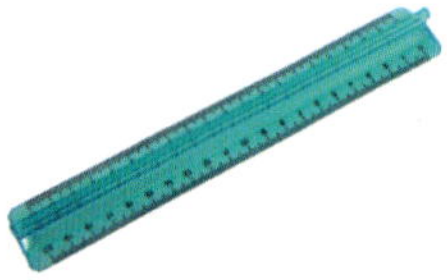
règle

pendule

pèse-personne

verre doseur

chronomètre

Cherchons

→ **À quoi sert chaque instrument de mesure ?**

→ **En connais-tu d'autres ?**

- Mesurer, c'est déterminer une **grandeur** ou une **quantité**.
- Pour mesurer, on s'aide d'**instruments** adaptés : une règle pour mesurer une longueur, une balance pour mesurer une masse…
- Pour exprimer une mesure, on utilise une **unité** :
  – pour les longueurs : **mètre**, kilomètre, centimètre…
  – pour les masses : **gramme**, kilogramme…
  – pour les durées : **heure**, minute et seconde
  – pour les contenances : **litre**, centilitre…

Identifier des instruments de mesure

1 * Observe ces instruments de mesure.

A montre

B mètre

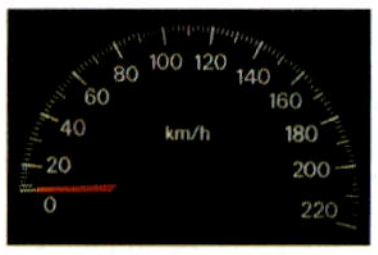

C compteur automobile

D balance

E sablier

a. Pour chaque instrument, indique ce qu'il mesure :

masse **durée** **longueur** **vitesse**

b. Pour chaque instrument, indique l'unité ou les unités de mesure correspondante(s).

A	heure	minute	gramme
B	centimètre	litre	mètre
C	kilomètre	kilomètre/heure	litre
D	gramme	minute	kilogramme
E	minute	gramme	litre

2 ** Observe ces instruments de mesure.

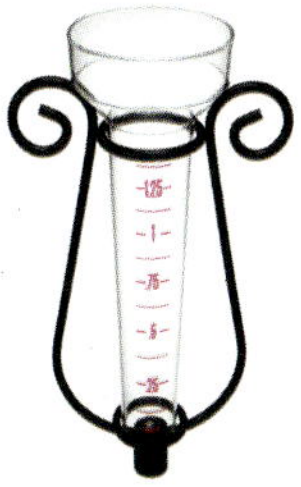
Ⓐ un pluviomètre

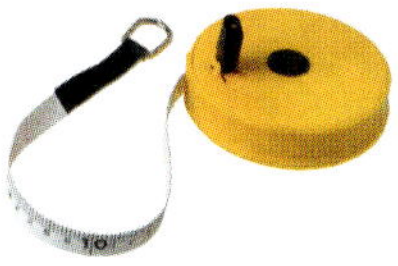
Ⓑ un décamètre

Ⓒ un transpalette peseur

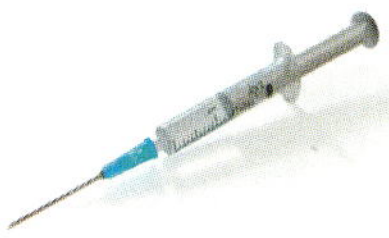
Ⓓ une seringue

Pour chaque instrument, indique ce qu'il mesure :

de grandes longueurs | de petites contenances | de lourdes charges

Utiliser des instruments de mesure

3 * **Observe ces instruments de mesure et écris les mesures qu'ils indiquent.**

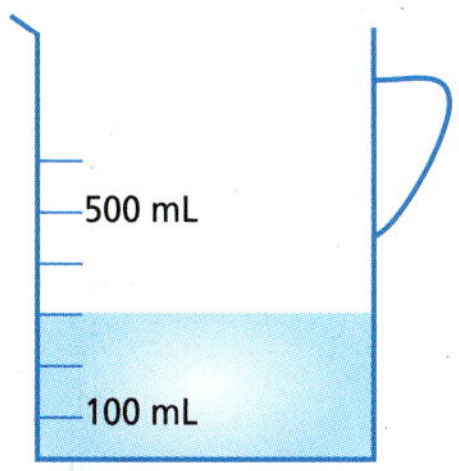

a. … mL

b. … kg

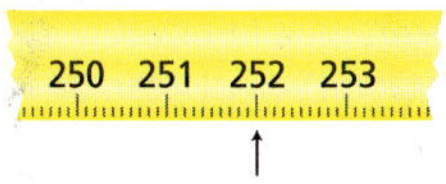

c. … cm

d. … s

Que mesure chaque instrument : une durée, une masse, une longueur ou une contenance ?

4 ** **Choisis parmi les unités proposées pour mesurer :**

litres | centimètres | kilomètres

kilogrammes | heures | secondes

a. la masse d'un panier de fruits.
b. la durée d'un voyage en train.
c. la distance entre Paris et Lyon.
d. la contenance d'un seau.
e. la durée d'une publicité.
f. la longueur de ta règle.

5 ** **Recopie et complète avec des instruments que tu utilises dans la classe ou à la maison.**

a. Pour mesurer un segment, je prends … .
b. Pour mesurer la masse de ma trousse, j'utilise … .
c. Pour vérifier qu'un angle est droit, j'utilise … .
d. Pour mesurer la quantité de lait dont j'ai besoin pour ma recette, je prends … .

Défi — Tout se mesure !

Pour connaître l'unité qui mesure le bruit, reproduis cette grille de mots croisés et complète-la.

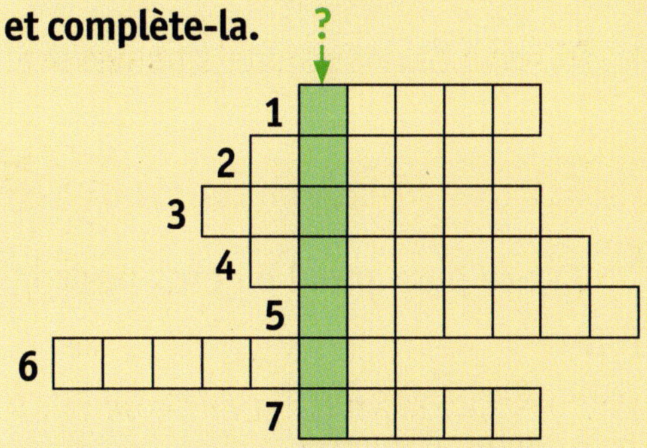

1. L'heure est une de mes unités.
2. Je suis une unité de longueur.
3. Je suis plus courte que la minute.
4. On peut me mesurer en kilomètre/heure.
5. Je suis un instrument qui mesure des masses.
6. On peut mesurer une durée grâce à mon sable.
7. Je suis une unité de contenance.

Connaître les unités de mesure de longueurs

Lors des jeux Olympiques de Pékin en 2008, plusieurs sportifs se sont affrontés lors de l'épreuve du saut en longueur. Voici leur résultat par pays :

Afrique du Sud

824 cm

Espagne

8 070 mm

Panama

8 m 3 dm 4 cm

Sénégal

87 dm 6 cm

Cuba

8 m 19 cm

Cherchons

→ **Quelle difficulté rencontres-tu pour comparer ces mesures ?**

→ **Que faut-il faire pour que ce soit plus facile ?**

→ **Cherche le pays qui a obtenu la médaille d'or.**

- La principale **unité de mesure de longueurs** est le **mètre**.
- Pour comparer ou calculer des mesures de longueurs, il faut les convertir dans la même unité : pour cela, on utilise un **tableau de conversion**.

Multiples du mètre				Sous-multiples du mètre		
kilomètre *km*	hectomètre *hm*	décamètre *dam*	**mètre** ***m***	décimètre *dm*	centimètre *cm*	millimètre *mm*
			1	0	0	0
1	0	0	0			

1 m = 10 dm = 100 cm = 1 000 mm

1 km = 10 hm = 100 dam = 1 000 m

Estimer des mesures de longueurs

1 * Est-ce plus grand ou plus petit que 1 mètre ?

a. la hauteur d'une porte
b. la longueur d'un lit
c. l'épaisseur d'un dictionnaire
d. la longueur d'une voiture
e. la longueur d'une fourchette
f. la taille d'un enfant de 6 mois

2 * Recopie et complète avec l'unité qui convient : *km, m, cm*.

a. un marathon : 42 …
b. le record de lancer de poids : 23 …
c. l'arbre le plus grand : 115 …
d. le chien le plus petit : 20 …
e. la montagne la plus haute : 8 848 …

Convertir et comparer des mesures de longueurs

3 * Recopie et complète en choisissant parmi les réponses proposées.

Il peut y avoir plusieurs réponses.

1 m = …	100 cm	1 000 mm	10 cm
1 km = …	100 m	1 000 m	10 hm
1 cm = …	100 m	10 mm	10 dm
10 m = …	1 dam	1 dm	1 000 cm
10 dm = …	100 cm	10 cm	1 m

4 * **Convertis en mètres.**

Ex. : 15 dam 6 m → 156 m

a. 18 dam – 4 km – 2 km – 9 dam – 3 hm

b. 5 km 7 hm – 7 dam 3 m – 28 km 5 dam

5 * **Convertis en centimètres.**

a. 50 mm – 45 dm – 3 m – 1 dam – 180 mm

b. 1 m 5 dm – 54 dm – 4 800 mm – 75 m

6 * **Mesure ces segments. Indique leur longueur en millimètres.**

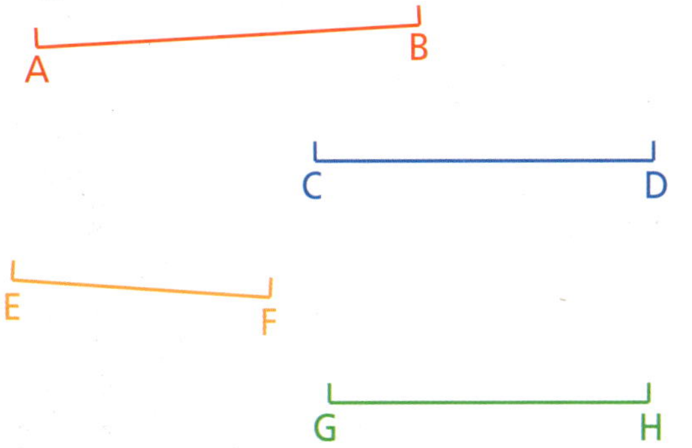

7 ** **Recopie et complète avec <, > ou =.**

a. 5 km ... 500 m
111 cm ... 1 m
500 mm ... 50 cm

b. 50 dam ... 5 km
120 cm ... 1 m 2 dm
5 hm ... 50 km

8 ** Voici les tailles moyennes des hommes de différents pays.

Nationalité	Taille moyenne
Français	1 746 mm
Japonais	165 cm 6 mm
Australien	17 dm 86 mm
Portugais	1 m 727 mm
Danois	1 771 mm

De quelle nationalité est l'homme dont la taille moyenne est la plus grande ?

Convertir et calculer des mesures de longueurs

9 * Observe ces trois dinosaures.

a. Convertis la taille du diplodocus en mètres.

b. Convertis la taille du compsognathus en centimètres.

c. La taille du tricératops est deux fois plus grande que celle d'un homme de 1 m 80 cm. Quelle est sa taille en centimètres ?

10 ** **Convertis en centimètres, puis calcule.**

a. 2 m + 13 cm + 40 mm

b. 5 m + 45 dm + 30 mm

c. 43 m + 46 dm + 128 cm

d. 45 m + 56 dm + 45 cm + 70 mm

11 *** Voici le trajet quotidien du facteur.

Combien de mètres parcourt-il dans la journée ? Combien de kilomètres parcourt-il en cinq jours ?

Défi Paul, Simon et Luc ont chacun une échelle.
Celles de Paul et Luc réunies atteignent 15 mètres.
Celles de Simon et Luc réunies atteignent 10 mètres.
Les trois échelles réunies mesurent 19 mètres.
Quelle est la longueur de l'échelle de Paul ?

Il peut y avoir un renseignement inutile.

Calculer le périmètre d'un polygone

Cherchons

Deux voisins veulent installer du grillage autour de leur jardin.

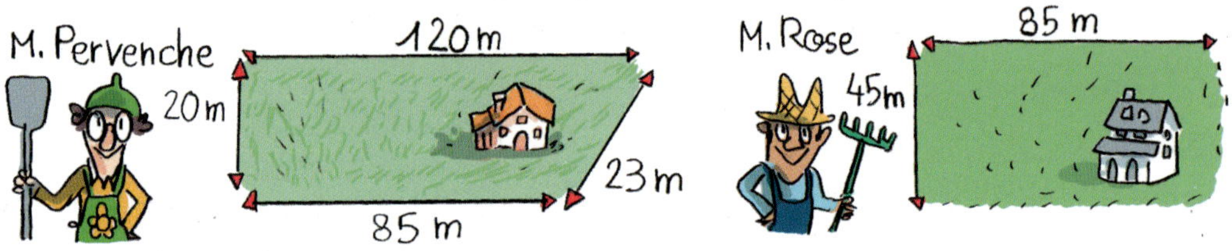

→ **Calcule le contour de chaque jardin pour trouver la longueur de grillage nécessaire.**

→ **Peux-tu trouver une façon simple de calculer le contour du jardin de M. Rose ?**

- La longueur du contour d'une figure s'appelle le **périmètre**.

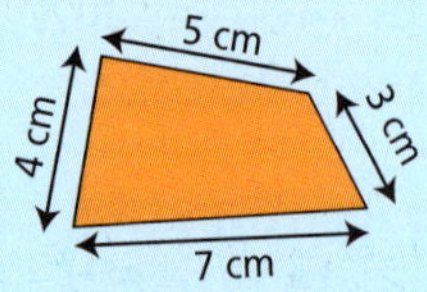

On **calcule le périmètre** d'un polygone en additionnant la **longueur de tous ses côtés** :
P = 4 + 5 + 3 + 7 = 19
Le périmètre de ce polygone est de 19 cm.

- Pour certains polygones, on utilise des **formules** pour simplifier les calculs.

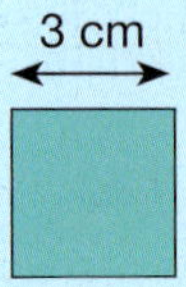

Périmètre du carré

côté × 4
c × 4
3 × 4 = 12 cm

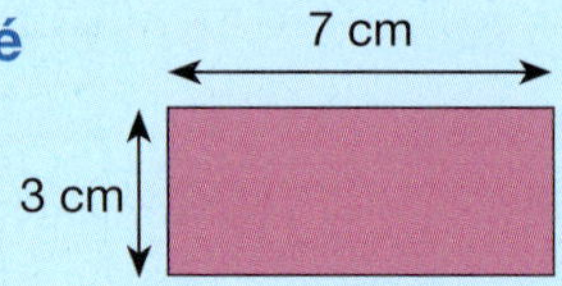

Périmètre du rectangle

(Longueur + largeur) × 2
(L + l) × 2
(7 + 3) × 2 = 20 cm

Calculer des périmètres

1 * **Reproduis ces polygones. Calcule leur périmètre en utilisant le carreau comme unité.**

Ex. : figure A : 3 + 3 + 2 + 1 + 1 + 4 = 14 carreaux

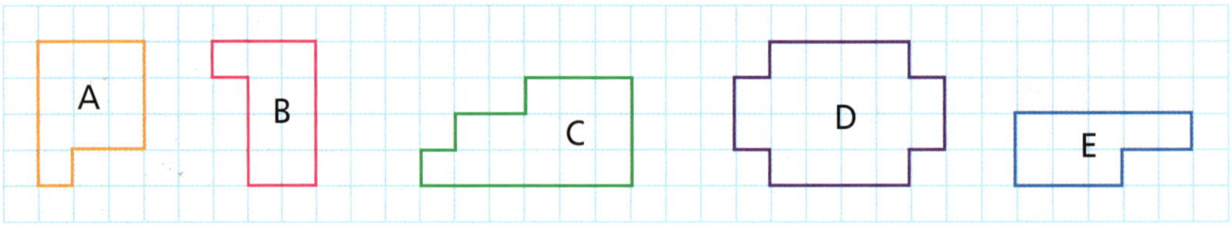

2 * **a.** Mesure et calcule le périmètre de chaque polygone (en cm).

Attention ! On ne mesure que la longueur du contour.

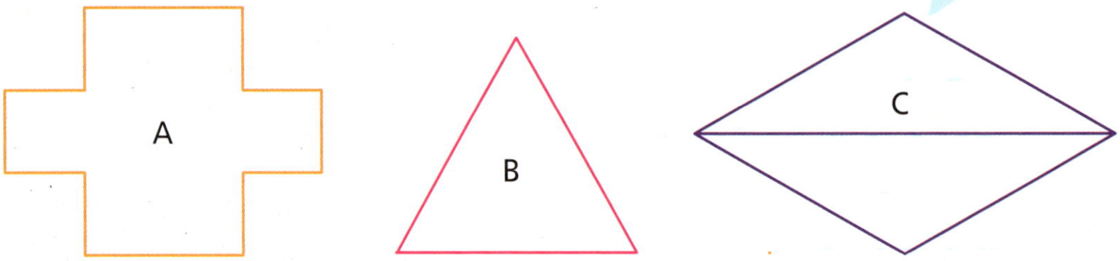

b. Classe-les du plus grand au plus petit.

3 ** Pour Noël, M. Tulipe veut accrocher une guirlande tout autour de son toit. Quelle sera la longueur de sa guirlande ?

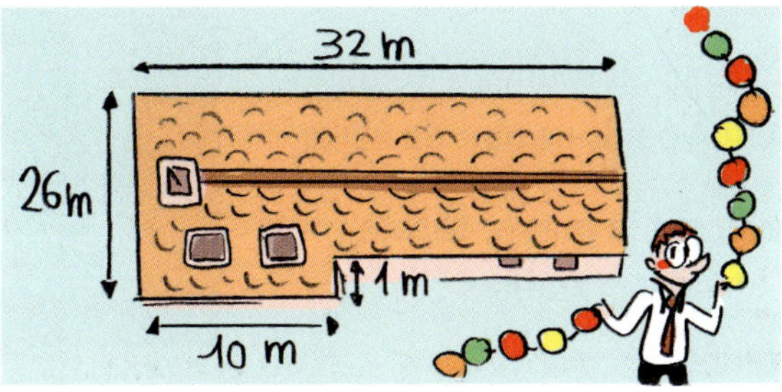

4 ** **Sur ton cahier, trouve deux solutions pour tracer un polygone dont le périmètre est de 16 carreaux.**

Utiliser des formules pour calculer des périmètres

5 * Un terrain de basket a la forme d'un rectangle de 28 m de longueur sur 15 m de largeur. Quel est son périmètre ?

6 ** Samuel a scotché la photo de sa tante sur son mur. Son rouleau de scotch de 3 m sera-t-il suffisant pour fixer ses trois autres photos ?

7 ** **Reproduis et complète ces tableaux en utilisant les formules que tu as apprises.**

Carré	Longueur du côté en cm	Périmètre en cm
A	24	
B	13	
C		48
D	52	

Rectangle	Longueur en cm	Largeur en cm	Périmètre en cm
E	14	16	
F	5		16
G		3	20

8 *** **Calcule le périmètre de la base au sol de ces monuments célèbres.**

a.

Pyramide de Khéops, Égypte
Base carrée de 230 m de côté

b.

Parthénon, Grèce
Longueur = 70 m
largeur = 30 m

Défi Voici le plan d'un château fort.

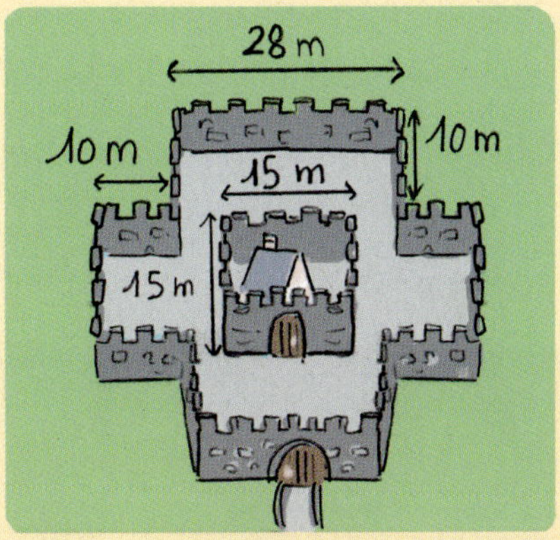

Quel sera le périmètre du château et celui de la muraille tout autour ?

Connaître les unités de mesure de masses

Cherchons

Alan Menken a reçu 8 Oscars pour ses chansons. Il souhaite les poser sur une étagère qui ne peut pas supporter un poids de plus de 25 kg.

→ **Chaque statuette pèse 3 000 g. Quelle est la masse totale des 8 statuettes en kilogrammes ? en décagrammes ?**

→ **Peut-il poser ses statuettes sur l'étagère ?**

Un Oscar.

- La principale **unité de mesure de masses** est le **gramme**.
- Pour comparer ou calculer des mesures de masses, il faut les convertir dans la même unité. Pour cela, on utilise un **tableau de conversion**.

Multiples du gramme				Sous-multiples du gramme		
kilogramme *kg*	hectogramme *hg*	décagramme *dag*	gramme *g*	décigramme *dg*	centigramme *cg*	milligramme *mg*
3	5	0	0			
			5	0	0	0

3 kg 500 g = 35 hg = 350 dag = 3 500 g

5 g = 50 dg = 500 cg = 5 000 mg

- Les autres unités de mesure de masses sont :
  – le quintal (q) = 100 kg – la tonne (t) = 1 000 kg

Estimer et mesurer des masses

1 * **Quelle unité choisirais-tu *(t, g, kg)* pour mesurer la masse :**

a. d'un éléphant ?
b. d'un enfant de 9 ans ?
c. d'une cuillerée à café de sucre ?
d. de ton cartable quand tu pars à l'école ?

2 * **Calcule la masse de chaque aliment.**

3 ** **Choisis la masse qui convient pour chaque animal.**

a. une baleine : 10 kg 10 000 g 10 t
b. un colibri : 2 g 2 000 g 20 kg
c. un gorille : 2 t 200 kg 200 g
d. un labrador : 30 kg 300 g 30 g

4 ** Le poids maximal autorisé pour cet ascenseur est de 250 kg.

Cette famille peut-elle emprunter cet ascenseur ?

5 **

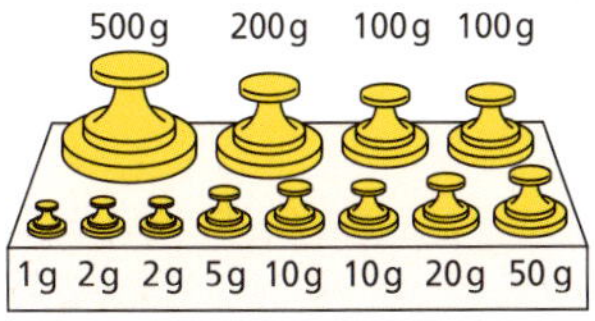

Quelles masses de la boîte utiliserais-tu pour peser :

a. 336 g de farine ?
b. 875 g de sucre ?
c. 477 g de beurre ?
d. 774 g de chocolat ?

Utilise le moins de masses possible.

Convertir des mesures de masses

6 * **Reproduis le tableau de conversion de la leçon. Complète-le avec les mesures suivantes.**

458 g	2 kg 75 dag	45 dag 56 dg
4 678 mg	634 hg	98 dag
8 hg 24 g	383 g	34 628 mg

7 * **Convertis en kilogrammes.**

Tu peux t'aider du tableau de conversion.

a. 45 000 g – 200 dag – 7 000 g – 430 hg
b. 5 t – 3 000 hg – 65 q – 800 dag

8 * **Convertis en grammes.**

a. 3 kg – 2 hg – 400 dag – 8 kg 560 g
b. 1 kg 400 g – 12 kg 8 hg – 5 kg 35 dag

9 ** **Recopie et complète avec <, > ou =.**

a. 400 g … 40 dg
60 g … 620 dg
8 t … 8 000 kg

b. 5 000 g … 300 hg
375 mg … 38 cg
78 hg … 7 080 g

10 ** La livre est une unité de masse anglo-saxonne. Une livre vaut environ 500 g. Combien de livres faut-il pour atteindre la masse de 13 kg ?

11 ** **Range dans l'ordre croissant les masses des animaux.**

12 ** Voici les affaires que Julien veut emporter dans son sac à dos.

a. Son sac à dos vide pèse 700 g. Quelle sera sa masse une fois rempli (en g) ?
b. Julien veut que son sac ait une masse de 5 kg. Quel objet doit-il enlever ?

13 *** Pour faire un cake, Nicolas utilise 250 g de farine, 1 hg 25 g de beurre, autant de sucre que de beurre, 1 dag de levure et 3 œufs pesant chacun 60 g.

a. Combien de grammes pèse la pâte ?
b. Il ajoute 1 hg de fruits confits. Combien de grammes pèse alors la pâte ?

Défi **Range ces fruits du plus lourd au moins lourd.**

Connaître les unités de mesure de contenances

brique de lait : **1 L** — bouteille d'eau : **15 dL** — canette : **33 cL** — ampoule : **10 mL** — jerrican : **1 daL** — verre doseur : **500 mL**

Cherchons

→ **Ces récipients ont-ils tous la même contenance ?**

→ **Que faut-il faire pour pouvoir comparer ces mesures ?**

→ **Quelles contenances sont inférieures à 1 litre ? supérieures à 1 litre ?**

- L'unité principale de **mesure de contenances** est le **litre**.
- Pour comparer ou calculer des mesures de contenances, il faut les convertir dans la même unité. Pour cela, on utilise un **tableau de conversion**.

Multiples du litre			Sous-multiples du litre		
hectolitre *hL*	décalitre *daL*	litre *L*	décilitre *dL*	centilitre *cL*	millilitre *mL*
5	0	0			
		8	0	0	0

500 L = 50 daL = 5 hL

8 L = 80 dL = 800 cL = 8 000 mL

Estimer et lire des mesures de contenances

1 * **Choisis l'unité qui convient.**

a. 

L — cL — hL

b. 

mL — cL — L

c. 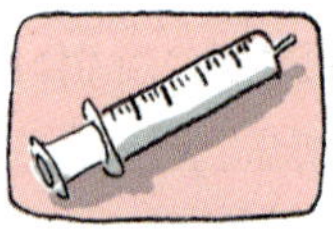

mL — L — cL

d. 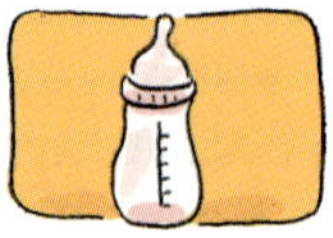

mL — daL — L

2 * **Quelle quantité d'eau (en mL) y a-t-il dans chaque récipient ?**

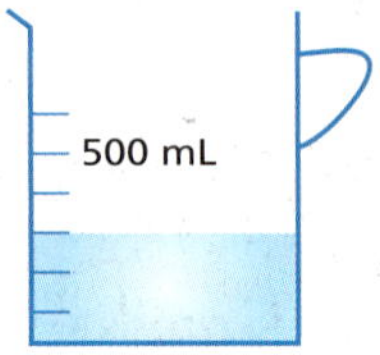

Ⓐ

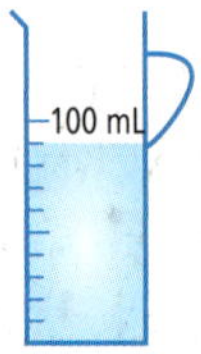

Ⓑ

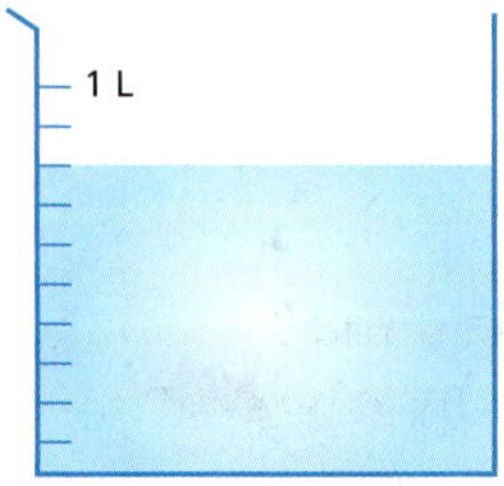

Ⓒ

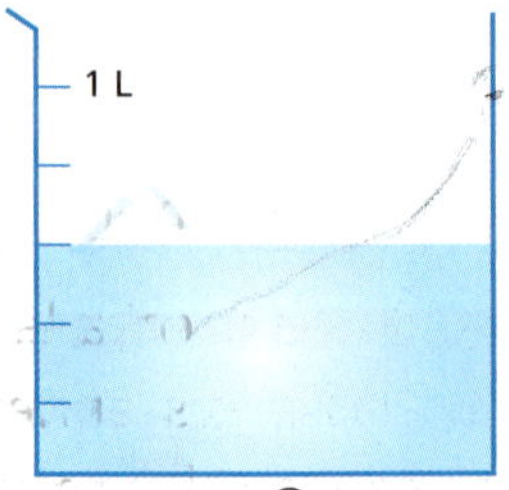

Ⓓ

Convertir et comparer des mesures de contenances

3 * **Range ces contenances de la plus grande à la plus petite.**

4 * **Convertis ces mesures :**

a. en litres.
75 hL – 6 daL – 178 hL – 30 daL – 265 daL

b. en centilitres.
45 hL – 673 L – 90 dL – 76 daL – 6 L

c. en millilitres.
3 L – 25 cL – 8 dL – 59 hL – 100 L

5 * **Recopie et complète ces égalités.**

a. 65 daL = … hL … daL
b. 330 cL = … L … cL
c. 151 mL = … cL … mL
d. 255 L = … hL … daL … L
e. 855 L = … daL … L

6 * **Recopie et complète avec <, > ou =.**

a. 6 hL … 6 L
50 L … 500 dL
750 cL … 8 L

b. 3 cl … 3 mL
400 mL … 4 dL
23 daL … 2 400 dL

7 ** L'homme a besoin d'eau pour boire… mais aussi pour se nourrir !
Voici la quantité d'eau utilisée pour produire 1 kg de chacun de ces aliments :

maïs : 2 380 dL

banane : 346 L

pomme de terre : 59 daL

riz : 16 hL

orge : 52 400 cL

a. Quel aliment a le plus besoin d'eau ?
b. Classe ces aliments selon leur besoin en eau, du plus petit au plus grand.

Convertir et calculer des contenances

8 * Pour arroser son jardin, la famille de Rémi utilise un récupérateur d'eau de pluie qui peut contenir jusqu'à 300 L. Combien d'arrosoirs de 1 daL permet-il de remplir ?

9 ** Pour se transformer en belle princesse, la sorcière a préparé une potion magique. Voici sa recette :

• Versez 750 mL de jus de citrouille dans un saladier contenant 7 limaces.
• Mélangez avec 500 mL de boue fraîche.
• Ajoutez 250 mL de salive de dragon.

La sorcière doit boire au moins 125 cL de potion pour que celle-ci fasse effet.
En a-t-elle préparé assez ?

10 *** Voici la consommation moyenne d'eau par personne et par jour en France :

	Quantité d'eau
Boire	20 dL
Faire la cuisine	9 000 mL
Arroser le jardin	180 dL
Faire la vaisselle	1 daL 5 L
Tirer la chasse d'eau	3 000 cL
Laver le linge	2 daL
Se laver	58 L

a. Combien de litres d'eau une personne consomme-t-elle par jour ?
b. Combien de litres d'eau une famille de 4 personnes consomme-t-elle par semaine ?

Défi **Halte au gaspillage !**
Un robinet qui fuit laisse couler 4 000 gouttes d'eau par heure. 1 000 gouttes correspondent à 10 cL.
Quelle quantité d'eau est gaspillée par jour, par un robinet qui fuit ? Indique ton résultat en litres et en centilitres.

Révisions

Estimer des longueurs

1 * **Quelle est la longueur :**

a. d'une allumette ?
50 mm — 50 cm — 5 dm

b. d'une fourchette ?
21 mm — 21 cm — 2 100 mm

c. d'une piscine ?
50 dam — 5 km — 50 m

d. d'un trajet Paris-Rennes ?
600 dam — 6 000 mm — 600 km

2 ** **Possible ou impossible ?**

a. une fourmi de 120 mm de long
b. une tour de 36 dam de haut
c. un trottoir de 20 dm de large

Convertir et comparer des longueurs

3 * **Recopie et complète avec >, < ou =.**

a. 12 km ... 1 200 m
56 cm ... 560 mm
6 hm ... 60 m

b. 45 m ... 450 cm
5 km ... 50 dam
60 mm ... 5 dm

Convertir et calculer des longueurs

4 * **Convertis en mètres.**

a. 5 000 cm – 5 dam – 5 000 dm – 750 dm – 5 km
b. 400 cm – 7 000 mm – 80 dm – 4 dam 6 m

5 * **Convertis en kilomètres.**

a. 3 000 m – 50 000 dm – 700 dam – 200 dam
b. 800 dam – 10 000 dm – 8 000 m – 70 000 m

6 ** Quelle distance en mètres effectue un sportif qui fait 12 fois le tour d'un stade de 80 dam ?

7 ** L'espèce de fourmi la plus grande mesure 30 mm. Quelle est la longueur en centimètres d'une file de 3 000 fourmis ? en mètres ?

Calculer le périmètre d'un polygone

8 ** **Calcule le périmètre des figures.**

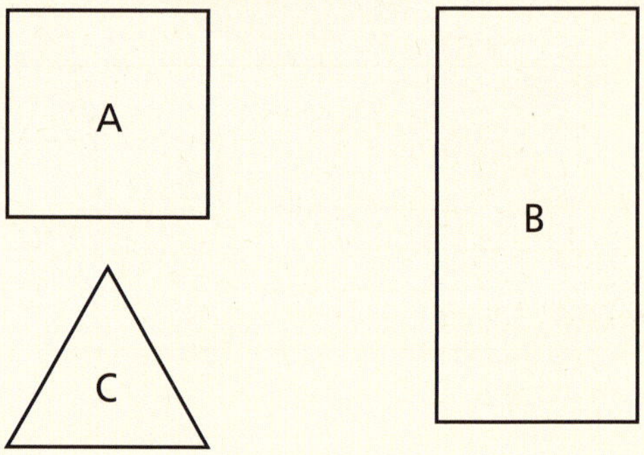

9 ** M. Dupotager a un jardin de 55 m de largeur sur 58 m de longueur. Combien de mètres parcourt-il avec sa tondeuse quand il fait le tour de son jardin ?

Estimer des masses

10 * **Choisis l'unité qui convient pour exprimer la masse :**

a. d'une lettre.
20 g — 20 mg — 2 g

b. d'un hippopotame.
25 kg — 250 dg — 2 t

c. d'une feuille A4.
5 mg — 5 g — 5 kg

11 ** **Recopie et complète avec l'unité qui convient : *t*, *kg*, *g*.**

a. une vache de 750 ...
b. un avion de 200 ...
c. un livre de 300 ...

Convertir et comparer des masses

12 * **Recopie la plus grande mesure de chaque liste.**

a. 20 g — 200 g — 2 000 mg
b. 650 dg — 6 kg 500 g — 6 t
c. 890 mg — 89 kg — 89 cg

13 ** Convertis et range ces masses de la plus lourde à la plus légère.

Semi-remorque : 38 t

Tracteur : 3 500 kg

Bus articulé : 320 q

4 × 4 : 2 t

Convertir et calculer des masses

14 * Quelle est la masse des produits ?

15 ** Recopie et convertis dans l'unité demandée.

a. 3 q = ... kg	b. 52 t = ... kg
360 kg = ... hg	29 000 g = ... kg
8 kg = ... g	48 kg = ... dg

16 ** Un nourrisson peut absorber jusqu'à 50 mg d'aspirine par kg et par jour. Quelle dose ne convient pas à un bébé de 4 kg ?

20 cg par jour — 2 g par jour

Estimer et lire des mesures de contenances

17 * Quelle est la contenance :

a. d'une citerne de camion ?

80 L — 80 hL — 8 L

b. d'une chasse d'eau ?

9 mL — 9 hL — 9 L

c. d'un bidon d'essence ?

300 L — 30 L — 3 dL

18 ** Recopie et complète avec 10, 100 ou 1 000.

a. un arrosoir de ... cL

b. un verre de ... cL

c. une bouteille de ... mL

19 ** Ces verres sont gradués en millilitres. Écris leur mesure.

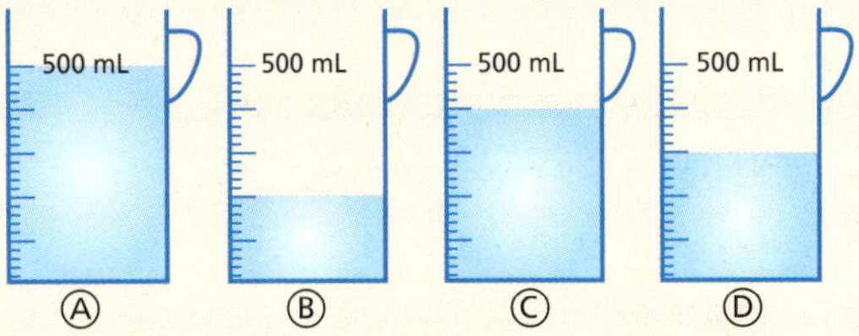

Convertir et comparer des contenances

20 ** Vrai ou faux ?

a. 5 L < 500 dL

b. 5 000 mL > 5 L

c. 5 hL > 50 L

d. 500 cL = 50 dL

21 ** Range dans l'ordre décroissant.

335 L – 4 hL – 48 daL – 2 421 dL – 33 L – 47 dL

Convertir et calculer des contenances

22 ** Zélie veut verser 1 L de soda dans des canettes de 25 cL. Combien de canettes peut-elle remplir ?

23 *** Une plaquette de beurre mesure 12 cm de long. Elle pèse 250 g. On doit la faire fondre dans 16 dL de lait.

Si l'on n'en utilise que la moitié :

a. quelle sera sa longueur en millimètres ?

b. quelle sera sa masse en centigrammes ?

c. de quelle quantité de lait en centilitres aura-t-on besoin ?

Mesurer et comparer des aires

Cherchons

M. Gilet doit réparer le mur de sa salle de bains. Il cherche à savoir combien de carreaux il doit commander.

→ **Combien de carreaux manque-t-il dans la surface A ? dans la surface B ?**

→ **Combien de carreaux doit-il commander pour réparer entièrement la surface C ?**

→ **Cherche comment classer ces surfaces selon leur aire.**

Déterminer l'aire d'une figure, c'est **mesurer sa surface**.

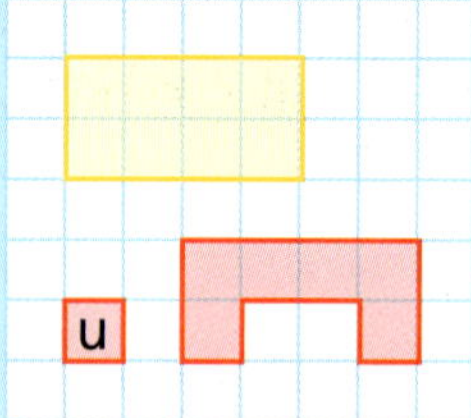

Pour **exprimer une aire**, on utilise une **unité d'aire**.

Dans cet exemple, l'unité d'aire est le carreau : u
La surface jaune a une aire de 8 carreaux.
La surface rouge a une aire de 6 carreaux.

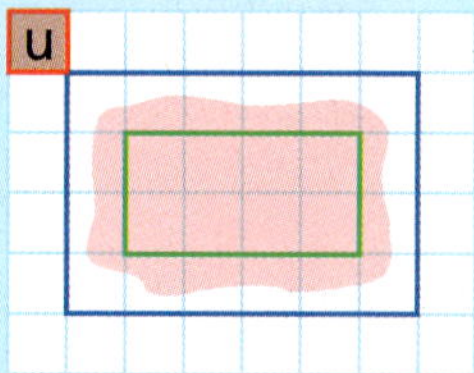

Pour **estimer une aire**, on fait un **encadrement**.

L'aire de la figure rouge est comprise :
– entre l'aire du rectangle vert et l'aire du rectangle bleu ;
– entre 8 unités d'aire et 24 unités d'aire.

Exprimer l'aire d'une surface à l'aide d'une unité d'aire

1 * **Exprime l'aire de chaque surface avec l'unité choisie.**

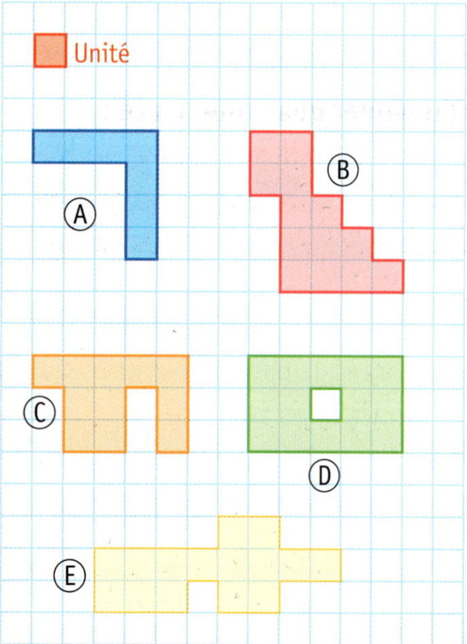

2 * **Exprime l'aire de ce carrelage.**

3 ** **Exprime l'aire de la surface remplie de miel, puis celle de la surface vide.**

4 ** **Exprime l'aire de chaque surface avec l'unité 1, l'unité 2 et l'unité 3.**

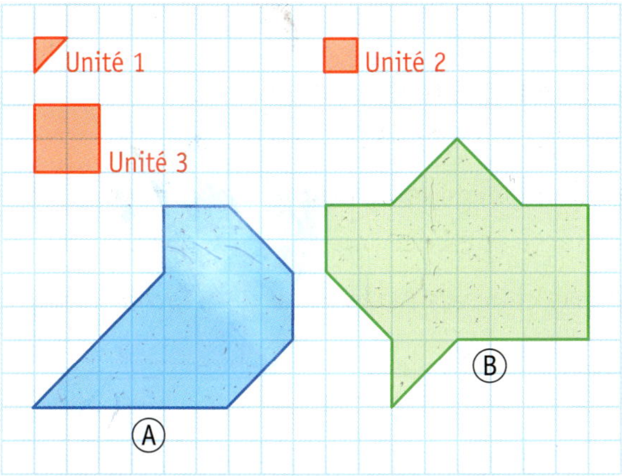

5 ** **Sur une feuille à petits carreaux, construis :**

a. 1 carré de 4 unités d'aire ;

b. 1 carré de 16 unités d'aire ;

c. 1 carré de 25 unités d'aire.

L'unité utilisée est le carreau.

Estimer l'aire d'une surface

6 ** **Estime l'aire de cette surface.**

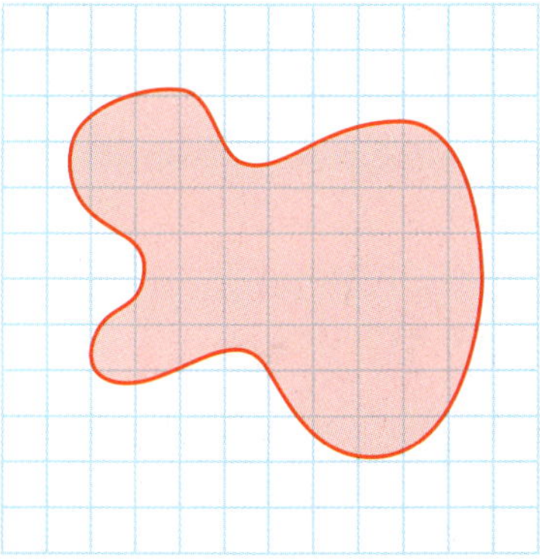

Comparer des aires

7 * **Range ces surfaces de la plus petite à la plus grande.**

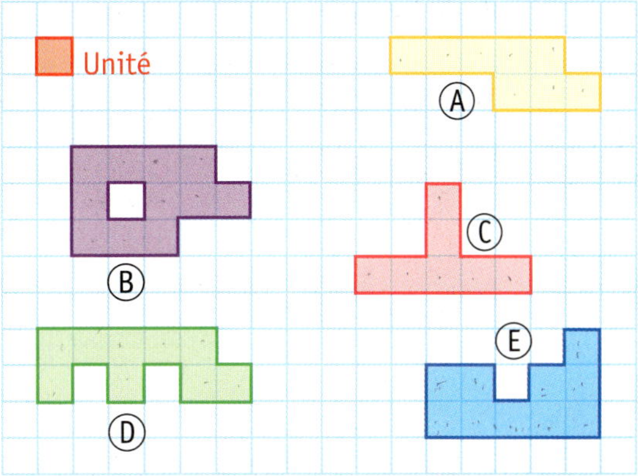

8 ** **Compare l'aire des deux poissons.**

Unité

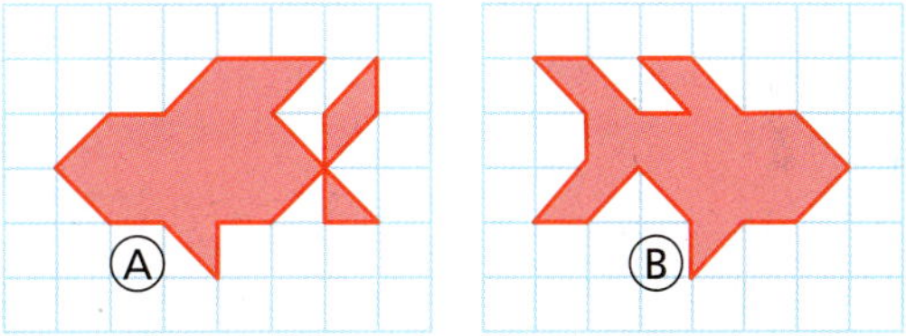

9 *** Observe cette figure.

Unité

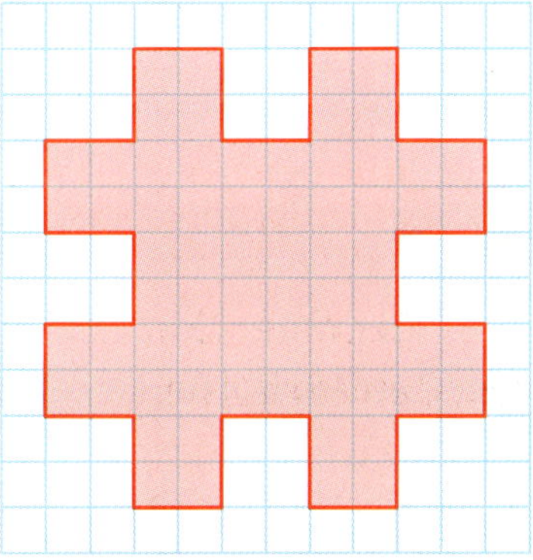

Sur du papier quadrillé, trace :

a. 1 figure qui a la même aire.

b. 1 figure qui a une aire plus grande.

c. 1 figure qui a une aire plus petite.

Défi Voici 4 figures composées de 5 unités d'aire.

a. Reproduis et découpe les 4 figures.

b. Reproduis le rectangle et pave-le avec les 4 figures.

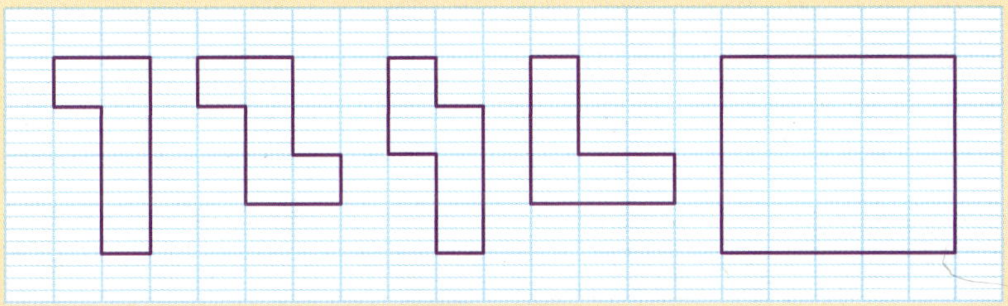

Comparer des mesures d'angles

Étienne a reproduit les figures géométriques du tableau d'André Bloc sur du papier-calque. Il a marqué certains angles.

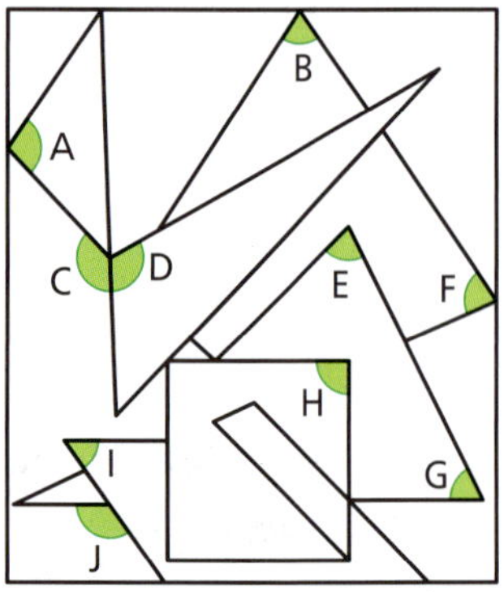

Témoignage III, d'André Bloc, 1952

Cherchons

→ **Quelle figure du tableau a 4 angles droits ? Quel instrument as-tu utilisé pour les identifier ?**

→ **Observe tous les angles marqués, puis trouve une façon de les classer.**

▶ Un **angle** est formé par **deux demi-droites qui se coupent.**
Leur point d'intersection est le **sommet** de l'angle.

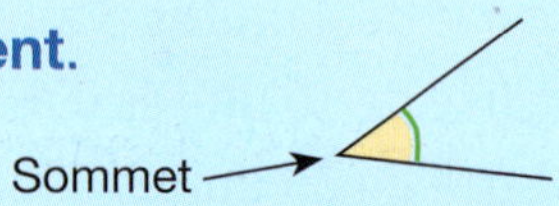

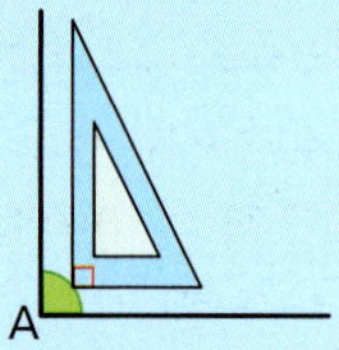

L'angle $\widehat{A}$ est un **angle droit** ; ses côtés sont perpendiculaires.

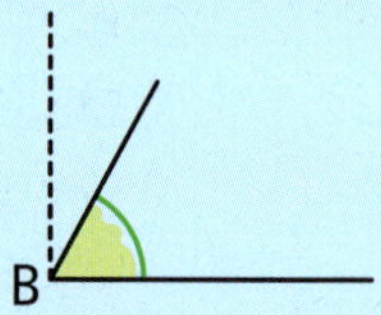

L'angle $\widehat{B}$ est plus petit qu'un angle droit : c'est un **angle aigu**.

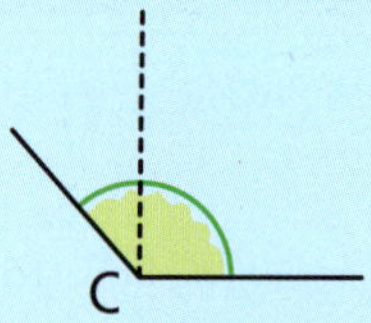

L'angle $\widehat{C}$ est plus grand qu'un angle droit : c'est un **angle obtus**.

▶ Pour **comparer des angles,** on peut utiliser une **équerre** ou un **gabarit** : on décalque l'angle à comparer, puis on le superpose sur les autres angles.

Identifier et comparer des angles avec une équerre

1 * **Indique, pour chaque angle, s'il est aigu, droit ou obtus.**

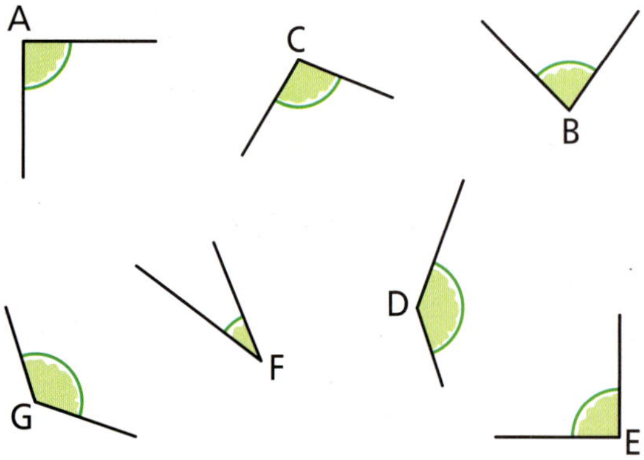

2 * **Même exercice.**

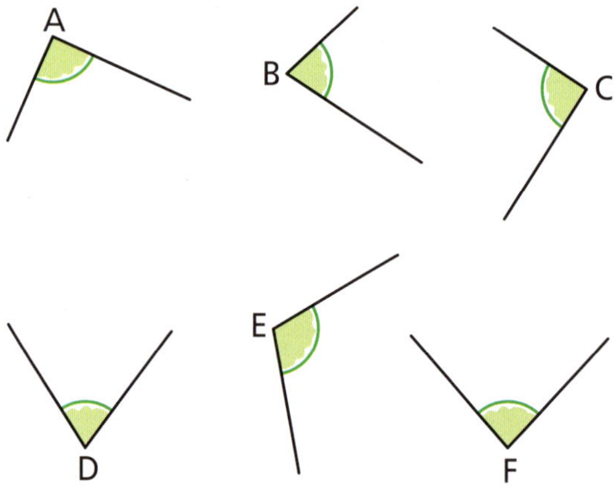

3 * **L'angle que forme la tour de Pise avec le sol à droite est-il droit, obtus ou aigu ?**

4 ** **Reproduis l'angle droit en rouge, l'angle aigu en vert et l'angle obtus en noir.**

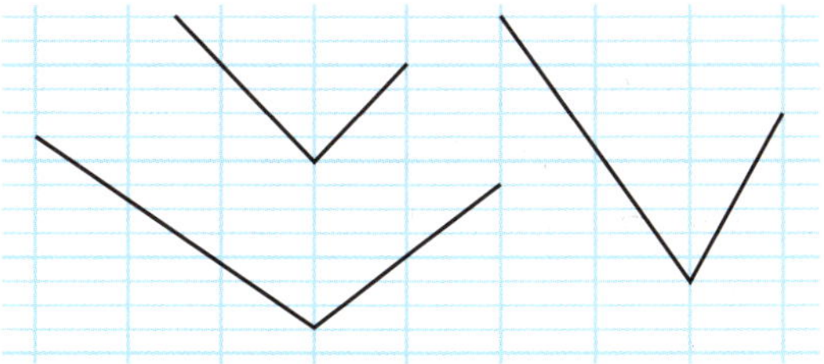

5 ** **Quelle(s) figure(s) possède(nt) au moins un angle droit ? un angle obtus ? un angle aigu ?**

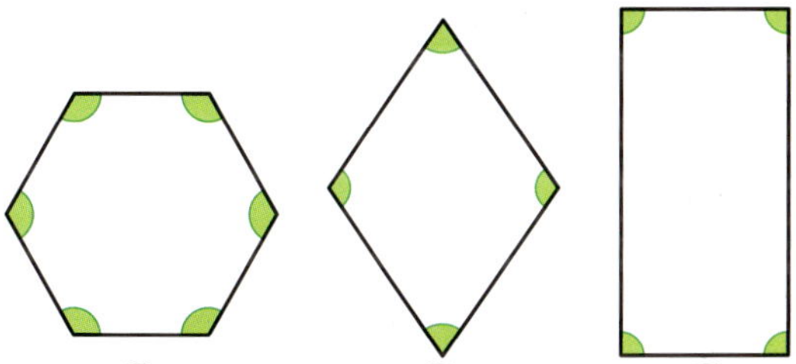

Ⓐ Ⓑ Ⓒ

Identifier et comparer des angles en utilisant un gabarit

6 * **Compare ces angles à l'aide de papier-calque, puis range-les du plus petit au plus grand.**

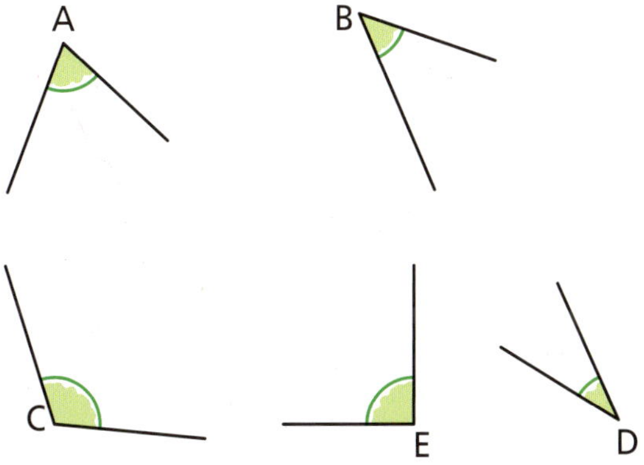

7 ** Observe cette figure.

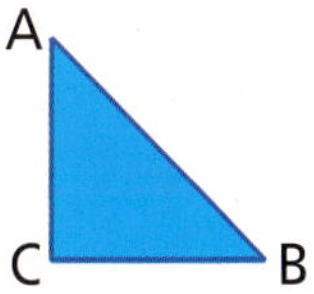

a. Recopie et complète les phrases ci-dessous.

Le triangle ABC possède … angles. L'angle $\widehat{C}$ est un angle … . Les angles $\widehat{A}$ et $\widehat{B}$ sont des angles … .

b. Compare les angles $\widehat{A}$ et $\widehat{B}$ avec du papier-calque. Que constates-tu ?

8 ** Observe ces deux droites.

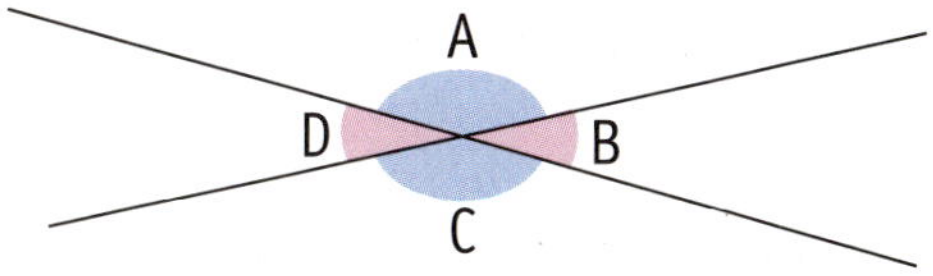

a. Combien d'angles comptes-tu ?

b. À l'aide de papier-calque, compare les angles de la même couleur.

c. Trace à ton tour deux droites qui se coupent. Que constates-tu ?

Tracer des angles

9 *** **À l'aide de ta règle et de ton équerre, trace :**

a. un angle droit.

b. un angle aigu.

c. un angle obtus.

Défi

Quel polygone a tracé Étienne ?

Ⓐ Ⓑ Ⓒ

Révisions

Exprimer l'aire d'une surface à l'aide d'une unité d'aire

1 * **Exprime l'aire de ce carrelage.**

Unité

2 * **Exprime l'aire de chaque surface colorée.**

1 unité d'aire = 1 carreau

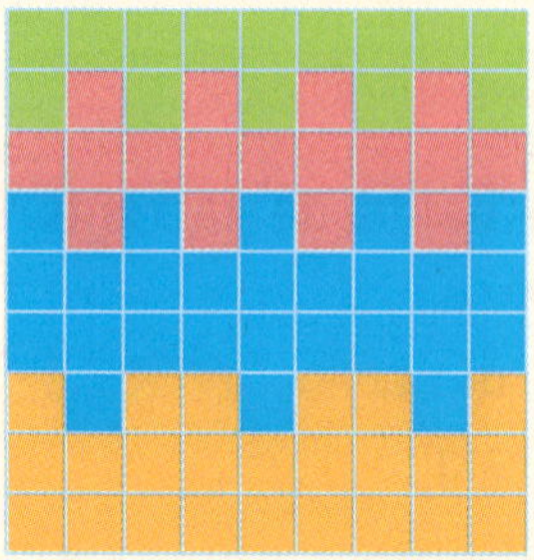

3 ** Voici le plan d'un appartement :

1 unité d'aire = 1 carreau

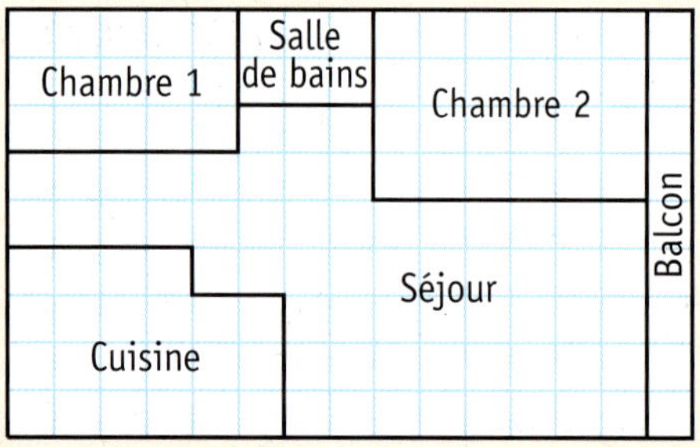

a. Quelle est l'aire de l'appartement ?
b. Quelle est l'aire de chaque pièce ?

4 ** **Exprime l'aire de la figure en utilisant les unités d'aire proposées.**

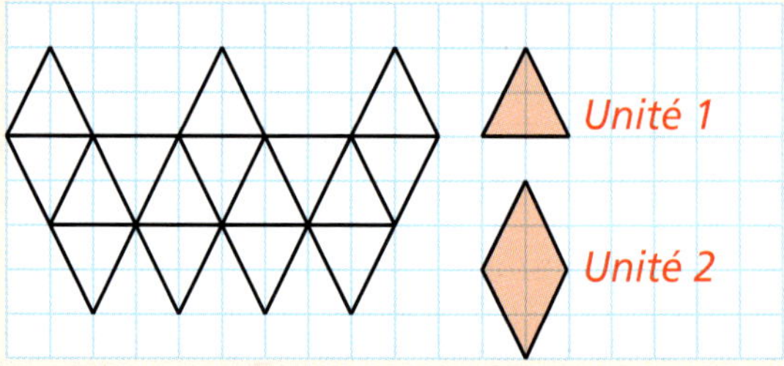

5 ** **Sur une feuille quadrillée, construis deux figures de formes différentes ayant la même aire que ce polygone.**

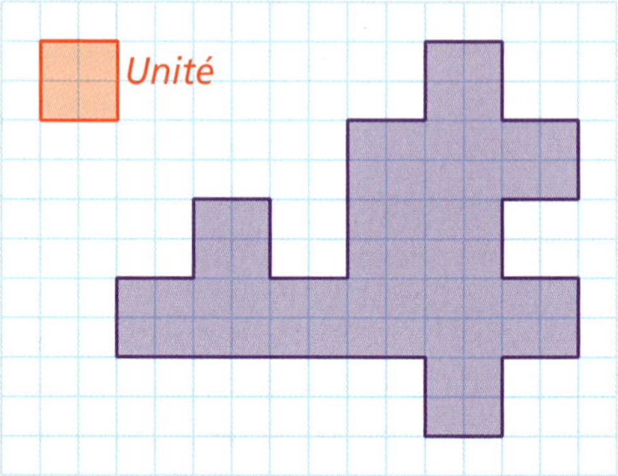

6 ** Combien de rectangles de dimensions différentes et de 12 unités d'aire peux-tu dessiner sur ton cahier ? Utilise le carreau comme unité.

Estimer l'aire d'une surface

7 * **Estime l'aire de cette surface.**

Exprime l'aire extérieure et l'aire intérieure pour trouver un encadrement.

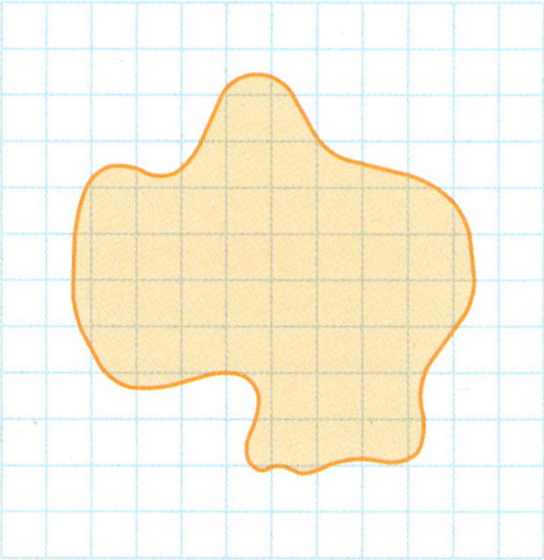

Comparer des aires

8 * **Quelles surfaces ont la même aire ?**

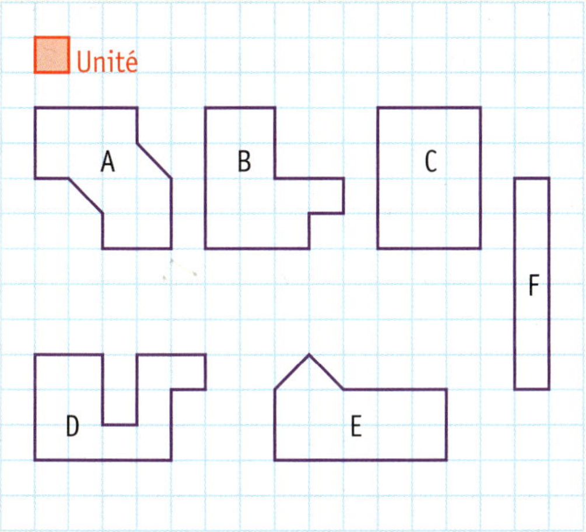

9 ** **Range ces surfaces de la plus grande à la plus petite.**

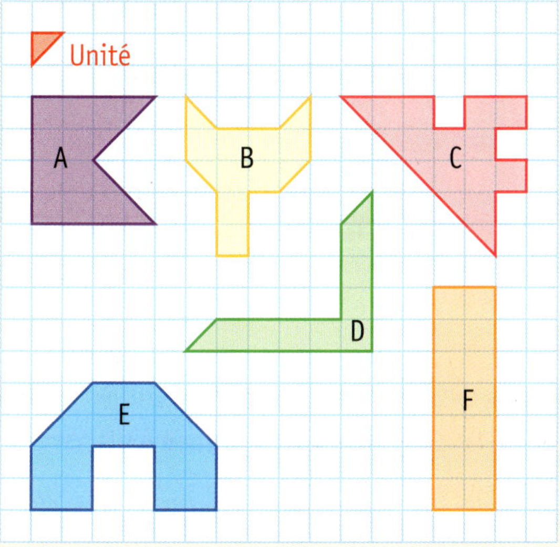

Identifier et comparer des angles avec une équerre

10 * **Cherche les angles aigus à l'aide de ton équerre.**

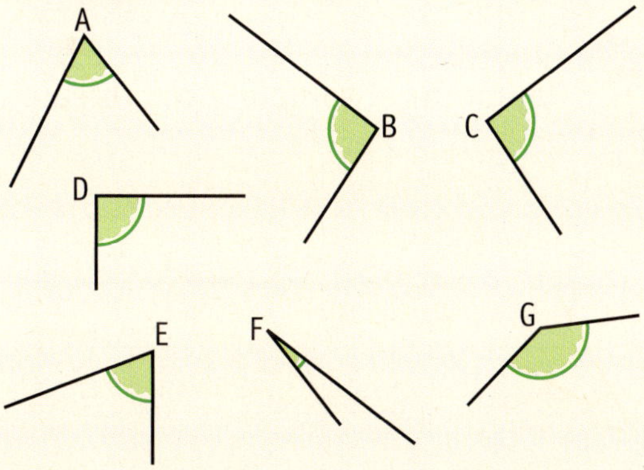

11 ** **À l'aide de ton équerre, trouve les angles aigus de la figure.**

Considère les angles à l'intérieur de la figure.

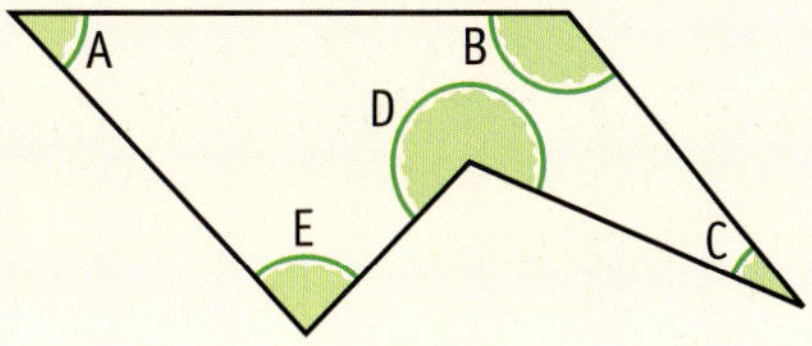

Identifier et comparer des angles en utilisant un gabarit

12 * **Compare les angles à l'aide de papier-calque, puis classe-les du plus petit au plus grand.**

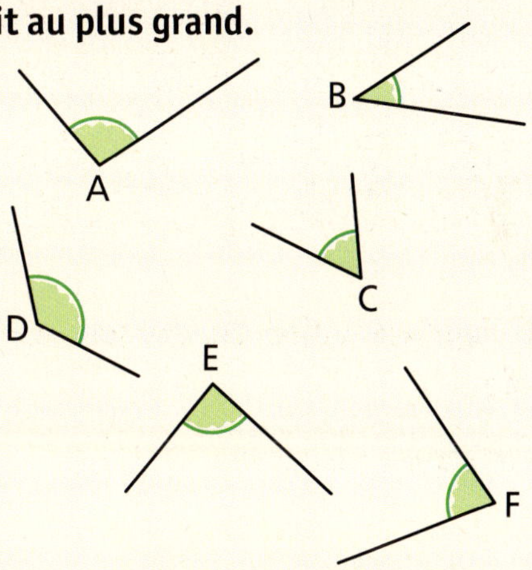

13 ** **À l'aide de papier-calque, compare l'angle $\widehat{A}$ avec les deux autres angles de la figure. Que constates-tu ?**

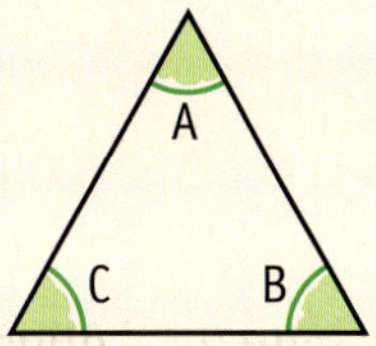

14 *** **Reproduis chaque figure et colorie d'une même couleur les angles qui sont égaux. Utilise le papier-calque pour comparer.**

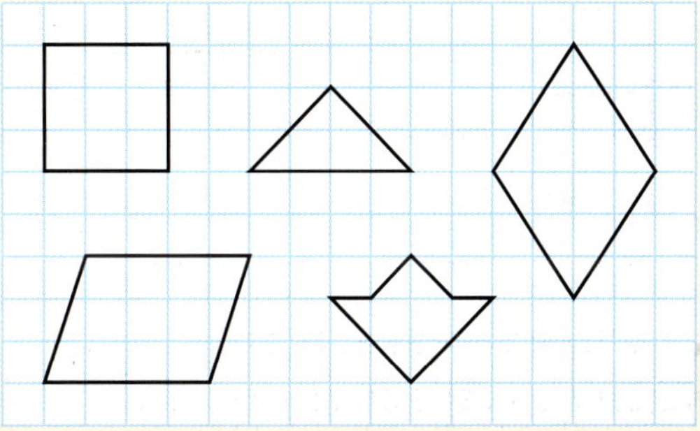

Grandeurs et mesures

Lire l'heure

Pour se rendre à l'école, Martin prend le pédibus : c'est un ramassage scolaire qui amène les élèves à l'école… à pied ! Le pédibus passe devant la maison de Martin à 8 h 10. Il arrivera à l'école 15 minutes plus tard.

Cherchons

→ **Quelle heure indique la pendule ?**

→ **Combien de temps Martin doit-il encore attendre le pédibus ?**

→ **À quelle heure arrivera-t-il à l'école ?**

- Pour **lire l'heure**, on regarde les aiguilles :
  – la petite aiguille indique les heures ;
  – la grande aiguille indique les minutes ;
  – la « trotteuse » indique les secondes.

17 : 10

Il est 5 h 10 du matin ou 17 h 10 de l'après-midi.

- La journée commence à minuit (00 h 00) et dure 24 heures.
  De minuit à midi, on lit les heures de 0 à 12 h.
  De midi à minuit, on lit les heures de 12 à 24 h.
- 1 heure = 60 minutes 1 h = 60 min 1 minute = 60 secondes 1 min = 60 s

Connaître les équivalences simples

1 * **Recopie et complète les équivalences.**

a. 60 min = … h
120 min = … h
120 s = … min
480 s = … min
3 600 s = … min

b. 360 min = … h
3 600 min = … h
$\frac{1}{2}$ h = … min
$\frac{1}{4}$ h = … min

2 * **Combien de minutes s'écouleront avant d'arriver à l'heure pile ?**

Ex. : 13 h 45 min + 15 min = 14 h

a. 18 h 50 min + … min = 19 h
b. 8 h 40 min + … min = 9 h
c. 16 h 25 min + … min = 17 h
d. 4 h 30 min + … min = 5 h
e. 2 h 10 min + … min = 3 h
f. 7 h 15 min + … min = 8 h

Lire l'heure

3 * **Associie chaque pendule à un réveil.**

A B C

13 : 46 (1) 23 : 30 (2) 6 : 17 (3)

4 * **Reproduis et complète ce tableau.**

Heure du matin	Heure de l'après-midi
5 h 50	
8 h 30	
	17 h 46
	22 h 14

5 * **Quelle heure indique chaque horloge ?**

Indique l'heure du matin, puis celle de l'après-midi.

A B C

6 ** **Associe les heures identiques.**

Ex. : 13 h 15 → treize heures un quart

12 h 45	midi et quart
12 h 30	midi pile
12 h 15	une heure moins vingt
12 h 40	midi et demi
12 h 00	une heure moins dix
12 h 50	une heure moins le quart

7 ** **Reproduis 8 fois l'horloge et place les aiguilles aux bons endroits.**

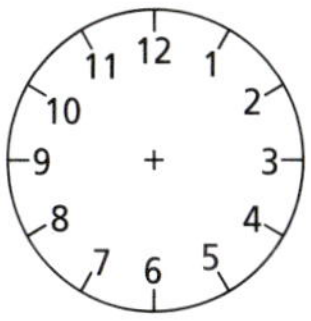

a. 3 h 45 **e.** 16 h 00
b. 10 h 25 **f.** 23 h 55
c. 7 h 30 **g.** 00 h 05
d. 9 h 35 **h.** 1 h 55

8 ** **Dessine les pendules indiquant les horaires du musée.**

Ouverture du musée d'Orsay :
– de 9 h 30 à 18 h le mardi, le mercredi, le vendredi, le samedi et le dimanche ;
– de 9 h 30 à 21 h 45 le jeudi.

9 ** Oscar habite à Mâcon. Il a rendez-vous à 13 h 30 chez sa grand-mère qui habite à Tournus. Voici les horaires des trains qui l'y amènent.

	Mâcon	→ Tournus
Train A	12 h 05	12 h 21
Train B	12 h 20	12 h 36
Train C	12 h 35	12 h 51
Train D	12 h 50	13 h 06

Observe l'horloge.

a. Oscar peut-il encore prendre le train B ?

b. S'il veut arriver avant 13 h 00, quel train doit-il prendre ?

10 ** Observe ces temps de cuisson :

Œufs à la coque	3 min
Œufs mollets	5 min
Œufs durs	10 min

Léon a plongé ses œufs dans l'eau à 11 h 55. Selon l'heure, quelle sera la cuisson de ses œufs ?

A B C

11 *** Le changement d'heure a été instauré pour économiser l'énergie utilisée en éclairage. Les Français ont 2 heures d'avance sur l'heure solaire en été et une heure d'avance en hiver.
Ce cadran solaire indique l'heure solaire : il est 15 h 00.
Quelle heure est-il en France en hiver ? En été ?

Défi Agnès est arrivée à l'école 10 minutes en avance, mais sa montre retarde de 3 minutes. Quelle heure indique sa montre ?

Grandeurs et mesures

Connaître les unités de mesure de durées

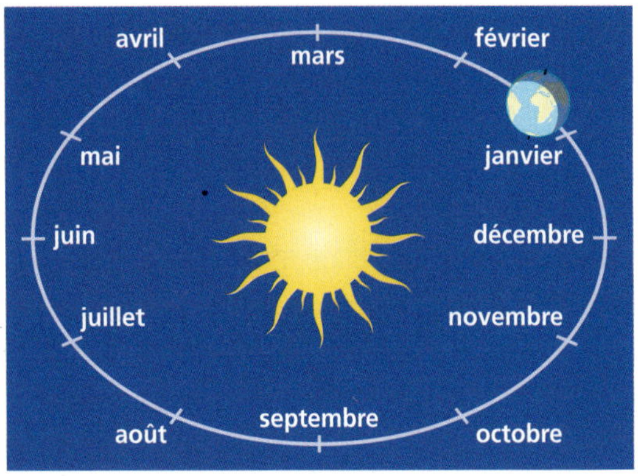

Cherchons

La Terre met un an pour tourner autour du Soleil.

→ **Dans une année, combien y a-t-il de mois ? de jours ?**

→ **Connais-tu d'autres unités de mesures de temps ?**

▶ **Voici les principales unités de mesure de durées et leurs équivalences :**

- 1 millénaire = 1 000 ans
- 1 siècle = 100 ans
- 1 an = 365 (ou 366 jours)
- 1 trimestre = 3 mois
- 1 semestre = 6 mois
- 1 mois = 31, 30, 29 ou 28 jours
- 1 semaine = 7 jours
- 1 jour = 24 heures (h)
- 1 heure = 60 minutes (min)
- 1 minute = 60 secondes (s)

2 siècles = 200 ans   2 semaines = 14 jours   2 heures = 120 minutes

▶ Pour **se repérer dans le temps ou calculer des durées**, on utilise un calendrier.

Lire un calendrier

Utilise un calendrier pour répondre aux exercices 1 à 4.

1 * Le tournage de *Harry Potter à l'école des sorciers* a commencé au mois d'octobre 2000 et s'est terminé au mois d'avril 2001. Calcule la durée du tournage en mois.

2 * **a.** Quel jour sera-t-on le 18/08 ?
b. Combien de dimanches y a-t-il dans ce mois ?
c. Quels mois ont 31 jours ?
d. Quelle sera la durée des vacances de Noël (en semaines et en jours) ?

3 ** Si Véronique part en Italie un vendredi et revient 18 jours plus tard, quel jour rentrera-t-elle ?

4 ** Le 9 novembre 2008, le navigateur Michel Desjoyeaux a débuté un tour du monde à la voile en solitaire qu'il a terminé 84 jours plus tard. Au cours de quel mois est-il revenu ?

Connaître les équivalences de durées

5 * **Recopie et complète.**

a. 1 000 ans, c'est … siècles.
b. 5 000 ans, c'est … millénaires.
c. 21 jours, c'est … semaines.
d. 2 trimestres, c'est … mois.
e. 4 semestres, c'est … ans.

6 * **Convertis en heures.**

a. 120 minutes
b. 600 minutes
c. 180 minutes
d. 2 jours
e. 1 semaine
f. 3 600 secondes

7 * **Convertis en minutes.**

a. 360 s
b. 4 h
c. 1/4 h
d. 1 h 30 min
e. 120 s
f. 6 heures
g. 1/2 heure
h. 2 h 45 min

8 ** Lucie veut regarder l'un de ces films :
Avatar : 162 min
L'Âge de glace 3 : 100 min
Shrek 3 : 93 min
Son cours de tennis a lieu dans 1 h 40 et elle doit partir de chez elle 5 minutes avant.
Quel film va-t-elle choisir ?

9 ** On a besoin de dessiner 24 images pour 1 seconde de dessin animé. Combien de minutes dure un dessin animé composé de 2 880 images ?

Estimer des mesures de durées

10 * **Choisis la durée qui convient parmi les propositions.**

a. Une publicité : 20 s | 20 min | 2 h
b. La rotation de la Lune autour de la Terre : 29 min | 29 h | 29 jours
c. La durée du Moyen Âge : 10 ans | 100 ans | 1 millénaire
d. La durée de notre digestion : 4 min | 40 min | 4 h

Comparer des mesures de durées

11 * **Recopie et complète avec <, > ou =.**

Convertis avant de comparer.

a. 120 min … 3 h
b. 75 min … 1 h 35 min
c. 15 s … 1/4 de minute
d. 3 mois … 1 semestre
e. 2 000 ans … 20 siècles

12 ** Voici les résultats d'une course de chevaux.

Convertis ces durées et classe les chevaux dans leur ordre d'arrivée.

13 *** **Classe ces animaux du plus âgé au plus jeune.**

Convertis dans l'unité appropriée.

- Tijo, jeune tigre de 26 mois
- Pono, panda roux de 2 ans et 4 mois
- Hipo, jeune hippopotame de 2 ans et 6 semaines
- Chita, jeune chimpanzé de 1 an, 11 mois et 3 semaines

Défi Le 7 juillet 2007, on a pu écrire la date de cette manière :

07/07/07

Dans ce siècle, quelle est la date la plus éloignée du 7 juillet 2007 qui s'écrira de la même façon ?

Grandeurs et mesures

Calculer des durées

Le TGV détient le record du monde « du plus grand trajet sans arrêt, parcouru par un train avec voyageurs » : en 2006, ce train a parcouru 1 421 km de 22 h 30 à 5 h 55, pour relier Londres à Cannes !

Cherchons

→ **Comment calculer la durée de ce voyage ?**

→ **As-tu remarqué que les équivalences entre les unités de durées sont différentes de celles des autres unités de mesure ? Pourquoi ?**

- Pour **calculer une durée**, on peut s'aider d'un **schéma** :

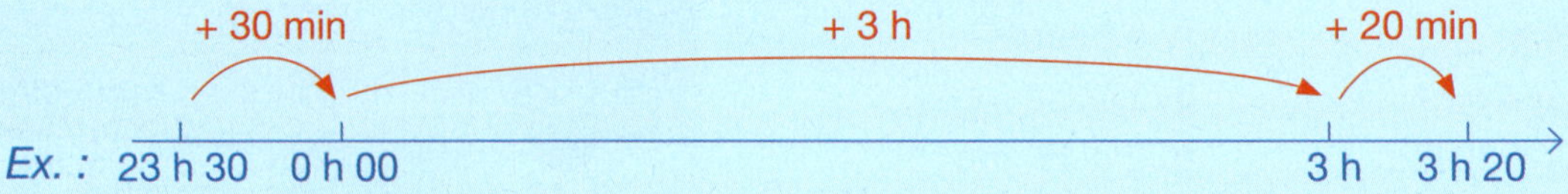

30 min + 3 h + 20 min = 3 h 50 min

- Il faut parfois **convertir les unités** :
Ex. : 1 h **15 min** + **50 min** → 1 h **65 min** → 1 h + **1 h** + **5 min** → **2 h 05 min**

Calculer des durées sans conversion

1 * **Combien de temps a duré chaque programme télévisé ?**

Émission	Début	Fin
Dessin animé	14 h 00	14 h 35
Documentaire	14 h 40	15 h 40
Film	16 h 00	17 h 30
Informations	17 h 45	18 h 10

2 * Voici les dates de naissance et de mort de trois écrivains :

Molière : 1622-1673

Jean de La Fontaine : 1621-1695

Corneille : 1606-1684

À quel âge ces écrivains sont-ils morts ?

3 ** Une femelle éléphant peut avoir des petits dès l'âge de 10 ans jusqu'à 50 ans. Elle donne naissance à un éléphanteau environ tous les 4 ans. Combien de petits peut-elle avoir au cours de sa vie ?

4 ** Un routier part le matin à 5 h 00. Il s'arrête à 7 h 15 pendant 30 minutes. Il repart, puis s'arrête à nouveau à 10 h 45.

a. Calcule la durée de son premier trajet.

b. À quelle heure repart-il après sa première pause ?

c. Combien de temps le routier a-t-il passé à conduire ?

Utiliser un schéma pour calculer des durées

5 * Henri IV, roi de France, est né en 1553. Il a régné de 1572 à 1610, date de sa mort. **Calcule la durée de sa vie, puis celle de son règne.**

Aide-toi d'un schéma pour répondre.

6 ** **Depuis combien d'années ces inventions existent-elles ?**

guitare électrique	téléphone portable	Internet
1920	1973	1969

7 ** Enzo débute sa journée d'écolier par 45 minutes de lecture, 10 minutes de calcul, puis 15 minutes d'écriture. Il part ensuite en récréation pendant 20 minutes. S'il a commencé la lecture à 8 h 40, à quelle heure est-il allé en récréation ?

Calculer des durées avec des conversions

8 * Observe l'emploi du temps de cet étudiant.

	Physique	Maths	Chimie	Biologie
Lundi	2 h	2 h 30	1 h	
Mardi		2 h 30	1 h 30	1 h
Mercredi	1 h 30	1 h		2 h 30
Vendredi	1 h		1 h	30 min

Combien de temps a-t-il passé en cours ? Indique ton résultat en heures, puis en minutes.

9 * **Combien de temps faut-il pour préparer des croissants ? Indique ton résultat en heures et en minutes.**

Préparation des croissants : 60 min
Cuisson : 15 min
Repos : 300 min

10 ** Sur le lecteur MP3 de Julien, 30 morceaux de musique correspondent à une durée d'écoute d'1 h 20. Julien a enregistré 90 morceaux de musique. S'il écoute tous ses morceaux à la suite, combien de temps s'écoulera ?

11 ** Lisa est allée au cinéma à 14 h 30. La séance a commencé à 14 h 38 et le film 13 minutes après. Celui-ci a duré 135 minutes. À quelle heure Lisa est-elle sortie du cinéma ?

12 ** Un adulte marche à une vitesse moyenne de 5 km par heure.

a. Combien de temps une marche de 1 km dure-t-elle ?

b. Pierre a parcouru 12 km. Combien de temps sa marche a-t-elle duré ?

13 *** Voici les horaires du Thalys, train qui relie la France à la Belgique et aux Pays-Bas.

Ville de départ	Heure de départ
Paris	6 h 25
Bruxelles	7 h 45
Rotterdam	9 h 01
Schiphol	
Amsterdam	9 h 43

a. Calcule la durée d'un voyage qui va de Paris à Amsterdam.

b. Si on part de Bruxelles, quelle est la durée du voyage jusqu'à Rotterdam ? Et si on part de Paris ?

c. Le train arrive à Schiphol 1 h 42 après son arrêt à Bruxelles. À quelle heure arrive-t-il ?

Défi Dans l'eau de mer, le son se déplace à une vitesse de 1 500 m par seconde. Le chant de la baleine grise a mis 30 minutes pour parvenir à la baleine blanche. Combien de kilomètres séparent les deux baleines ?

Révisions

Lire l'heure

1 * **Indique l'heure des pendules (celle du matin, puis celle de l'après-midi).**

A B C

2 * **Indique l'heure qui sera affichée par un réveil à écran digital.**

Ex. : dix heures moins dix → 9:50

a. dix heures un quart
b. dix heures et demie
c. dix heures moins le quart
d. dix heures
e. dix heures trois quarts

3 ** **Reproduis six fois la pendule, puis place les aiguilles.**

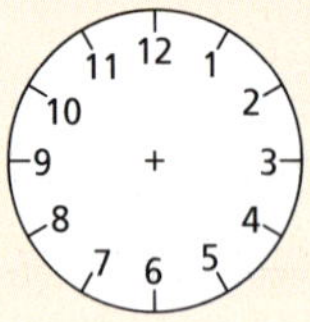

a. 2 h 20
b. 12 h 45
c. 00 h 50
d. 6 h 30
e. 17 h 15
f. 19 h 25

4 ** Voici les horaires de films que Yacine découvre en arrivant au cinéma :

	Séance 1	Séance 2	Séance 3
Shrek 4	14 h 30	15 h 55	18 h 10
Toy Story 3	14 h 10	15 h 45	17 h 25
Raiponce	14 h 05	15 h 05	17 h 50
Dragons	14 h 15	16 h 10	18 h 05

Observe l'horloge.
a. Quels films de la première séance Yacine peut-il aller voir ?
b. Il doit être sorti du cinéma avant 16 h : quel film va-t-il choisir ?
c. Sa sœur va à la séance qui débute à 6 heures moins dix : quel film va-t-elle voir ?

Connaître les équivalences des mesures de durées

5 * **Recopie et complète avec l'équivalence la plus appropriée.**

Ex. : 60 min = 1 heure

a. 7 jours = …
6 mois = …
5 000 ans = …
24 heures = …

b. 3 mois = …
300 ans = …
12 mois = …
60 secondes = …

6 * **Convertis en minutes.**

a. 2 h
b. 5 h
c. 1 h 3/4
d. 240 s
e. 1 h 30
f. 1/2 h
g. 60 s
h. 360 s

7 ** **Convertis en heures.**

Ex. : 70 min = 1 heure 10 min

a. 120 min
b. 65 min
c. 150 min
d. 100 min
e. 360 min
f. 90 min
g. 70 min
h. 148 min

8 ** **Convertis ces records en secondes.**

Records en athlétisme	Hommes	Femmes
800 m	1 min 41 s	1 min 53 s
1 000 m	2 min 11 s	2 min 28 s
1 500 m	3 min 26 s	3 min 50 s

Lire un calendrier

9 * **Sur un calendrier, cherche :**

a. le nombre de jours au mois d'avril.
b. le nombre de jours du premier trimestre (de janvier à mars).
c. le nombre de lundis dans le mois de janvier.
d. le nombre de jours entre le 4 juillet et le 1er septembre.
e. quel jour tombe le 1er janvier.

Estimer des mesures de durées

10 * **Possible ou impossible ?**
a. la durée d'un film : 12 s
b. la cuisson d'un gâteau : 35 min
c. la durée de vie d'un homme : 162 ans
d. la durée d'une chanson : 2 min et 30 s

Comparer des durées

11 ** **Range ces durées de la plus courte à la plus longue.**
a. 120 s – 1 min 48 s – 2 min 05 s
b. 2 h 45 min – 182 min – 195 min
c. 82 min – 1 h 20 min – 78 min

Calculer des durées sans conversion

12 * Une moto met 1 min 4 s pour faire le tour d'un circuit. En combien de temps fait-elle 12 tours ?

13 * Léa fait des recherches sur Internet : elle allume son ordinateur à 14 h 13 et l'éteint à 15 h 30. Combien de temps est-elle restée connectée ?

14 ** Le départ d'une course de voiliers a été donné vendredi à 16 h 10. Le premier concurrent est arrivé 4 h 35 plus tard. Indique l'heure de son arrivée.

Utiliser un schéma pour calculer des durées

15 * Voici les dates de naissance et de mort de plusieurs rois de France.

Louis XIII : 1601-1643

Louis XIV : 1638-1715

Louis XV : 1710-1774

Louis XVI : 1754-1793

À quel âge ces rois sont-ils morts ?

Réponds à l'aide d'un schéma.

16 ** Ces avions partent tous à 12 h 30.

Vol au départ de...	Durée du vol	Heure d'arrivée à Paris
Berlin	1 h 40	
Dakar	5 h 50	
Bangkok	11 h 10	
Le Caire	4 h 30	

Reproduis et complète ce tableau.

Calculer des durées avec des conversions

17 * Pour passer son brevet de pilote d'avion, Pierre doit effectuer 2 400 heures de vol. Combien de jours cela représente-t-il ?

18 * Il est 18 h 40. Mme Gourmet a invité des amis pour 20 h 15. Aura-t-elle le temps de préparer un poulet aux herbes ?

Poulet aux herbes
Préparation : 35 min
Cuisson : 1 h15 min

19 ** M. Précis a calculé qu'il mettait 6 minutes pour atteindre le bus, qu'il avait un trajet de 28 minutes en bus, puis qu'il devait encore marcher 4 minutes pour arriver à son bureau. **Calcule en heures et en minutes le temps que met M. Précis pour se rendre à son travail et en revenir.**

20 ** Le coffret de 3 DVD de *Spiderman* contient 393 minutes de film. Quelle est, en moyenne, la durée de chaque DVD en heures et en minutes ?

Mesurer en utilisant les nombres décimaux

Hansel et Gretel ont goûté à la maison en sucreries de la sorcière. Voici ce qu'ils ont mangé :

	Hansel	*Gretel*
Toit en gâteau au chocolat	*64 g*	*7,5 dag*
Mur en pain d'épice	*115 g*	*0,120 kg*
Fenêtre en sucre	*15 g*	*0,26 hg*
Fontaine de caramel	*50 cL*	*0,5 L*

Cherchons

→ **Observe comment sont écrits les nombres. Que remarques-tu ?**

→ **Qui a mangé le plus de pain d'épice ? la plus grosse part de fenêtre en sucre ?**

→ **Deux mesures sont équivalentes : lesquelles ?**

On peut **exprimer une mesure avec des nombres décimaux.**

km	hm	dam	**mètre m**	dm	cm	mm
			1	2	8	
			1,	2	8	

128 cm = 1 m 28 cm = 1,28 m

kg	hg	dag	**gramme g**	dg	cg	mg
	8	5	0			
0,	8	5	0			

850 g = 0 kg 850 g = 0,850 kg

hL	daL	**litre L**	dL	cL	mL
		6	5	0	
		6,	5	0	

650 cL = 6 L 50 cL = 6,50 L

L'unité choisie est exprimée par le nombre avant la virgule.

Convertir et comparer des mesures de longueurs

1 * **Quelle est la plus grande longueur ?**

a. 32 m — 3,20 m — 3,2 dm
b. 5,2 m — 5,2 dam — 52 mm
c. 1,8 dm — 1,8 m — 1,8 cm
d. 7,8 cm — 78 dm — 7,8 dam

2 * **Recopie et convertis dans l'unité demandée.**

a. 13 cm = … dm
b. 452 mm = … cm
c. 25 cm = … dm
d. 481 cm = … dm
e. 453 dm = … m
f. 15 600 m = … km
g. 403 dm = … m
h. 458 dam = … hm

3 * **Convertis ces mesures dans l'unité demandée, puis classe-les dans l'ordre croissant.**

a. en mètres :
156 cm — 45 dm — 2 890 mm — 7 523 cm — 485 cm — 720 mm

b. en kilomètres :
5 200 m — 753 dam — 2 000 dm — 8 630 m — 75 260 m — 750 m

Convertir et calculer des longueurs

4 ** Le pouce est une mesure anglo-saxonne de 2,54 cm. Elle est utilisée pour mesurer la taille des écrans d'ordinateurs.
Convertis ces tailles en centimètres.

a. 22 pouces **c.** 15 pouces
b. 17 pouces **d.** 18 pouces

Convertir et comparer des mesures de masses

5 * **a. Convertis en kilogrammes.**

6 450 g | 7 056 g | 563 dag | 854 dag

b. Convertis en grammes.

74 500 mg | 6 450 mg | 689 cg | 7 989 cg

6 ** **Recopie et complète avec <, > ou =.**

a. 6,02 kg … 6,200 dg
b. 42,30 dg … 4,23 kg
c. 0,850 kg … 8,5 cg
d. 423 mg … 4,23 kg

Convertir et calculer des masses

7 ** **Quelle sera la masse (en kg) du sac une fois rempli ?**

Attention ! Les masses sont indiquées à l'unité.

Convertir et comparer des mesures de contenances

8 * **Indique la quantité d'eau dans les verres doseurs en décilitres, puis en litres.**

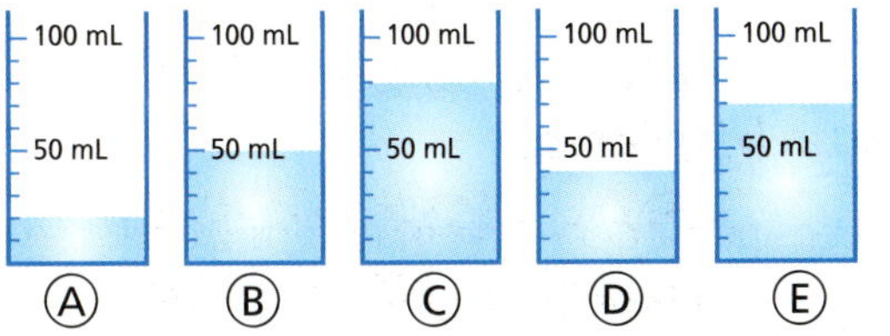

9 ** **Recopie et complète avec l'unité qui convient.**

a. 15 dL = 1,5 … **b.** 15 mL = 1,5 …
15 L = 1,5 … 15 cL = 1,5 …
150 dL = 1,5 … 1 500 mL = 1,5 …

10 ** **Quelle est la plus grande contenance ?**

a.	15 mL	15 cL	1,05 dL	1,5 L
b.	630 L	6,3 daL	60,3 hL	63 L
c.	875 dL	8,75 hL	87,5 L	8 750 mL

Convertir et calculer des contenances

11 *** Aux États-Unis, 1 gallon équivaut à 3,78 litres et une once liquide à 0,03 litre.
Calcule en litres la capacité des tonneaux de l'oncle Tom.

Défi Recette de sorcière

Recopie et complète la recette avec les unités proposées :

cL | mL | L | kg | m | g

Ajoutez :
– 3 crapauds d'une masse de 230 … chacun ;
– 1 bol de bave d'escargot d'une contenance de 23 … ;
– 3 vipères d'une longueur de 0,32 … chacune ;
– 4 cuillerées (5 …) de venin de serpent ;
– 1 bouteille de 1,5 … de sirop de malabar ;
– 1,5 … de farine noire pour épaissir.

Trier l'information

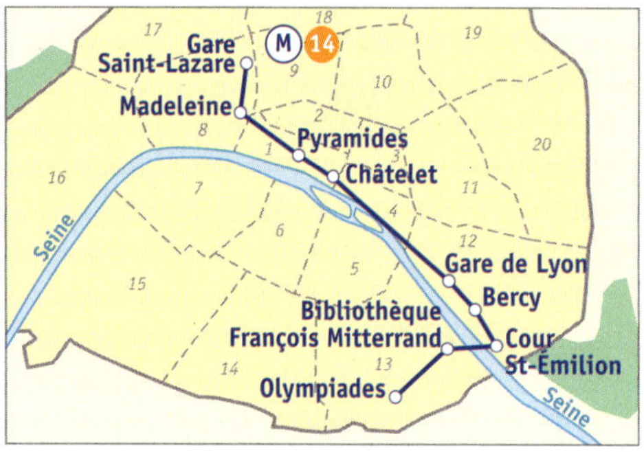

Le 15 octobre 1998, une nouvelle ligne de métro a été inaugurée à Paris : METEOR (METro Est-Ouest Rapide). Meteor relie la station Olympiades à la gare Saint-Lazare, en passant par Châtelet et la gare de Lyon. Sa capacité de transport est de 25 000 voyageurs par heure et par sens. Au départ de chaque terminus, le premier métro part à 5 h 30 et le dernier à 1 h.

Cherchons

→ **Combien de stations y a-t-il sur la ligne de métro 14 ?**

→ **Quelles données du texte sont nécessaires pour calculer le nombre de passagers que peut accueillir cette ligne dans les deux sens en une journée ?**

→ **Calcule le nombre moyen de voyageurs qui empruntent cette ligne entre 12 h et 16 h chaque jour.**

▶ Pour **résoudre un problème**, on lit tous les documents qui sont fournis et on **repère les informations** qui permettent de répondre à la question posée.

▶ Les informations peuvent être données dans un **énoncé**, un **tableau**, un **graphique**, une **carte**, un **schéma** ou une **figure**.

Trier pour résoudre un problème

1 * **Lis ces documents. Relève les informations nécessaires pour répondre aux questions.**
Le 27 avril 2009, à Ajaccio, un nouveau ferry a été inauguré. Il mesure 200 m de long pour 25,8 m de large. Capable d'atteindre une vitesse de 27 nœuds, ce navire peut embarquer 1 500 passagers et 850 voitures. Il compte 210 cabines, soit au total 700 lits.

Départ du continent			Arrivée en Corse		Ferry
Mardi 19/10	Marseille	19 h 00	▸ Bastia	7 h 30	Kalliste
	Marseille	19 h 30	▸ Ajaccio	6 h 30	Jean Nicoli
	Marseille	20 h 00	▸ Bastia	7 h 30	D. Casanova

Le ferry Jean Nicoli.

a. Comment s'appelle le ferry inauguré le 27 avril 2009, à Ajaccio ?
b. Quelle unité utilise-t-on pour exprimer la vitesse d'un ferry ?
c. Combien de passagers peuvent dormir à bord de ce navire ?
d. Le mardi 19 octobre, quelle traversée ont effectué les passagers qui ont emprunté ce ferry ? À quelle heure ont-ils quitté le port ? Combien de temps a duré cette traversée ?

2 * **Lis ces documents, puis réponds aux questions.**

Le métro parisien

C'est en 1900 que les premiers métros parisiens font leur apparition, dans le but de desservir l'Exposition universelle. Lors de leur construction, les ouvriers retirent du sous-sol un volume total de terre équivalent à une colline de 70 mètres de haut ! Le 9 décembre 1899, une voûte s'est écroulée en provoquant un cratère de 15 mètres de large. Le métro parisien compte aujourd'hui 16 lignes, ce qui correspond à 214 km de voies et 300 stations. Chaque jour, pas moins de 5 millions de passagers l'empruntent.

Tarifs en euros	
1 ticket **t+**	**1 € 70**
Carnet de 10 tickets (tarif normal)	**12 € 00**
Carnet de 10 tickets (tarif réduit)	**6 € 00**
Ticket vendu à bord des bus	**1 € 80**

a. Dans le texte, à quoi correspondent ces nombres ?

9 15 16 214 300 1 900

b. Depuis combien de temps le métro parisien existe-t-il ?

c. Combien coûtent 4 carnets de 10 tickets en tarif normal ?

d. Combien dépense une famille qui bénéficie du tarif réduit et qui achète 8 carnets de tickets par mois ?

3 ** **Pour chaque question, indique la donnée que tu vas utiliser, puis réponds.**

M. Libeccio travaille 5 jours par semaine. Il habite à 9 540 m de l'entrée d'un pont long de 2 460 m, dont le passage est payant. Il se rend à moto à son travail qui se situe à la sortie du pont.

Tarifs à partir du 1er février 2010

Classe		TTC
1		6 €
2		9 €
3		21 €
4		29 €
5		4 €

a. Combien d'allers et retours M. Libeccio fait-il chaque semaine pour aller travailler ?

b. Combien de fois traverse-t-il le pont chaque semaine ?

c. Combien paie-t-il chaque fois qu'il traverse le pont ?

d. Combien paie-t-il au total pour traverser le pont chaque semaine ?

4 *** Un train de nuit part de Paris à 23 h 10 et arrive à Irun à 7 h 36. Il est formé de 18 wagons. 10 wagons-lits ont chacun 12 compartiments de 8 couchettes et les autres ont chacun 80 places assises.

Le 9 avril 2011, les wagons-lits étaient occupés à la moitié de leur capacité. **Combien de voyageurs ont voyagé couchés ce jour-là ?**

Défi La bibliothèque « Lireville » a fait son inventaire. Elle détient :

- deux fois moins d'encyclopédies que de dictionnaires ;
- quatre fois plus de documentaires que de dictionnaires ;
- autant d'albums que de documentaires ;
- trois fois plus de BD que d'albums.

Le reste des livres sont des romans.

Calcule le nombre de livres de chaque catégorie.

Fonds de la bibliothèque « Lireville »

Dictionnaires : 26
Encyclopédies : ?
Documentaires : ?
Albums : ?
BD : ?
Romans : ?
Total : 1 050 ouvrages

Choisir la bonne opération

Cherchons

L'Himalaya abrite les plus hautes montagnes du monde : 14 sommets culminent à plus de 8 000 mètres d'altitude.
L'Everest, le plus haut sommet du monde, culmine à 8 848 mètres : c'est 237 mètres de plus que le mont K2.

→ **Quelle opération faut-il faire pour trouver l'altitude du mont K2 ?**

- Le plus souvent, un problème demande un calcul. Il est donc important de bien **comprendre la question** qui est posée avant de **choisir l'opération**.
- On peut utiliser les **quatre opérations** :
  – l'**addition** permet de trouver une **somme**, un **total** ;
  – la **soustraction** permet de trouver une **différence**, un **écart**, un **reste** ;
  – la **multiplication** permet d'**augmenter plusieurs fois le même nombre** ;
  – la **division** permet de **trouver un nombre de parts égales** ou **la valeur d'une part**.

Choisir la bonne opération

1 * **Choisis l'opération qui permet de résoudre le problème, puis écris le calcul sans donner le résultat.**

addition — soustraction — multiplication — division

a. Victor Hugo, né en 1802, a vécu 83 ans. En quelle année est-il mort ?

b. À l'époque du cinéma muet, il fallait dessiner 108 images par minute pour réaliser un dessin animé. Combien d'images étaient nécessaires pour un dessin animé de 5 minutes ?

c. La Seine a une longueur de 776 km. C'est 236 km de moins que la Loire. Quelle est la longueur de la Loire ?

d. Un pack de 12 bouteilles de jus de fruits coûte 24 €. Combien coûte une bouteille de jus de fruits ?

e. Henri IV est né en 1553 et a été assassiné en 1610. À quel âge est-il mort ?

2 * **Choisis le calcul qui permet de résoudre le problème.**

a. La copie de la tour Eiffel à Las Vegas est deux fois moins grande que l'original à Paris qui culmine à 324 mètres. Combien mesure la tour Eiffel de Las Vegas ?

324 – 2 — 324 × 2 — 324 divisé par 2

La tour Eiffel à Las Vegas.

b. La superficie de Paris est de 105 km² ; celle de Londres est 15 fois plus grande. Quelle est la superficie de Londres ?

105 + 15 — 105 × 15 — 105 divisé par 15

c. Pierre Curie, physicien né en 1859, avait 8 ans de plus que sa femme Marie Curie. En quelle année est née Marie Curie ?

1 859 + 8 — 1 859 – 8 — 1 859 divisé par 8

Choisir la bonne opération pour résoudre un problème

3 * **Écris les calculs qui permettent de résoudre ces problèmes, puis effectue-les.**

Vérifie que ton résultat est vraisemblable.

a. Hans a perdu 12 billes pendant la récréation. Il en a maintenant 47. Combien de billes avait-il en arrivant ce matin à l'école ?
b. Milo a 15 ans. Sa grand-mère est 5 fois plus âgée que lui. Quel âge a sa grand-mère ?
c. Un exemplaire de *Spouri* coûte 8 €. Combien coûte la collection complète de 29 exemplaires ?
d. Rossini, né en 1792, composa *Le Barbier de Séville* en 1816. Quel âge avait-il alors ?
e. Louis XIV, né en 1638, est mort à l'âge de 77 ans. En quelle année est-il mort ?

4 ** Une école effectue une commande de matériel. Voici sa facture :

FACTURE	05/09/2011		
Article	**Prix (€)**	**Quantité**	**Prix total**
Cahier petit format	2	20	Ⓐ
Boîte de 12 crayons	4	Ⓑ	28
Livre de lecture	Ⓒ	25	250
Total			Ⓓ

a. Complète cette facture (A, B, C et D).

Tu peux utiliser ta calculatrice.

b. L'école dispose de 350 €. Quelle somme lui reste-t-il après ces achats ?
c. Combien de cahiers peut-elle encore acheter avec l'argent qu'il lui reste ?

5 ** Quelques semaines après sa naissance, un hérisson pèse environ 250 g, soit dix fois son poids à la naissance.
Combien pèse un hérisson à la naissance ?

Tu peux utiliser ta calculatrice.

6 ** **a.** Il y a 28 élèves dans chacune des 6 classes de l'école Jules Ferry. Quel est l'effectif total de l'école ?

b. 92 élèves demi-pensionnaires déjeunent à la cantine. Combien d'élèves externes ne déjeunent pas à la cantine ?

c. Les élèves demi-pensionnaires, ainsi que la moitié des élèves externes restent à l'étude. Combien d'élèves restent à l'étude ?

d. Combien d'élèves ne restent ni à la cantine, ni à l'étude ?

7 *** Claude Monet, célèbre peintre impressionniste, avait 77 ans lorsque Edgar Degas est mort.

Edgar Degas (1834-1917)

a. En quelle année Monet est-il né ?

b. Claude Monet est mort 9 ans après Edgar Degas. En quelle année Monet est-il mort ? Quel âge avait-il alors ?

c. À quel âge Edgar Degas est-il mort ?

Défi **Les chocolats de Gargantua**

Pour sa fête, Gargantua a reçu une boîte de chocolats.
Le premier jour, il en mange 4.
Le deuxième jour, il en mange 2 fois plus que le premier jour.
Le troisième jour, il mange le double de ce qu'il a mangé les 2 premiers jours.
Il a alors vidé sa boîte de chocolats.
Combien de chocolats contenait cette boîte ?

Résoudre des problèmes à plusieurs étapes

Cherchons

Une girafe mange en moyenne 60 kg de feuilles par jour.

→ **Quelle quantité de feuilles mangent 15 girafes en 1 semaine ?**

→ **Qu'as-tu calculé en premier pour répondre ?**

Parfois, l'énoncé d'un problème ne fournit pas les informations qui permettent de répondre **directement** à la question. Il faut chercher ce que l'on doit **d'abord calculer** : la **question intermédiaire**.
Ex. : Zina déjeune à la cantine 4 jours par semaine. Le repas coûte 3,80 €. À combien lui revient la cantine pour 7 semaines ?
Il faut d'abord calculer le nombre de repas pris par Zina ou le prix que lui coûte la cantine pour 1 semaine.

Trouver la donnée intermédiaire

1 * Léo veut connaître le total des dépenses de son séjour au ski.
a. Retrouve à quelle donnée de l'encadré bleu correspond chaque lettre de la facture.
b. Effectue tes calculs pour trouver le total.

	Prix	Quantité	Total
Hébergement par nuit	35	5	Ⓐ
Petit déjeuner	7	5	35
Location de skis	5	4	Ⓑ
Forfait « remontées mécaniques »	Ⓒ	3	54
Excursion	74	1	Ⓓ
TOTAL			Ⓔ

1. Le prix d'un forfait « remontées mécaniques »
2. Le montant de la location de skis
3. Le montant total de son hébergement
4. Le nombre de nuitées
5. Le montant total de son séjour
6. Le montant total payé pour les excursions
7. Le nombre de forfaits de remontées mécaniques
8. Le nombre de jours de location de skis

2 * **Choisis la donnée intermédiaire à trouver pour résoudre ces problèmes.**

a. Myriam range 3 caisses de livres pesant chacune 3 kg sur une étagère qui peut supporter un poids maximal de 15 kg. Quel poids de livres peut-elle encore ajouter ?

Donnée intermédiaire à trouver :

- le poids de l'étagère
- le poids des 3 caisses de livres
- le nombre de livres dans chaque caisse

b. Monsieur Tramontane achète une encyclopédie en 10 volumes qui coûte 499 €. Il choisit de régler en 3 fois : 135 € au 1er versement et 185 € au 2e versement. Combien doit-il verser au 3e versement ?

Donnée intermédiaire à trouver :

- le prix d'un volume de l'encyclopédie
- le coût de l'encyclopédie s'il avait choisi de payer en 5 fois
- le montant total des deux premiers versements

c. Molière et Jean Racine ont vécu à la même époque. Molière est né en 1622. Il est mort en 1673. Racine est né 17 ans après Molière. Il est mort 26 ans après lui. À quel âge Racine est-il mort ?

Donnée intermédiaire à trouver :

- les dates de naissance et de mort de Jean Racine
- l'âge auquel Molière est mort
- l'écrivain qui a vécu le plus longtemps

Molière

3 ** **Indique la donnée intermédiaire à trouver pour résoudre chaque problème.**

a. La cinquième étape du Tour cycliste de Martinique s'étend sur 103 km.

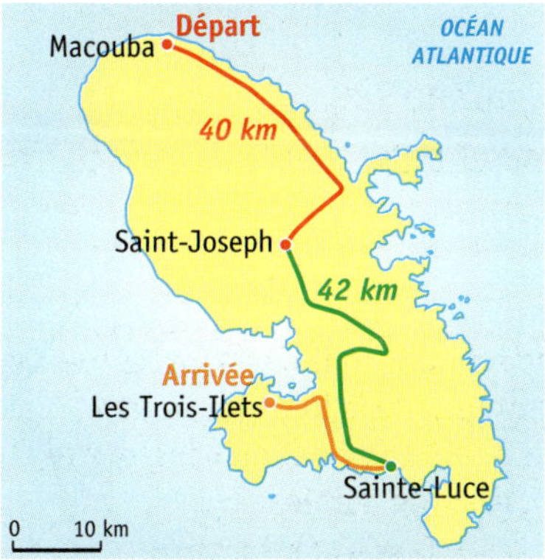

Quelle distance reste-t-il à parcourir aux cyclistes qui sont à Sainte-Luce pour arriver à Trois-Îlets ?

→ *Il faut d'abord calculer …*

b. Un véhicule agricole pèse 11 100 kg. Chargé de 10 balles de foin, il pèse 13 600 kg. Combien pèse une balle de foin ?

→ *Il faut d'abord calculer …*

c. Lorsque le maréchal-ferrant de la Garde républicaine doit ferrer les 184 chevaux de la caserne des Célestins, il utilise 5 888 clous. Combien de clous y a-t-il sur un fer à cheval ?

→ *Il faut d'abord calculer …*

Résoudre des problèmes à plusieurs étapes

Pour résoudre les problèmes 4 à 7, tu peux utiliser ta calculatrice.

4 * Un fabricant de parapluies a un rouleau de tissu de 6 000 cm. Il utilise 1 200 cm pour confectionner 10 parapluies.

a. Combien de centimètres de tissu faut-il pour fabriquer un parapluie ?

b. Combien de parapluies peut-il fabriquer avec son rouleau de tissu ?

5 ** Line et Rayan collectionnent les timbres. Line a 754 timbres dans son album, Rayan en a 409 de plus. Combien de timbres ont-ils à eux deux ?

6 ** Muriel achète un canapé qui coûte 1 050 €. Elle paye 150 € à la commande, 275 € à la livraison et le reste en 5 mensualités identiques. À combien s'élève une mensualité ?

7 *** Un olivier produit environ 30 kg d'olives. Il faut 6 kg d'olives pour obtenir un litre d'huile d'olive. Combien de litres d'huile obtiendra un oléiculteur qui a 175 oliviers ?

Il y a 2 démarches possibles pour trouver la réponse.

Défi Tous les deux jours, Jérôme le fermier diffuse de la musique dans son étable.
Il a 28 vaches qui donnent chacune 10 L de lait par jour et une, Aggie, qui fournit 10 L de lait uniquement les jours où il y a de la musique.
Combien de litres de lait le fermier a-t-il obtenus au mois de juin ?

Lire les coordonnées d'un point et placer un point sur un quadrillage

Cherchons

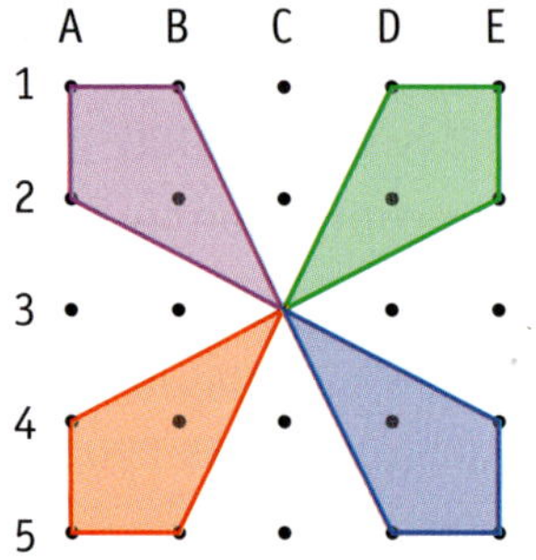

→ **Quelles sont les coordonnées des sommets de chaque figure colorée ?**

→ **Quel point ont-elles en commun ?**

→ **Comment as-tu désigné ces points ?**

- **Pour mieux se repérer sur un quadrillage, un plan ou un graphique, on code deux axes (un axe vertical et un axe horizontal).**
- Grâce à ces repères, on peut **lire les coordonnées d'un point** ou le **placer** sans erreur.
  Ex. : Sur ce quadrillage, les coordonnées du point sont (B ; 4).
  Les deux droites rouges se coupent en (D ; 2).

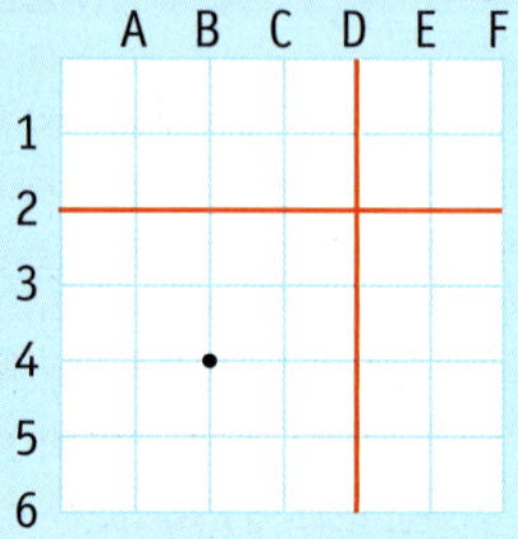

Lire les coordonnées d'un point

1 * **Indique les coordonnées des sommets de chaque figure géométrique.**

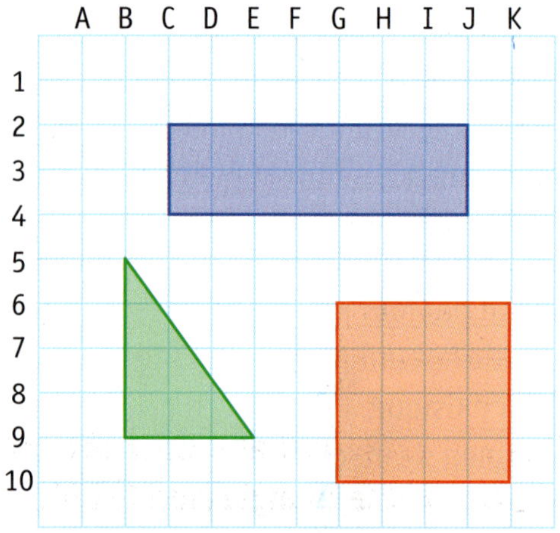

a. À l'intérieur de quelles figures sont situés les points (G ; 3), (C ; 8) et (H ; 7) ?
b. Si on trace les diagonales du carré, en quel point se croisent-elles ?

2 * Observe cette carte de France.

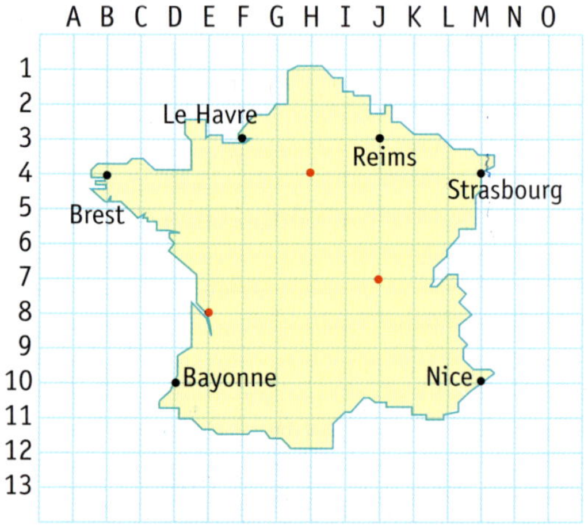

a. Indique les coordonnées des villes suivantes :

Brest — Le Havre — Reims

Bayonne — Nice — Strasbourg

b. L'un des trois points rouges indique la ville de Paris. Quelles sont ses coordonnées ?

3 ** **Lis le texte, observe le plan, puis réponds aux questions.**

Luc et Fatima habitent tous les deux à Sainte-Eulalie.
Luc habite au croisement de la route D11 et de la route D10 ; Fatima habite au croisement de la route D11 et de la route D15. Leur point de rendez-vous se trouve à la sortie de Sainte-Eulalie sur la route D14.

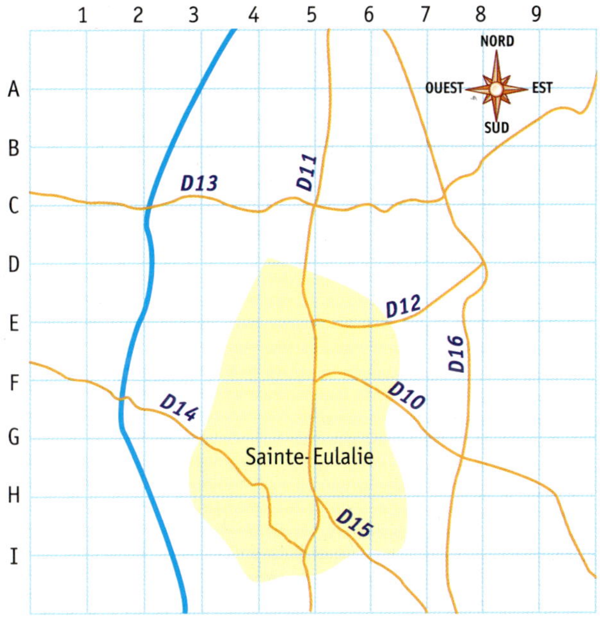

a. Indique les coordonnées de la maison de Luc, de celle de Fatima et de leur point de rendez-vous.

b. Une fois qu'ils se sont retrouvés, Luc et Fatima partent se promener au bord de la rivière. Ils la longent vers le nord et reviennent en suivant la D13 vers l'est : ils tournent à droite à la première intersection, puis à gauche à la suivante. À quelle intersection se trouvent-ils au bout de leur chemin ? Indique ses coordonnées.

Placer un point sur un quadrillage

4 * **Reproduis ce quadrillage et place les figures.**

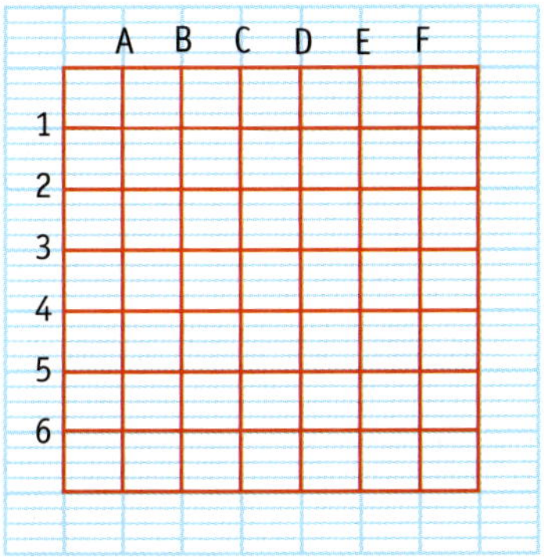

■ (A ; 5) ● (F ; 1)
♥ (B ; 2) ▬ (E ; 3)
✳ (C ; 4) ◆ (C ; 5)

5 ** **Reproduis ce quadrillage et les segments [AB], [BC] et [EF].**

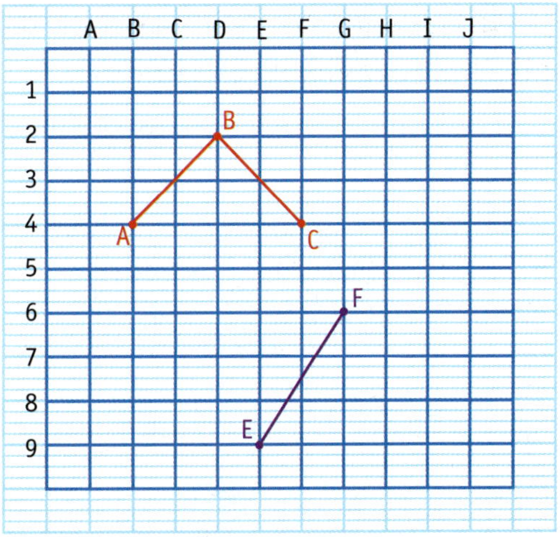

Place les sommets D et G pour obtenir le carré ABCD et le triangle isocèle EFG.

Défi Dessine un quadrillage codé de 1 à 9 et de A à J. Trace un polygone à 5 sommets. En dix coups au maximum, un camarade doit deviner les coordonnées des points des sommets de ton polygone.

Révisions

Trier l'information

1 * En 1962, la ville d'Aurillac comptait 23 369 habitants. En 2006, elle en comptait 28 984. Depuis 1985, un festival de théâtre de rue a lieu en août. En 2010, 130 000 personnes sont venues assister aux représentations de 569 compagnies de théâtre.

Ville d'Aurillac	
Pays	France
Région	Auvergne
Département	Cantal
Code postal	15000

a. À quoi correspondent ces nombres ?

23 369   1 962   15 000   569

b. De combien la population a-t-elle augmenté entre 1962 et 2006 ?

c. Depuis combien d'années le festival d'Aurillac existe-t-il ?

2 ** Observe ces tableaux.

200 g de pêche	
Protides	1 g
Lipides	0 g
Glucides	22 g

200 g de pamplemousse	
Protides	1 g
Lipides	0 g
Glucides	20 g

200 g de cerise	
Protides	2 g
Lipides	1 g
Glucides	34 g

200 g d'orange	
Protides	2 g
Lipides	0 g
Glucides	18 g

a. Quel fruit contient le plus de glucides ?

b. Quels fruits contiennent le moins de protides ?

c. Manuel a mangé 200 g de chacun de ces fruits. Quelle quantité de glucides a-t-il avalée ?

Choisir la bonne opération

3 * **Choisis l'opération à effectuer, puis résous ces problèmes.**

addition   soustraction   multiplication   division

a. Dino a préparé 15 cartes d'invitation pour son anniversaire. Il lui en reste six à poster. Combien de cartes Dino a-t-il déjà envoyées ?

b. Aline a 57€ dans sa tirelire. Elle a 15 € de plus que Cédric mais 31 € de moins que Ali. Combien d'euros possède Cédric ? et Ali ?

c. Une fermière range 24 œufs dans des boîtes pouvant contenir 6 œufs. Combien de boîtes peut-elle remplir ?

4 * **Choisis les calculs à effectuer, puis résous ces problèmes.**

a. Philippe achète un salon qu'il paye en 5 mensualités de 270 €. Quel est le prix du salon ?

270 + 5   270 × 5   270 – 5

b. En 2010, on a célébré le 254e anniversaire de la naissance de Mozart. En quelle année est-il né ?

2 010 – 254   2 010 + 254   2 010 divisé par 254

5 ** Sophie part en voiture de Paris pour aller à Fontainebleau. Elle a déjà parcouru 17 km. Il lui reste encore 49 km à parcourir. Quelle distance sépare Paris de Fontainebleau ?

6 ** Les 4 frères Dalton s'apprêtent à partager équitablement leur butin qui s'élève à 2 000 dollars. Quelle sera la part de chacun ?

Résoudre des problèmes à plusieurs étapes

7 * **Indique la donnée intermédiaire à calculer, puis résous ces problèmes.**

a. Une place de cinéma coûte 7 €. Simon paie pour lui et ses deux camarades avec un billet de 50 €. Quelle somme lui rendra-t-on ?

b. Chez la famille Dupont, le père gagne 1 356 € par mois, la mère gagne 124 € de plus que le père. Combien gagnent-ils à eux deux en 1 mois ?

8 ** M., Mme Dubois et leur fils séjournent pendant 7 jours à l'hôtel pendant leurs vacances. Le prix de la pension pour un jour est de 75 € pour un adulte et 38 € pour un enfant.

a. Calcule le prix de la pension payé par la famille pour un jour.

b. Calcule le prix total de leur séjour.

9 ** M. Legrand décide d'acheter plusieurs éléments d'une chaîne stéréo :

– un lecteur CD à 214 € ;
– une platine à 148 € ;
– un lot d'enceintes à 183 € ;
– un tuner à 70 € ;
– un amplificateur.

La dépense de M. Legrand s'élève à 740 €. Quel est le prix de l'amplificateur ?

10 ** Antoine avait 150 € dans sa tirelire. Il rembourse 20 € à Caroline, 33 € à Lionel et dépense 54 € pour s'acheter une paire de chaussures. Quelle somme Antoine possède-t-il maintenant ?

Lire les coordonnées d'un point et placer un point sur un quadrillage

11 * Reproduis le quadrillage et la figure.

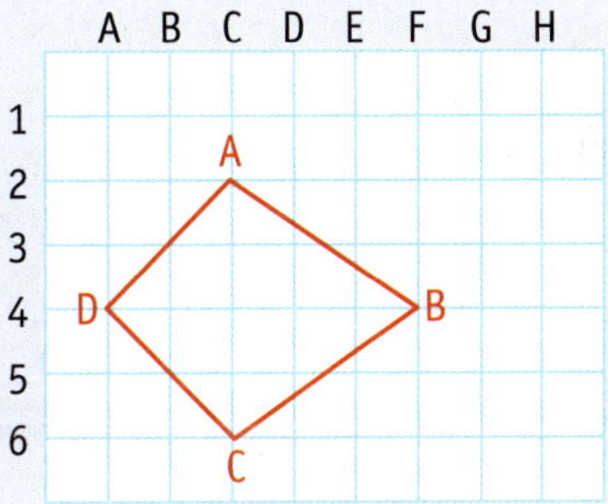

a. Indique les coordonnées des points A, B, C et D.

b. Place les points suivants :

E (H ; 3)   F (H ; 5)   G (B ; 4)

c. Relie les points E, F et B. Quelle figure obtiens-tu ?

12 ** **Observe ce plan, puis réponds aux questions.**

a. Gérard habite au point (D ; 2) : dans quelle rue habite-t-il ?

b. Agnès habite au croisement de la rue George Sand et de la rue de la Forêt. Indique les coordonnées de sa maison.

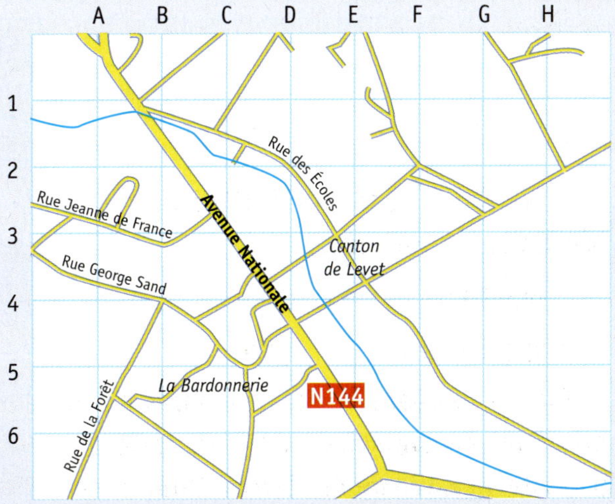

Lire et construire un tableau

Vols au départ de Bastia le 17/10/2010

Destination	N° de vol	Compagnie	Départ	Arrivée
PARIS	AF4511	Air France	8 h 00	9 h 35
PARIS	XK4511	CC M Airlines	8 h 00	9 h 35
STUTTGART	4U2435	Germanwing	8 h 45	00 h 00
LYON	XK230	CC M Airlines	9 h 00	10 h 10
NICE	XK204	CC M Airlines	14 h 10	15 h 00
MARSEILLE	AF4705	Air France	15 h 15	16 h 05
PARIS	U23724	Easyjet Airline	15 h 15	17 h 00
MARSEILLE	XK254	CC M Airlines	15 h 15	16 h 05

Cherchons

→ **Quelles informations ce tableau donne-t-il ? Comment sont-elles classées ?**

→ **Dans quelles colonnes vas-tu rechercher la réponse aux questions ci-dessous ?**

a. Quelle compagnie assure le vol U23724 ?

b. À quelle heure arrive le vol XK230 à Lyon ?

c. Quelles sont toutes les destinations possibles au départ de Bastia ?

Pour **lire une information** dans un tableau, il faut croiser une **ligne** et une **colonne**.

Ex. : Facture de l'école Jean Moulin

Articles	Prix unitaire (€)	Quantité	Prix à payer
Classeur	1,55	100	155
Cahier de TP	0,84	50	42
Boîte de craies	2,10	10	21
Ardoise	1	30	30
TOTAL			248

Une boîte de craie coûte 2,10 €.

L'école a acheté 50 cahiers de TP.

Prélever des informations dans un tableau

1 * Observe l'emploi du temps d'Inès, élève de 6e.

	8 h/9 h	9 h/10 h	10 h/11 h	11 h/12 h	14 h/15 h	15 h/16 h	16 h/17 h
Lundi	Anglais	Maths	Français	Histoire	Piscine	Piscine	
Mardi	Géographie	Sciences	Anglais	Français	Français	Maths	
Mercredi	Français	Anglais	Physique	Maths			
Jeudi	Chimie	Musique	EPS	EPS	Dessin		
Vendredi	Histoire	Maths	Sciences	Français	Anglais	Français	EPS

a. Vrai ou faux ?

- Inès commence tous les jours à 8 h.
- Inès a 2 heures de maths le mercredi.
- Inès finit à 17 h le vendredi.
- Inès a 2 heures de français le mardi.

b. Combien d'heures de français Inès a-t-elle dans la semaine ?

c. Combien d'heures de cours Inès a-t-elle dans la semaine ?

2 ** **Observe ce tableau, puis réponds aux questions.**

Températures et précipitations à Bordeaux

Mois	J	F	M	A	M	J	J	A	S	O	N	D
Température minimale (en °C)	3	3	5	7	10	13	15	15	12,5	9,5	5,5	4
Température maximale (en °C)	10	12	14,5	16,5	20,5	23,5	27	27	24	19	13	11
Précipitations (en mm)	92	83	70	80	84	64	55	60	90	94	107	107

a. Quelle est la température minimale en juin ? maximale en janvier ?
b. Quelle quantité de pluie tombe en moyenne en avril ?
c. Quel est l'écart entre la température minimale et la température maximale au mois de juillet ?

Compléter un tableau

3 ** **a.** Lis le texte, puis complète le tableau.

La population en France

En 1931, comme en 1936, la population française comptait 1 million d'habitants de moins qu'en 1954. Après la guerre, en 1946, la France a perdu 1 million d'habitants par rapport à 1936.
En 1975, la population comptait 3 millions d'habitants de plus qu'en 1968 et 2 millions de moins qu'en 1982.
En 1990, la population française comptait 56 millions d'habitants, soit 10 millions de plus que 28 ans auparavant.

Année	Nombre d'habitants (en millions)
1931	
1936	
1946	
1954	42
1962	
1968	
	52
1982	
	56

b. De combien de millions la population a-t-elle augmenté entre 1931 et 1990 ?

4 ** En 2010, un concessionnaire automobile a vendu 124 voitures, 27 remorques et 6 motos. En 2009, il a vendu 175 voitures et 8 motos. En 2008, il a vendu 98 voitures, 7 remorques et 14 motos.

a. Reproduis et complète ce tableau.

	Voitures	Remorques	Motos	Total
2008				
2009				
2010				
Total				

b. Colorie en rouge la case indiquant le nombre de voitures vendues sur 3 ans.
c. Colorie en vert la case indiquant le nombre de véhicules vendus en 2009.

Construire un tableau

5 *** Construis le tableau des performances en saut en hauteur de ces cinq élèves.

Andréa : 90 cm
Gaël : 85 cm
Lina : 102 cm
Manel : 75 cm
Dimitri : 94 cm

Défi Enquête

Construis le tableau des dates de naissance de dix camarades en les organisant par mois et par année.

Lire un graphique

Températures moyennes à Marseille

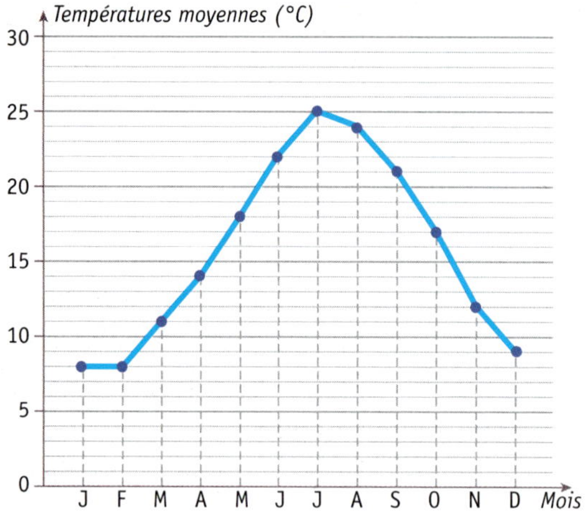

Précipitations moyennes à Marseille

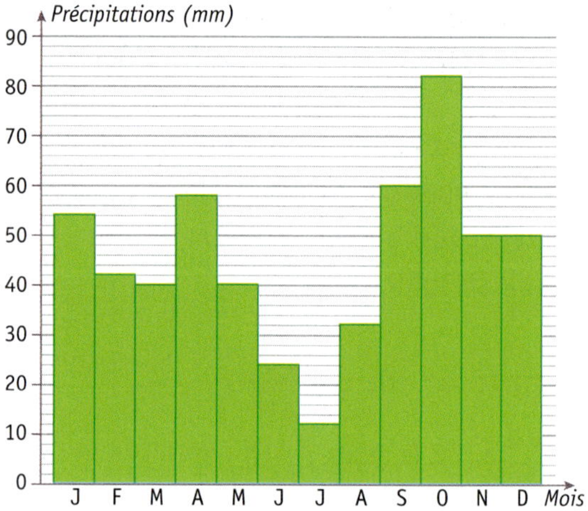

Cherchons

→ **Quelles différences observes-tu entre ces deux graphiques ?**

→ **Que représentent, sur chacun, les nombres et les lettres placés sur les axes ?**

→ **Comment fais-tu pour connaître le mois le plus chaud ? et le mois le plus pluvieux ?**

- **Les graphiques permettent de présenter et de lire des données de manière claire et lisible.**
- Il existe des graphiques **en courbe, en bâtons** ou **en secteurs (camemberts)**.
- **Pour lire une information sur un graphique en courbe ou en bâtons**, il faut croiser une donnée de l'axe horizontal et une donnée de l'axe vertical.
  Ex. : Sur ce graphique, on peut lire qu'Annabelle mesurait 120 cm à 8 ans.

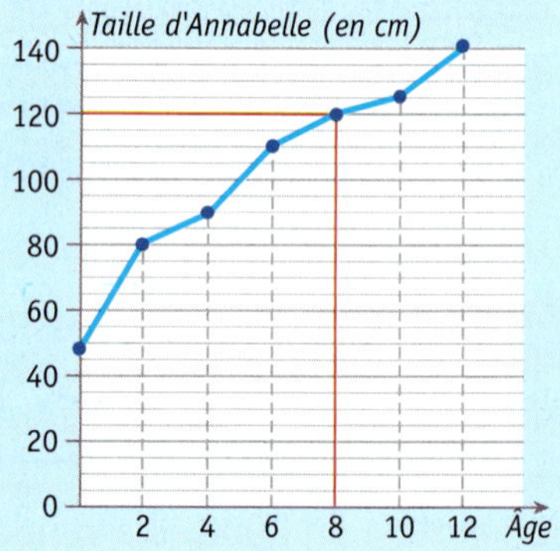

Lire un graphique

1 * Ce graphique représente la courbe de poids de Bastien.

a. Quel est le poids, en grammes, de Bastien à la naissance ?

b. Quel âge avait-il lorsqu'il pesait 5 800 grammes ?

c. Combien de grammes Bastien a-t-il pris entre 2 et 6 mois ?

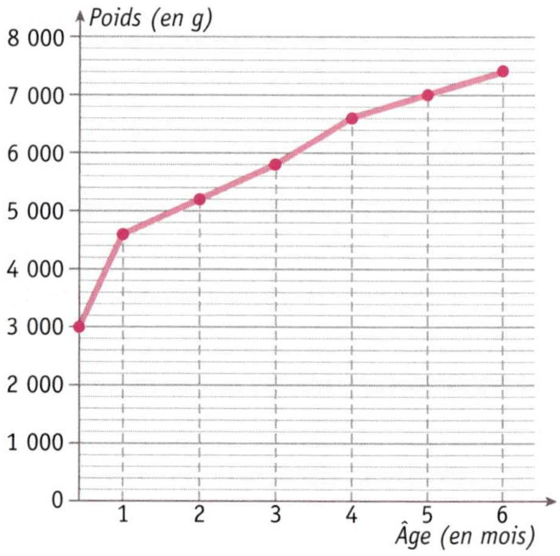

2 * Vrai ou faux ?

a. La plus importante consommation d'eau concerne l'arrosage des cultures.

b. La consommation d'eau potable est plus importante que la consommation d'eau pour produire de l'énergie.

c. Sur 100 litres, les Français utilisent moins de 10 litres d'eau pour l'industrie.

d. Sur 100 litres, les Français consomment 26 litres d'eau pour produire de l'énergie.

Répartition de l'eau consommée en France (pour 100 litres)

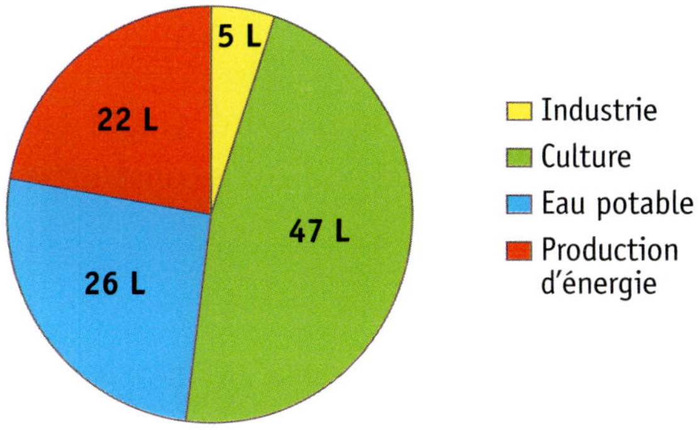

Répartition des déchets par type (pour 100 déchets)

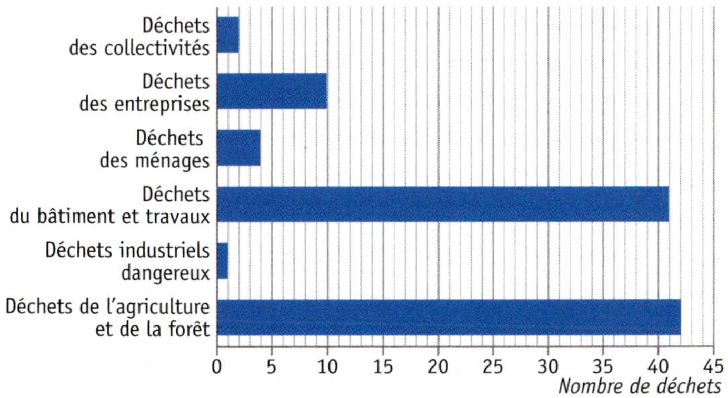

3 ** Observe ce graphique.

a. Quel type de déchets est le plus produit ? le moins produit ?

b. Quel type de déchets représente 10 déchets sur les 100 déchets produits ?

c. Sur 100 déchets, combien sont produits par le secteur du bâtiment et des travaux ?

4 *** Reproduis et complète ce tableau en t'aidant du graphique.

Mois	Précipitations (en mm)
Janvier	
Février	
Mars	
Avril	25
Mai	
	135
Juillet	
Août	170
Septembre	
Octobre	
Novembre	10
Décembre	

Précipitations moyennes à Mexico, au Mexique

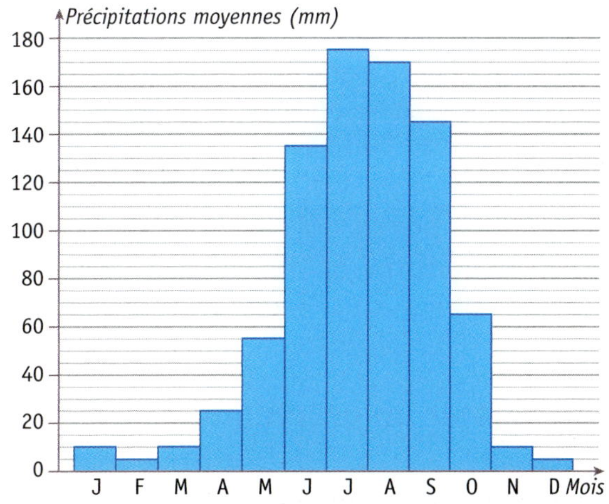

Défi **Retrouve le poids de chaque enfant.**

Jacques pèse 15 kg de moins que Caroline.

Pierre pèse 5 kg de plus que Pauline.

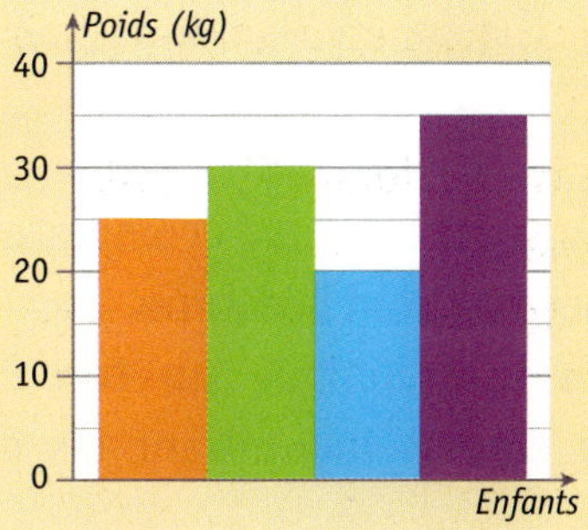

Construire un graphique

La maman de Gaspard a noté la taille de son fils jusqu'à son entrée à l'école élémentaire, puis elle a construit le graphique en courbe de sa croissance.

Âge	Taille (en cm)
0	55
1	75
2	85
3	95
4	100
5	110

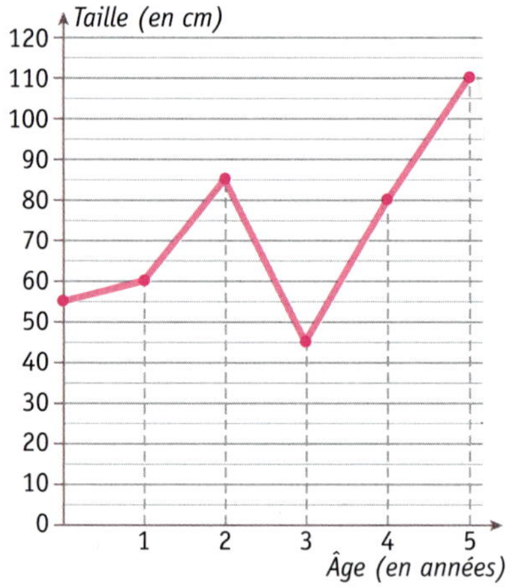

Cherchons

→ **Le graphique de la maman de Gaspard est faux : retrouve l'invraisemblance et les erreurs qui y figurent.**

→ **Comment savoir où placer les points ?**

- On construit un graphique en courbe à partir d'un tableau de données. La courbe permet de lire les données du tableau et de voir l'évolution de ces données.
- Pour **construire un graphique en courbe** :
  – on utilise du papier quadrillé sur lequel **on trace deux axes perpendiculaires** : un axe horizontal et un axe vertical que l'on gradue en fonction des données du tableau ;
  – **on place les points** qui correspondent aux données du tableau ;
  – **on trace la courbe** en reliant les points, du premier jusqu'au dernier.

Lire et compléter un graphique

1 * Ce tableau et ce graphique représentent les notes de mathématiques de Théo. Ils sont incomplets.

N° du contrôle	1	2	3	4	5	6	7	8	9	10
Note sur 10						10	8	9	7	5

a. Reproduis le tableau, puis complète-le avec les notes de Théo en lisant la courbe.

b. Reproduis le graphique sur ton cahier, puis continue la courbe en utilisant les données du tableau.

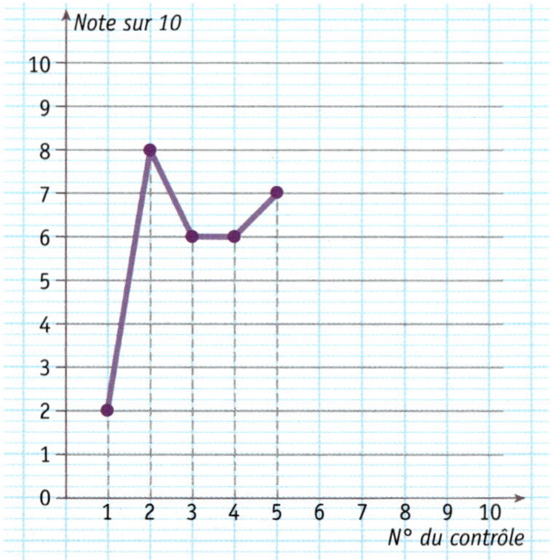

Placer des points sur un graphique et tracer une courbe

2 ** **Reproduis le graphique, puis construis la courbe en t'aidant du tableau.**

Précipitations moyennes à Poindimié, en Nouvelle-Calédonie

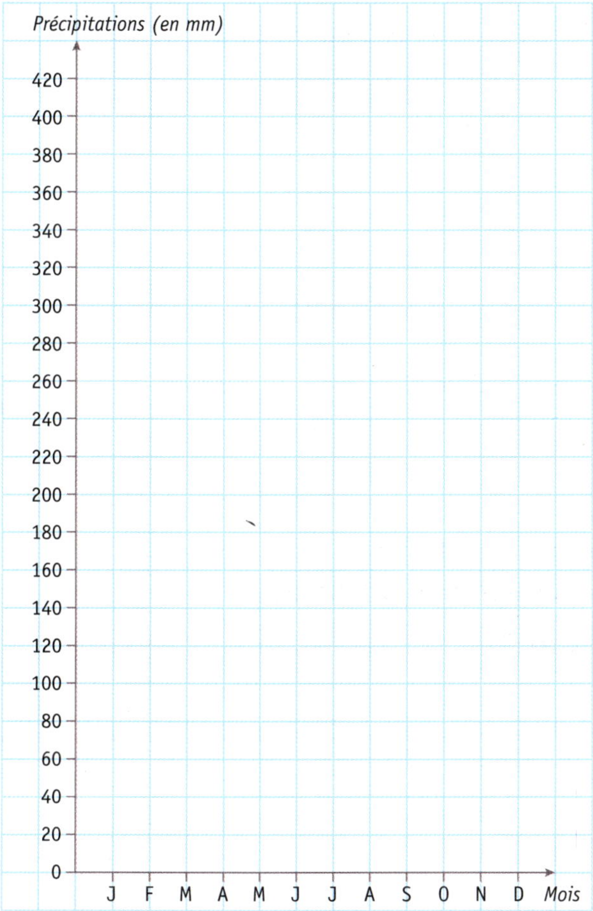

Paysage de Nouvelle-Calédonie.

Mois	Précipitations (en mm)
Janvier	400
Février	380
Mars	400
Avril	220
Mai	180
Juin	220
Juillet	140
Août	100
Septembre	80
Octobre	120
Novembre	200
Décembre	240

3 *** **À partir des données du tableau, reproduis et termine le graphique. Place ensuite les points, puis trace la courbe.**

Année	Nombre de séismes
1998	12
1999	18
2000	15
2001	16
2002	13
2003	15
2004	16
2005	11

Nombre de séismes dans le monde par an

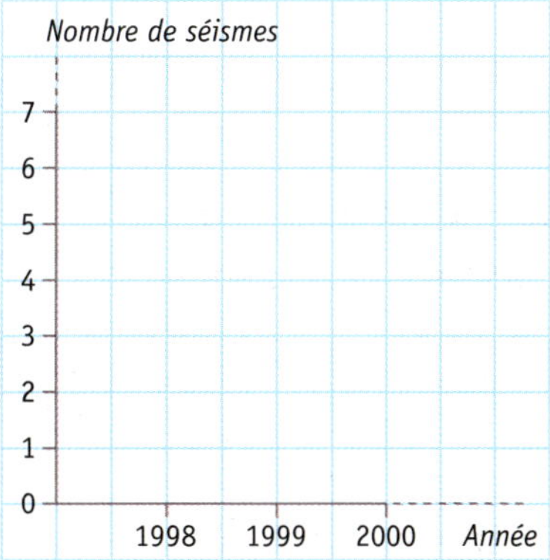

Défi **Relève tes notes de mathématiques et construis le graphique de tes résultats.**

Aborder la proportionnalité

Voici les tickets de caisse de deux familles qui sont allées au zoo d'Amnéville :

Parc zoologique
Amnéville
3 entrées : 15 €

Parc zoologique
Amnéville
6 entrées : 30 €

Cherchons

→ **Quel serait le prix pour un groupe de 30 personnes ? de 18 personnes ?**

→ **Peut-on trouver le prix d'une entrée ? Comment ?**

→ **Le prix augmente-t-il d'autant que le nombre d'entrées augmente ?**

On reconnaît une situation de proportionnalité lorsque le rapport entre les nombres ne change pas.

Exemple 1 : ***1 kg de pêches coûte 3 €.***

2 kg de pêches coûtent 2 fois plus :
2 × 3 = 6 €.
5 kg de pêches coûtent 5 fois plus :
5 × 3 = 15 €.

Nombre de kg de pêches	1	2	5
Prix (en €)	3	6	15

Le prix est proportionnel à la masse : il augmente d'autant que la masse augmente.
Pour trouver le prix, il faut multiplier par le même nombre (par 3).

Exemple 2 : ***4 gâteaux coûtent 6 €.***

Pour trouver le prix de 8 gâteaux, je calcule le double. → 6 × 2 = 12 €
Pour trouver le prix de 2 gâteaux, je calcule la moitié. → 6 divisé par 2 = 3 €

Exemple 3 : ***1 stylo coûte 2 €, 3 stylos coûtent 5 €, 6 stylos coûtent 6 €.***

Dans cette situation, 3 stylos ne coûtent pas **3 fois plus cher** qu'un stylo,
6 stylos ne coûtent pas 6 fois plus cher.
Cette situation n'est pas proportionnelle.

Reconnaître une situation de proportionnalité

1 * **Quelles sont les situations de proportionnalité ?**

Pose-toi la question : est-ce deux fois plus ?

a. 1 kg de fraises : 6 €
2 kg de fraises : 10 €

b. 3 œufs pour 1 gâteau
6 œufs pour 2 gâteaux

c. 2 cL de grenadine pour 1 verre d'eau
4 cL pour 2 verres d'eau

2 * **Pour chaque problème, indique s'il s'agit d'une situation de proportionnalité.**

a. Charles met une heure pour parcourir 3 km. En marchant à la même vitesse, il met deux heures pour parcourir 6 km.

b. Célia achète 4 yaourts pour 1 € et 16 yaourts pour 3 €.

c. Ce matin, Simon a mis 10 minutes pour faire 2 exercices de mathématiques. Cet après-midi, il a mis 50 minutes pour en faire 6.

3 ** **Observe chaque tableau et indique s'il s'agit d'une situation de proportionnalité. Justifie ta réponse.**

a.

Nombre de personnes	2	5	10
Prix des places de cinéma (en €)	18	45	90

b.

Distance parcourue (en km)	3	5	10
Temps (en min)	24	35	80

c.

Quantité de sel (en g)	25	50	100
Nombre de baguettes	10	20	40

Résoudre des problèmes relevant de la proportionnalité

4 * **Calcule rapidement et réponds aux questions.**

a. Une rose est vendue 3 €. Quel sera le prix d'un bouquet de 3 roses ? de 8 roses ? de 12 roses ?

b. Une voiture consomme 7 litres d'essence pour 100 km parcourus : quelle quantité d'essence sera consommée pour parcourir 200 km ? 300 km ? 500 km ?

c. Marc s'achète 2 cartes pour 1 € : quel est le prix d'une carte ? de 5 cartes ? de 10 cartes ?

5 * **Reproduis et complète ce tableau.**

Un ouvrier gagne 9 € de l'heure.

Nombres d'heures travaillées	1	8	30	140
Salaire (en €)	9			

6 ** **Reproduis et complète ce tableau.**

Périmètre du carré = côté × 4

Côté du carré (en cm)	2	3	5		
Périmètre (en cm)				28	40

7 ** Pour faire une mousse au chocolat, Lucien a trouvé une recette pour 4 coupes. Il lui faut 2 œufs, 100 g de chocolat, 30 g de sucre.

Reproduis et complète ce tableau.

Nombre de coupes	4	...	...	20
Nombre d'œufs	...	4	...	...
Chocolat (en g)	100	...	300	...
Sucre (en g)	...	...	90	...

8 ** Pour parcourir 25 mètres, un kangourou fait 3 bonds de même longueur.

a. Combien de mètres parcourra-t-il s'il fait 15 bonds à la suite ?

b. Combien de bonds doit-il faire pour parcourir 100 m ?

9 *** En 5 minutes, l'imprimante « Vavite » imprime 65 pages en noir et 100 pages en couleur.

En 2 minutes, l'imprimante « Superfacile » imprime 32 pages en noir et 24 pages en couleur.

Pour chaque imprimante, cherche :

a. le nombre de pages imprimées en 1 minute en noir, puis en couleur.

b. le nombre de pages imprimées en 10 minutes, en noir, puis en couleur.

Défi Dans la cour, Max et ses trois amis organisent des échanges de billes :

- 1 bille vaut 2 minibilles ;
- 1 calot vaut 4 billes ;
- 1 mammouth vaut 16 minibilles.

a. Combien faut-il de minibilles pour obtenir un calot ?

b. Combien faut-il de billes pour obtenir un mammouth ?

c. Combien faut-il de calots pour obtenir un mammouth ?

Révisions

Prélever des informations dans un tableau

1 * Ce tableau indique le tirage moyen de plusieurs quotidiens publiés en France.

Titre du journal	Tirage moyen en 2007	Tirage moyen en 2008	Tirage moyen en 2009
L'Humanité	69 087	69 895	72 102
Le Figaro	423 873	410 053	401 359
Le Monde	453 016	436 321	412 311
Libération	188 171	172 833	160 651
L'Équipe	471 151	450 475	435 390

a. Quel journal a eu le tirage moyen le plus élevé en 2007 ?
b. Quel journal a eu le tirage moyen le moins élevé en 2008 ?
c. De combien d'exemplaires le tirage moyen de *L'Équipe* a-t-il baissé entre 2007 et 2009 ?
d. En 2008, quel était l'écart de tirage entre *Le Figaro* et *Le Monde* ?

2 ** Ce tableau indique les distances en kilomètres qui séparent plusieurs villes de France.

	Amiens	Angers	Biarritz	Bordeaux	Brest	Calais
Amiens		399	862	679	619	159
Angers	399		518	335	371	494
Biarritz	862	518		183	817	997
Bordeaux	679	335	183		634	814
Brest	619	371	817	634		714
Calais	159	494	997	814	714	

a. Quelle distance sépare Brest de Bordeaux ?
b. Quelle distance sépare Angers de Biarritz ?
c. Quelles sont les deux villes les plus éloignées l'une de l'autre ?
d. Quelles sont les deux villes les plus proches l'une de l'autre ?
e. Quelles villes sont distantes de 335 km ?
f. Au mois d'octobre, M. Ventout part de Bordeaux pour se rendre à Calais. Au mois de novembre, il a effectué un trajet de Brest à Biarritz. Quand a-t-il parcouru le plus de kilomètres : en octobre ou en novembre ? Quelle différence de kilomètres y a-t-il entre ces deux trajets ?
g. Voici la feuille de route d'un cirque en tournée.
Quelle distance aura-t-il parcourue à la fin de sa tournée ?

Cirque Ploum
27 février : Calais
2 mars : Amiens
6 mars : Brest
9 mars : Bordeaux
13 mars : Calais

Compléter un tableau

3 * **Reproduis ce tableau.**

Pays	Médaille d'or	Médaille d'argent	Médaille de bronze	Total
États-Unis				
Allemagne				
Canada				
Norvège	9	8		23
Autriche	4		6	16
Russie	3	5	7	
Corée	6		2	14
Total				

Les résultats des JO

En 2010, aux jeux Olympiques d'hiver de Vancouver, les États-Unis ont remporté 9 médailles d'or, 15 d'argent et 13 de bronze.
L'Allemagne a remporté 10 médailles d'or, 13 d'argent et 7 de bronze.
Le Canada a remporté 14 médailles d'or, 7 d'argent et 5 de bronze.

a. Complète les trois premières lignes du tableau en t'aidant du texte.
b. Effectue des calculs pour compléter les cases orange du tableau.
c. Calcule le nombre total de médailles obtenues par les 7 pays.

Construire un tableau

4 ** L'apport de calories dépend de l'aliment que l'on mange.
Voici l'apport calorique de certains aliments pour 100 g :

bananes : 90 calories — frites : 420 calories — eau : 0 calorie
hamburger : 255 calories — tomates : 20 calories — pommes : 50 calories

Construis un tableau à partir de ces données en ordonnant les aliments du plus calorique au moins calorique.

Lire un graphique

5 * **Observe ce graphique, puis réponds aux questions.**

Moyennes de Grégoire au 2e trimestre

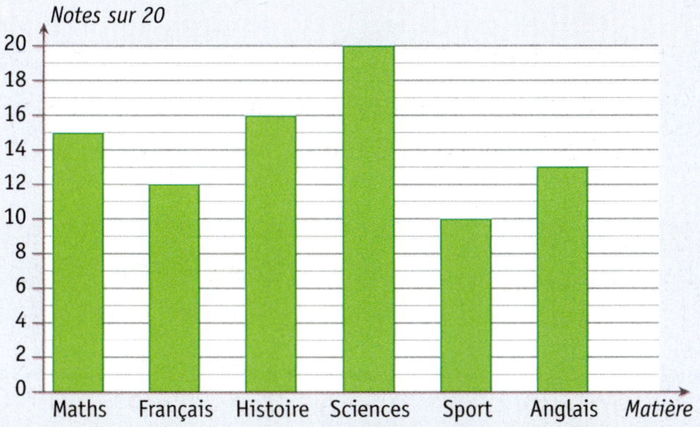

a. Dans quelle matière Grégoire a-t-il obtenu les meilleurs résultats ? les moins bons ?
b. Quelle moyenne a-t-il obtenue en maths ? en anglais ?
c. Quel est l'écart entre sa moyenne de français et celle d'histoire ?

Révisions (suite)

6 ** **Observe ce graphique, puis réponds aux questions.**

a. Quelles données sont représentées sur l'axe vertical et sur l'axe horizontal ?

b. Quel pays de l'Union européenne est le plus peuplé ?

c. Quel pays de l'Union européenne compte 16 000 000 d'habitants ?

d. Combien d'habitants compte l'Espagne ?

Population de pays de l'Union européenne (UE) en 2010 (en millions d'habitants)

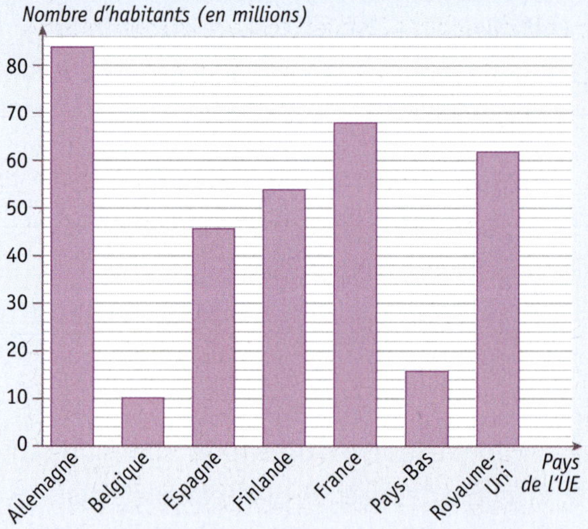

7 ** **Observe ce graphique, puis réponds aux questions.**

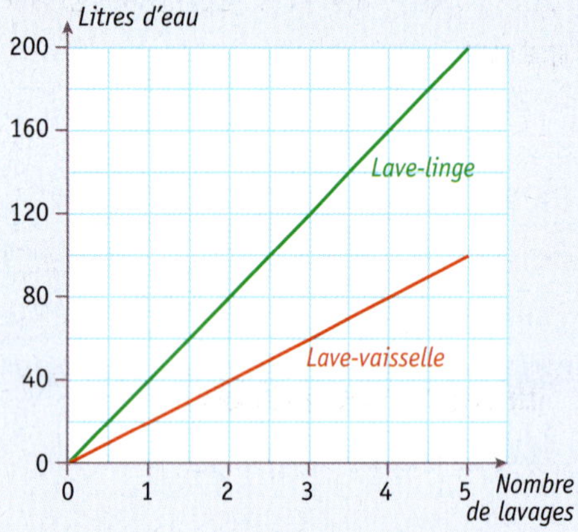

a. Quelle quantité d'eau consomme un lave-vaisselle pour quatre lavages ?

b. Quelle quantité d'eau consomme un lave-linge pour trois lavages ?

c. Quel appareil consomme le plus d'eau pour un lavage ?

d. Quelle quantité d'eau consomme une famille qui utilise son lave-linge quatre fois par semaine et son lave-vaisselle trois fois par semaine ? Quelle quantité d'eau consomme-t-elle en cinq semaines ?

Construire un graphique

8 * **Reproduis le graphique et complète la courbe de poids du tyrannosaure à partir des données du tableau.**

Âge du tyrannosaure	Masse (en kg)
5	250
10	500
15	2 000
20	4 500
25	5 500
30	5 500

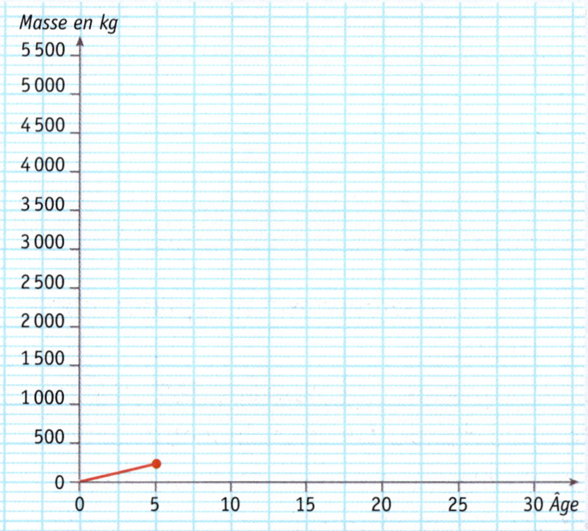

Reconnaître une situation de proportionnalité

9 * **Pour chaque problème, indique s'il s'agit d'une situation de proportionnalité.**

a. Maria achète 2 sucettes pour 40 centimes. Le lendemain, elle en achète 4 pour 80 centimes.

b. Herman et son ami ont payé 16 € pour deux places de cinéma. S'ils avaient été cinq, ils auraient payé 30 €.

c. Un pâtissier utilise 500 g de chocolat pour un gâteau et 1 kg pour deux gâteaux.

10 ** **Pour chaque tableau, indique s'il s'agit d'une situation de proportionnalité. Justifie ta réponse.**

a.

Dates	1950	1990	2010
Nombre d'habitants de Troudenais	286	126	145

b.

Nombre d'exemplaires vendus du journal de l'école	1	10	32
Prix (en €)	2	20	64

c.

Nombre de biscuits	12	30	50
Quantité de farine (en g)	120	300	500

Résoudre des problèmes relevant de la proportionnalité

11 * **Calcule rapidement et réponds aux questions.**

a. À la piscine, Luc parcourt 500 mètres tous les mardis. Combien de mètres aura-t-il parcourus au bout de 2 séances ? 4 séances ? 10 séances ?

b. Un paquet de bonbons contient 6 bonbons. Combien de bonbons y a-t-il dans 3 paquets ? 5 paquets ? 10 paquets ?

c. Un scooter consomme 6 L d'essence en 70 km. Combien de litres consommera-t-il s'il parcourt 35 km ? 140 km ?

12 ** **Reproduis et complète ces tableaux.**

a. Pour faire 3 bouquets, une fleuriste a besoin de 12 fleurs.

Nombre de bouquets	1	3	8
Nombres de fleurs		12	

b. Un carnet de timbres coûte 5,80 €.

Nombre de carnets de timbres	1	2	5	10
Prix (en €)	5,80			

c. Avec 100 g de farine et 2 œufs, Mathilde a fait 8 crêpes.

Nombre de crêpes		16	
Farine (en g)	100	200	500
Nombre d'œufs			10

13 *** **Résous ces problèmes.**

Tu peux faire des tableaux pour t'aider.

a. Un éléphant peut boire 140 L d'eau et manger 260 kg d'herbe par jour. Calcule la quantité d'eau et de nourriture que peuvent avaler 3, 5, 15 et 40 éléphants.

b. En 3 minutes, une photocopieuse fait 50 copies. Combien de copies peut-elle faire en 6 minutes ? en 30 minutes ?
On peut charger 250 feuilles dans le bac. Combien de temps sera nécessaire pour les photocopier toutes ?

Organisation et gestion de données

Crédits photographiques

p. 22 : © The Granger Collection NYC/Rue des Archives ; © Franck Raux/RMN ; © Roger-Viollet ; **p. 23 :** © Alfred Molon Photo Galleries ; **p. 26 :** © Yuri Davidov/Fotolia ; © Ocean-Images.net/Fotolia ; © Ron Rowan/Fotolia ; © Biosphoto/ Dr Tony Brain/Science Photo Library ; © Frédéric Leviez/Fotolia ; **p. 27 :** © Lucky Comics 2008 ; © Naruto © 1999 by Masashi Kishimoto / SHUEISHA Inc. ; © Dupuis 2008 ; © Editions Blake et Mortimer/Studio Jacobs n.v. Dargaud-Lombard s.a. ; © *Titeuf, Le sens de la vie*, tome 12 par Zep © Editions Glénat 2008 ; **p. 32 :** © Marevision/Age Fotostock ; © CB94/ Fotolia ; © bluesky6867/Fotolia ; © Oksana Shufrich/Fotolia ; **p. 35 :** © ParisPhoto/Fotolia ; © Mauritius/Photononstop ; **p. 44 :** © Xinhua/Gamma/Eyedea Presse ; **p. 49 :** © Cris 13/Fotolia ; © Sheila/Fotolia ; **p. 50 :** © Xavier Marchant/Fotolia ; **p. 52 :** © Stéphane Mantey/L'Equipe/Presse Sports ; **p. 60 :** © Image Source/Réa ; © Noel Moore/Fotolia ; © Sund & Bælt Holding A/S ; **p. 63 :** © Selva/Leemage ; **p. 67 :** © bluesky6867/Fotolia ; **p. 68 :** © Denis Scott/Corbis ; **p. 71 :** © Daniel Buren, Les Deux-Plateaux, 1985/Hadj/Sipa/© Adagp, Paris 2011 ; © Costa/Leemage ; **p. 72 :** © Hou Jun/Chine Nouvelle/ Sipa ; © Galyna Andrushko/Fotolia ; **p. 77 :** © Laurent Prat/Fotolia ; **p. 81 :** © EcoView/Fotolia ; **p. 85 :** © Ramon Abasolo/ Fotolia ; **p. 86 :** © Val Thoermer/Fotolia ; **p. 87 :** © The Granger Collection NYC/Rue des Archives ; **p. 89 :** © Jimmynic/ Fotolia ; © Lunamarina/Fotolia ; © National Geographic/Roy Toft/Getty Images ; **p. 100 :** © Musée Edmond Rostand/Villa Arnaga à Cambo-les-Bains ; **p. 126 :** © M.Bonotto/Fotolia ; © SIN/Fotolia ; © Giuseppe Porzani/Fotolia ; © c/Fotolia ; © Juri Samsonov/Fotolia ; © Roman Ivaschenko/Fotolia ; © Sergej Razvodovskij/Fotolia ; © Naskybabe/Fotolia ; © Sébastien Garcia/Fotolia ; © WolfeL/Fotolia ; **p. 127 :** © LotusWorks/Istock ; © Marco Hegner/Age Fotostock ; © Dandanian/Istock ; © Olgacov/Fotolia ; **p. 131 :** © Alfred Molon Photo Galleries ; © Betweenstrap/Fotolia ; **p. 132 :** © STR New/Reuters ; **p. 134 :** © Guillaume Duris/Fotolia ; © By-studio/Fotolia ; © StudioAraminta/Fotolia ; © Anke van Wyk/Fotolia ; © Stocksnapper/Fotolia ; © c/Fotolia ; **p. 137 :** © Paul Fearn/Fotolia ; © Jakub Jirsák/Fotolia ; © Solaris Bus & Coach ; © Adrien Safko/Fotolia ; **p. 138 :** © Azujelos.com ; **p. 140 :** © Idbury Prints Ltd/DR ; **p. 141 :** © McPHOTO/PWI/Age Fotostock ; **p. 142 :** © Azujelos.com ; **p. 145 :** © Gordana Sermek/Fotolia ; **p. 148 :** © SNCF Médiathèque/Fabbro Urtado ; **p. 154 :** © FX. Rosanvallon/SNCM ; **p. 155 :** © Rico/Fotolia ; **p. 156 :** © Marta/Fotolia ; © Trombax/Fotolia ; **p. 157 :** © akg-images ; **p. 159 :** © The Granger Collection NYC/Rue des Archives ; **p. 169 :** © Laurence Naudet/Fotolia.

Conception de couverture et maquette intérieure : Valérie Goussot et Delphine d'Inguimbert

Mise en pages : MÉDIAMAX

Illustrations : Élodie Durand

Iconographie : Soizic Landais

Cartographie : Valérie Goncalvès, Marie-Christine Liennard et Christel Parolini

Relecture : Lucie Martinet

Édition : Marion Jacquemart et Anne Chauvellier

5, allée de la 2e D.B.
75015 Paris

Dépôt légal : mars 2011 - N° éditeur : 2011/2184
Achevé d'imprimer en octobre 2011 par Pollina - L10691

PEFC
PEFC/10-31-2065